比較史のなかのドイツ農村社会

『ドイツとロシア』再考

肥前榮一

未來社

比較史のなかのドイツ農村社会

――『ドイツとロシア』再考――

★目次

Ⅲ　書評

Ⅳ　チャティップ・ナートスパー

比較史のなかのドイツ農村社会

——『ドイツとロシア』再考——

装幀——岸顯樹郎

「この数十年来というもの、歴史家たちは、とりわけ長い時間に注意を向けるようになった。」

（ミシェル・フーコー『知の考古学』冒頭）

序　エルベ河から「聖ペテルブルク－トリエステ線」へ——比較社会経済史の視点移動——

一、エルベ河

チェコ西・北境を縁どるベーメンの森、エルツ山脈に連なりつつ、ドレスデンを経てハンブルクへとドイツ中央部を北流するエルベ河は、ドイツ経済史では以前から重要な意味を与えられてきた。すなわち、主として農政史家ゲオルク・フリードリヒ・クナップとその学派によって、ドイツの農業制度の地帯別構造が解明されるなかで、西ドイツのグルントヘルシャフトと東ドイツのグーツヘルシャフトとの二大形態が発見され（ドイツ農業の「二元的構成」）、エルベ河がそれらを分かつ境界線であることが指摘されたのである。[1] 若い日のマックス・ヴェーバーはさらに大きく、「西部ドイツは農業から見て西欧に属しているが、東部ドイツは（東欧＝）ロシアに属している。エルベ河がドイツ帝国を非常に異なったこの二つの地域に分割している」と述べて、[2] この境界線が同時にヨーロッパ全体を東西に分かっているという意義をも指摘している。

しかし日本ではそれにもまして、ヴラジーミル・イリイチ・レーニンがロシアにおける資本主義の発達のあり方を規定するロシアの農業構造を比較史的に解明するために提唱した、資本主義発達のアメリカ型とプロシャ型との「二つの道」の理論[3]との関わりで、この境界線が意識された。すなわち、イギリス、アメリカ、フランスのような市民革命

図　ヨーロッパ社会の構造を歴史的に規定する三本の境界線とエルベ河

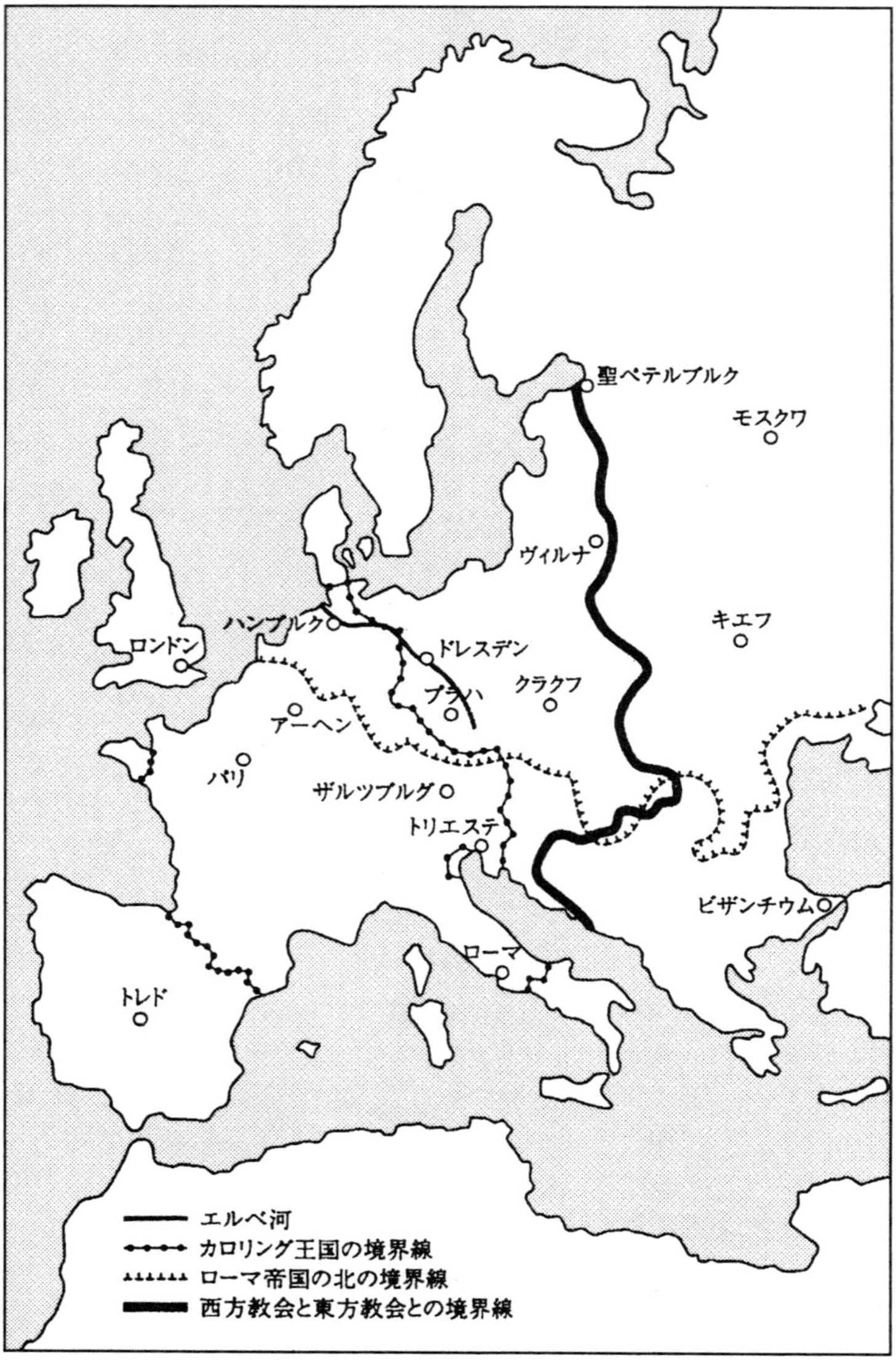

Michael Mitterauer, Zu mittlalterlichen Grundlagen europäischer Sozialformen, in : Beiträge zur Historischen Sozialkunde I/1997, S. 41. に加工.

と近代的土地所有とを達成した諸国とプロイセン‐ドイツ、ロシアのような封建的伝統に制約された諸国との対比のなかで、エルベ河が「プロシャ型」と「アメリカ型」とを分かつ境界線として認識され、また日本はロシアに続くプロシャ型の資本主義国として、位置づけられた。山田盛太郎『日本資本主義分析』の序言の「ユンケル経済の支配と零細土地所有農民の局面とをもつ独逸資本主義」という古典的な規定や、(4) また大塚久雄・高橋幸八郎・松田智雄・鈴木圭介らのいわゆる「大塚史学」(5) の、欧米における「封建制から資本主義への移行」のメカニズムを究明するための英、米、仏、独の比較経済史のなかに、そうした理解を認めることができる。戦後改革特に農地改革の歴史的性格を欧米経済史との比較のなかで解明しようとする関心が、これらの研究のもった大きな影響力の背景にあった。

二、「聖ペテルブルク‐トリエステ線」

しかしながらエルベ河のこのような経済史学史的意義は、一九五〇年代を頂点とし、遅くとも七〇年代を最後に、次第に忘却されていく。本国ドイツでは、クナップの停滞的な東エルベ農業像は旧東独の農業史家ハルトムート・ハルニッシュらによって修正されたが、(6) それよりも「封建制から資本主義への移行」という大テーマ自体が、さまざまな理由からアクチュアリティを喪失したことがその最大の理由であったといえよう。そしてこれに代わって、近年新しい別の境界線が徐々に注目されつつある。それはロシアの聖ペテルブルクから北イタリアのトリエステへと、東欧を南北に走る線である（図並びに註13を参照）。この「聖ペテルブルク‐トリエステ線」について説明したい。

この線に関わる問題点を素朴に、しかし的確に指摘した早期の例として、プロイセンの農政史家で、ロシアのミール共同体を「発見」したことで知られるアウグスト・フォン・ハックストハウゼンの、十九世紀中葉に著した『ロシア社会研究』に見える次のような指摘がある。「ロンドン、パリ、あるいはライン地方のようなヨーロッパの中心地から東に向かって出発する旅行者は、白ロシア、リトアニアに至って、一般民衆の間でヨーロッパ文化が断絶しているのを発見する。そこからは別の文化が始まり、それはモスクワに至って強固なものとなる」と。(7) その後、ドイツの社会史家ヴェルナー・コンツェが中世ドイツの農地制度＝フーフェ制度の東限をリトアニアに見出し、また最近にはフランスの人類学者エマニュエル・トッドがヨーロッパ家族（イギリスの絶対核家族・フランスの平等主義家族・ドイツの直系家族）とロシアの共同体家族との特徴的分布について指摘したが、(8) この線そのものを明示的に指摘したのは、イギリスの人口学者ジョン・ヘイナルの一九六五年の「ヨーロッパ型結婚パターン」に関する論文である。(9) それによれば晩婚と結婚率の低さと結婚前の若者の（農業）奉公人制度とによって特徴づけられる「ヨーロッパ型結婚パターン」は世界的にユニークなものであり、中世中期、この線の西側にのみ成立したという。この線はオーストリアの社会経済史家ミヒャエル・ミッテラウアーによって「ヘイナル線」と命名され、精緻化される。それによれば、「ヨーロッパ型結婚パターン」は、セーヌ河からライン河に至るフランク王国の中核地帯において、カロリング王朝期にすでに、ライ麦‐カラスムギの栽培を軸とする農業革命、古典荘園とフーフェ農民の展開と相まって成立しつつあった。それが後年、東部植民により「ヘイナル線」にまで進出したのであるという。(10) この見解は、フランク王国時代の体制を把握することなしには、「ヨーロッパ全体の特色」はわからない、とした増田四郎の指摘を想起させる。(11) じつはこの線は東西キリスト教会の境界線と部分的に重なりつつ、そのやや西側を走っているのだが、（ウラル山脈ではなく）この線の西側にのみ、（地理的にではなく）「歴史的に規定された社会‐文化空間」としてのヨーロッパは成立したというのが、ミッテラウアーの議論の含意である。しかしそれは同時に、マックス・ヴェーバーの言う、世界史的に見て特殊な「諸事情の連鎖」が生んだ、「特殊な発展の道」であったというのが、ミッテラウアーの強調するところである。(12)

要するに先のエルベ河が近代的西欧と封建的東欧とを分かつ境界線であったとすれば、「聖ペテルブルク－トリエステ線」は封建的－資本主義的ヨーロッパと前封建的－非ヨーロッパとを分かつ境界線なのであり、封建的発展自体の有無がその標識となっている。前者から後者への関心の移行の背景に、二十世紀末にヨーロッパに起こった一連の歴史的変動、すなわちスターリン専制体制を生んだソ連社会主義の崩壊と旧ソ連・東欧の「ユーラシア」と「中欧」とへの分裂、東西両ドイツの統一、EUによる経済統合の進展とその東方への拡大、といった展開があることは明らかであろう。自己のアイデンティティを凝視するヨーロッパにいま改めて含まれるのは、線の西側に位置するポーランド、チェコ、スロヴァキア（部分）、ハンガリー（部分）、リトアニア、ラトヴィア、エストニア、スロヴェニアなど、いわゆる中欧東部の国々である。(13)

三、アメリカ、「古いヨーロッパ」、ヘイナル線

さてこの線が提起する「歴史的ヨーロッパ」のアクチュアルな文化的、政治的意味はどのように受け止められているのであろうか。かつてのエルベ河を境界線とする、資本主義発展の「プロシャ型」と「アメリカ型」との対比においては、「反封建」の志向から前者を批判し、後者を評価する点で論者は一致していたが、このたびは分裂が認められる。そこで以下では、二〇〇一年九月一一日ニューヨークの同時多発テロ事件からイラク戦争に至る過程で、次第に明るみに出てきた欧米の相違を事例として、ありうる二つの態度について考えてみたい。

第一は、ヨーロッパ文化の普遍的意義に固執する立場である。それはモンテスキューやヘーゲルの伝統を受け継ぎつつ、さまざまな発展段階論を構想し、その頂点に立つヨーロッパ文化の世界史のなかでの優越性となかんずくその

普遍性＝普及可能性を楽観的かつ倫理的に主張する「ヨーロッパ中心主義」の立場である。

二〇〇三年、単独行動主義のもと「イラク戦争」を開始したジョージ・ブッシュ二世政権下のアメリカには、世界史を画するであろうあの二〇〇一年九月一一日の衝撃に発するという大きな動機があったとはいえ、占領を通じてアメリカ的形態をイラク（あるいはアフガニスタンを含めて、かつて梅棹忠夫が「ものすごく無茶苦茶な連中」を産み出す「悪魔の巣」、「破壊力の根源」と呼んだ、はるかに東北アジアに及ぶ、あの巨大な乾燥地帯）に定着させうるとする、その普遍的意義に対する同様の楽観主義が認められた。[14] イラク統治の「日本モデル」について語るなど、その楽観主義は度外れであった。（第二次世界大戦を通じて枢軸国〔封建的伝統をもつ資本主義の日独伊〕の政治的経済的統合に成功したアメリカは、このたびはグローバリゼーションを妨げる「悪の枢軸」〔前封建的な専制主義のイラン・イラク・北朝鮮〕をも軍事的に制圧できる、とした。）それはヨーロッパ自身が放棄しようとしている「ヨーロッパ中心主義」を継承した、そのアメリカ版、いわば「アメリカ中心主義」だったのである。

ヴェーラーはビーレフェルト大学における講演において、ヨーロッパの歴史家として、このようなアメリカのナショナリズムを批判し、歴代アメリカの指導者たちにとって、世界は「アメリカ的生活様式のもとで快癒するという確信は不変であり」、これを妨げる者を「悪」として「過激に特徴づけること」は自己の抱える問題点についての自己批判の排除と相まって、平和を回復するための「プラグマティックな努力」を著しく困難にする、と指摘している。[15] ちなみに、「ヘイナル線」（というよりも、厳密にはローマ教会の東限を示す線）はサミュエル・ハンチントン『文明の衝突』にも登場する。[16]

第二は、これとは対照的な文化相対主義の立場である。それは両大戦やナチスの負の歴史的教訓から学ぼうとする。そして、戦争はもはや国際問題解決の手段たりえないという覚めた認識のもとに、ヨーロッパ文化の比類のない長所（なかでも法治社会の伝統）を守るべき遺産としながらも、その全体を「特殊な発展の道」の所産＝歴史的個体として捉えて相対化し、他文化との忍耐強い対話を求める。EUを主導するフランスやドイツの指導者のこうした態度が、当時のアメリカの楽観主義的で、好戦的な指導者から軟弱な「古いヨーロッパ」のそれとして嘲笑されたのは偶然ではない。(17)

過去何世紀にもわたって戦乱に明け暮れたヨーロッパでは、世論はアメリカのそれとは異なり「懐疑的で悲観的な」基調を帯びており、「パラダイスのような最終状態」をもたらしてくれるような「最終的解決」などあり得ず、可能なのはカール・ポッパー流の「小さな改革」の積み重ねのみであるとする「プラグマティックな謙虚さ」が、いまやヨーロッパのものであると、ヴェーラーは言う。

もとよりヴェーラーもまた、イスラム圏の社会・思想状況を鋭く批判する。その政教未分離とりわけワッハーブ派の優勢なサウジ・アラビア、スーダン、ナイジェリアの部族社会における前中世的な宗教法（シャリア）の厳格な支配（今日なお姦婦の投石処刑、窃盗犯の手首切断刑などが行なわれている）、攻撃的な新興イスラム原理主義とそれを支える社会の停滞性＝自己改革能力の欠如と内外にわたる経済格差の拡大等を、である。しかし必要なのは「アラブ世界に対する馬鹿げた新十字軍」を起こすことではないとして、あり得る「プラグマティックに賢明な」対策（イラン、ヨルダン、エジプトその他の諸国の相対的にリベラルな傾向への支援、世界貿易の規制、イスラエルの抑制等）を模索するのである。(18)

四、ヘイナル線、マルクス、ヴェーバー

最後にカール・マルクスとマックス・ヴェーバーという二人の偉大な社会科学者が、この線の提起する歴史的ヨー

ロッパの問題にどう関わったかについて一言しておこう。

世界史の端緒に位置づけられるべきマルクスの「アジア的生産様式」論が、近代ロシアをも主要な認識対象としていたことは疑えない。すなわち、彼はみずから発展段階論を横倒しにして、「ヘイナル線」の西側に封建的生産様式を、東側にアジア的生産様式を見出したと見ることができる。[19] ちなみに、「マルクス・レーニン主義」とはこうしたマルクスの把握に対するロシア的な異議申し立てを意味した。すなわち、アジア的生産様式論自体をタブー化することによって、問題の所在を隠蔽し去ったのである。先に言及したレーニンの資本主義発展の二つの道論（レーニンが「ロシア・マルクス主義の父」プレハーノフを批判しつつ提起したもの）は、じつはそれに対する代案であった。この意味で、レーニンは本論とは逆の、ヘイナル線からエルベ河への視点移動を提唱したとも言いうる。[20] しかし晩年のマルクス自身は、きたるべきロシア革命の性格に関するヴェラ・ザスーリチの重要な質問に答えて、自らの『資本論』の封建制から資本主義への移行の分析（原蓄論）の妥当領域をほぼヘイナル線の西側（つまり、ロシアと対比された限りでの、東エルベをも含む広義の「西ヨーロッパ」）に限定し、そのうえで、線の東側については農民的な別個の発展の可能性を模索しようとした。ここには単線的な発展段階論からの脱却（大塚久雄の言う世界史の「横倒し」的把握）と多系的発展論への萌芽がある。[21]

初期のヴェーバーのスラヴ人蔑視は無視できない。一八九〇年代の東エルベ農業労働者論では、帝国主義の時代精神に棹差しつつ、東エルベという共通の土壌の上での、ドイツ人に対するポーランド人やロシア人の人種的な劣等性がかなり露骨な言葉で言い表わされている。しかしヴェーバーは後に一九〇五年のロシア革命を分析する過程で、「ヘイナル線」の問題に想到したと思われる。そして注目すべきことに、ほぼそれと時を同じうして、人種的偏見が姿を消している。[22] ドイツとポーランドとの社会経済的発展の共通性、そしてロシアとの大きな差異の認識はヴェーバーに、ポーランド人とロシア人とをスラヴ人として一括する人種論的アプローチの虚妄を悟らせ、また同時に近代社会の問題性を自覚するに至ったヴェーバーに、かえって自らの属するヨーロッパ文化の特殊性の感覚を目覚めさせたのである。第一次世界大戦中のナショナリスト的言辞のゆえにこのことを見失うべきではない。それはドイツ社会学会における二度にわたる人種理論への疑問提示を経て[23]、最晩年の『宗教社会学論集』序言における周知の次の問題提起につながる。いわく「いったい、どのような諸事情の連鎖が存在したために、他ならぬ西洋という地盤において、またそこにおいてのみ、普遍的な意義と妥当性をもつような発展傾向をとる文化的諸現象——少なくともわれわれはそう考えたがるのだが——が姿を現すことになったか」と[24]。ヴェーバーのナショナリズムは、1、人種論に支えられた時期（一九〇五年以前）、2、融和期＝ヨーロッパ意識の萌芽と人種論への反省（一九〇五～一九一四年）、3、人種論からの脱却過程におけるナショナリズムの逆流（第一次世界大戦中）、4、ヨーロッパ意識の全面化（最晩年）という四期区分が可能である。ヴェーバーはついにワルター・ダレーへの道をたどらなかった[25]。

以上の議論は「特殊な道」という言葉の意味転換として要約できるようである。旧西ドイツの社会史家ハンス＝ウルリヒ・ヴェーラーやユルゲン・コッカらは、英仏等と比較した、エルベ河以東を基盤とするプロイセン‐ドイツの発展の「特殊な道」について語ったが[26]、ミッテラウアーによれば、「聖ペテルブルク‐トリエステ線」より西の歴史的ヨーロッパ全体の中世以来の発展の道こそ、世界史的に見て「特殊な道」なのであった[27]。

かくて、ヨーロッパ文化とそれぞれがまた特殊な相を帯びる非ヨーロッパの諸文化とは、いずれも歴史的個体として相互に自己の特殊性を認識しつつ、しかも致命的に対立し合うことなく、「棲み分け」の道を探ることが現実的に要請されるに至ったといえよう[28]。

註

（1） Georg Friedrich Knapp, Die Bauernbefreiung und der Ursprung der Landarbeiter in den älteren Theilen Preußens, 2. Aufl. 1927,

Bd. 1, S. 28 ff., 65 f.

（2） Max Weber, Agrarpolitik [Vortragsreihe am 15., 22. und 29. Februar, 7. und 14. März 1896 in Frankfurt am Main] (Bericht des Frankfurter Journals), in: Gesamtausgabe I/4, 1993, S. 777.

（3） ヴェ・イ・レーニン「一九〇五―一九〇七年の第一次ロシア革命における社会民主党の農業綱領」（一九〇七年）第一章第五節、『レーニン全集』大月書店、第一三巻、同『ロシアにおける資本主義の発展――大工業のための国内市場の形成過程――』、第二版の序文（一九〇七年）、同第三巻。

（4） 山田盛太郎『日本資本主義分析――日本資本主義における再生産過程把握――』（一九三四年）、岩波文庫、一九七七年、序言、八ページ。

（5） 大塚久雄、高橋幸八郎、松田智雄編著『西洋経済史講座――封建制から資本主義への移行――』全五巻、岩波書店、一九六〇―二年。

（6） Hartmut Harnisch, Georg Friedrich Knapp. Agrargeschichtsforschung und sozialpolitisches Engagement im Deutschen Kaiserreich. In: Jahrbuch für Wirtschaftsgeschichte, 1993/I, S. 118 f. なおクナップとレーニンとの農村社会経済史方法論の相違に留意しつつ、H・ハルニッシュ、J・ペータース、L・エンダースらの批判的研究史を跡づけた山崎彰「近世東部ドイツ村落史論覚書――ブランデンブルクの場合に即して」『山形大学歴史・地理・人類学論集』第七号、二〇〇六年、を参照。

（7） August von Haxthausen, Studien über die innern Zustände, das Volksleben und insbesondere die ländlichen Einrichtungen Russlands, Theil 3, 1852, S. 5.

（8） Werner Conze, Agrarverfassung und Bevölkerung in Litauen und Weißrußland, 1. Teil. Die Hufenverfassung im ehemaligen Großfürstentum Litauen, 1940. エマニュエル・トッド『新ヨーロッパ大全』石崎晴己訳、藤原書店、一九九二年、第一巻、第一部。

（9） J・ヘイナル「ヨーロッパ型結婚形態の起源」（木下太志訳）、速水融編『歴史人口学と家族史』藤原書店、二〇〇三年、所収。

（10） Michael Mitterauer, Warum Europa ? Mittelalterliche Grundlagen eines Sonderwegs, 2003, Kap. 1-3, bes S. 72 f. なお東部植民の歴史的意義については、G・バラクロウ編『新しいヨーロッパ像の試み――中世における東欧と西欧――』、宮島直機訳、刀水書房、一九七九年、所収の、カール・ボーズル「東欧と西欧の政治関係」、七一―八二ページおよびとりわけシャルル・イグネの大著『ドイツ植民と東欧世界の形成』宮島直機訳、彩流社、一九九七年、をも参照。

（11） 増田四郎『ヨーロッパとは何か』岩波新書、一九六七年、「はしがき」iiページ。

（12） M. Mitterauer, a. a. O. Einleitung, Schluss und S. 73. なお、ヨーロッパの東限はウラルよりはるかに西であるとして、ウラル山脈を相対化する、ミッテラウアーに通ずる視点は、すでに日本の人文地理学者によっても提起されている（飯塚浩二『ヨーロッパ・対・非ヨーロッパ』岩波書店、一九七一年、二五三ページ）。

(13) ミッテラウアー教授は私宛の二〇〇五年一月二二日付私信で、クロアチア全体並びにハンガリーとスロヴァキアの大きな部分では、ローマ教会の進出にもかかわらず、東部植民によるフーフェ制度の導入が未熟であったがゆえに、これらの地域は「ヘイナル線」の意味での歴史的ヨーロッパに含まれないと教示された。ローマ教会の意義を強調するのはハンチントンであり、ローマ教会の東限はむしろ「ハンチントン線」とでも命名さるべきである、と。すなわち、前掲の「図」に示された第三の境界線は「ハンチントン線」であり、「ヘイナル線」はそれと重なりつつも、それよりやや左側を走っているのである。なおこうした問題を含む中欧東部史の自己認識を代表する事例として、オスカー・ハレツキ『ヨーロッパ史の時間と空間』鶴島博和他訳、慶応義塾大学出版会、二〇〇二年、があげられる。［その書評を本書Ⅲ、8に収めてある。］

(14) 梅棹忠夫『文明の生態史観』中公文庫、一九七四年、一〇―一三ページ。

(15) Hans-Ulrich Wehler, Amerikanischer Nationalismus, Europa, der Islam und der 11. September 2001. (2002. 6. 14) (http://www.uni-bielefeld.de/Universitaet/Einrichtungen/Pressestelle/dokumente/Reden/Jahresempfang Rede Wehler. html), S. 4-5. アメリカ・ナショナリズムの独善は、広島、長崎に対する原爆投下の肯定、「悪の枢軸」のあるものを軍事攻撃しながら他のものと取引するご都合主義を通じて、一貫している。

(16) サミュエル・ハンチントン『文明の衝突』鈴木主税訳、集英社、一九九八年、二三七ページ以下。これについては前記註13のミッテラウアーのコメントを見よ。また M. Mitterauer, Ostkolonisation und Familienverfassung. Zur Diskussion um die Hajnal-Linie. In: Vincenc Rajšp/Ernst Bruckmüller (Redakteure), Vilfanov Zbornik (Pravo-Zgodovina-Narod), Ljubljana 1999, S. 221 には、ハンチントンのアメリカ的な政治目的のための議論に対する、ミッテラウアーのアカデミックに抑制された批判がうかがわれる。

(17) 藤村信『新しいヨーロッパ　古いアメリカ』岩波書店、二〇〇三年、「はじめに」。

(18) H.-U. Wehler, a. a. O. S. 6, 7-9. ヴェーラーはトルコのEU加盟に対して批判的である（H.-U. Wehler, Der Türkei-Beitritt zerstört die Europäische Union, in: Karl-Siegbert Rehberg (Hrsg.), Soziale Ungleichheit, Kulturelle Unterschiede, 2004, S. 1140-1150）。ヴェーラーはEUとトルコとの異文化間の共生の方途を模索している。同様に、イラク戦争＝「新十字軍」の致命的な誤りを指摘しつつ、アルクドゥス・アルアラビ紙編集長アブデル・バリ・アトワンは「イラクは内部が分裂しすぎて、民主化には最も向かない――ややこしい国」、「パンドラの箱、蛇の巣」であり、「開けたとたん、すべての毒蛇が飛び出してしまい、元には戻せない」と言う（『朝日新聞』二〇〇四年三月一八日）。彼は反米活動を担う世俗的なアラブ急進派と「イスラム原理主義」との「恐るべき連帯」を指摘している。

(19) 肥前榮一「共同体」、『マルクス・カテゴリー事典』青木書店、一九九八年、一三四―七ページ。[本書Ⅱ、4に収録]

(20) 田中真晴『ロシア経済思想史の研究――プレハーノフとロシア資本主義論史――』ミネルヴァ書房、一九六七年、第九章。肥前榮一『ドイツとロシア――比較社会経済史の一領域――』[新装版]未來社、一九九七年、一七―二二ページ。

(21) 大塚久雄「予見のための世界史」(一九六四年)、『大塚久雄著作集』第九巻、岩波書店、一九六九年、所収。いわゆるBRICs諸国(ブラジル、ロシア、インド、中国)の近年の経済発展は、かつての欧米諸国や日本におけるような封建制から資本主義への移行としては説明できない点で(それどころかむしろ、まさしくアジア的生産様式を歴史的基盤とする開発独裁体制に発している点で)、多系的発展の現実的な姿を現時点において示すものというべきであろう。「アジア的生産様式論はアジアの停滞の必然性の理論として嫌われたのだが、宿命論的に理解すべきいわれはすこしもない」(田中真晴、前掲書、三八四―五ページ、注3)。要はそれを封建制と混同しないことである。笹川裕史・奥村哲『銃後の中国社会――日中戦争下の総動員と農村――』岩波書店、二〇〇七年、足立啓二『専制国家史論――中国史から世界史へ――』柏書房、一九九八年、湯浅赳男『「東洋的専制主義」論の今日性――還ってきたウィットフォーゲル――』新評論、二〇〇七年、を参照。

(22) マックス・ヴェーバー『東エルベ・ドイツにおける農業労働者の状態』肥前榮一訳、未來社、二〇〇三年、「訳者解題」二二一ページ以下。[本書Ⅱ、5に収録]そのさい、農業労働問題研究者=職業人として成功した若い日のヴェーバーがその後、神経疾患による深刻な挫折を経て「職業人」からの脱皮を遂げ、ヨーロッパの「近代的職業義務感」の意義を根底的に問い直す「倫理」論文を作成したのが一九〇四～五年であったことが、重要である(これについては折原浩『ヴェーバー学のすすめ』未來社、二〇〇三年、第一章を見よ)。これ以後ヴェーバーは宗教社会学の領域で世界史的考察を行ない、そのなかでヨーロッパ的発展の特殊性を浮き彫りにしていくのである(同上、一九ページ。山之内靖『マックス・ヴェーバー入門』岩波新書、一九九七年、二三一―三二ページをも参照)。

(23) 「『人種概念と社会概念』によせて」(一九一〇年、フランクフルト大会)、「『人種理論的歴史哲学』によせて」(一九一二年、ベルリン大会)[中村貞二訳](『ウェーバー社会科学論集』出口勇蔵・松井秀親・中村貞二訳、河出書房新社、一九八二年、二五〇―二五九、二九〇―二九五ページ。さらにデートレフ・ポイカート『ウェーバー 近代への診断』雀部幸隆/小野清美訳、名古屋大学出版会、一九九四年、一七六―一九五ページをも参照。なお第一次世界大戦中のヴェーバーについては、末吉孝州「マックス・ヴェーバーと第一次世界大戦――その戦争観とエートス――」、『村岡哲先生喜寿記念近代ヨーロッパ史論集』太陽出版、一九八九年、を参照。

(24) マックス・ヴェーバー『宗教社会学論選』大塚久雄・生松敬三訳、みすず書房、一九七二年、五ページ。この序言(一九二〇年)は周知のように「諸事情の連鎖」論(=ヨーロッパ的発展の世界史的に見た特異性の把握)(五―二八ページ)を展開した後に、改めて人種理論への疑問を提示した（二八―二九ページ）ものであって、ヴェーバーのヨーロッパ論並びに人種理論批判の到達点を示すものである。この序言を、ヴェーバーが生涯にわたってヨーロッパ中心主義的観点と人種理論への期待とを維持したことを示すものであるかのように解釈するのは、曲解である。ヴェーバーはその人生において「人種論を一概に拒否したことなどいちどもない」という見方もあるが（今野元「『人種論的帝国主義者』から『ヨーロッパ』論者へ？――肥前榮一氏のマックス・ヴェーバー論を契機として――」政治思想学会編『政治思想研究』第六号、二〇〇六年、二〇七ページ）、人種理論への関心の持続とそのあり方の変化とは別物であり、後者をこそ重視するべきであるというのである。ナショナリズム克服の先駆者の困難に満ちた手探りの歩みの意義は、そうした変化の軌跡をきめ細かにたどることによってのみ正当に把握できるのではないか。今野的な批判はむしろゾンバルトに妥当するのではないか（村上宏昭「『ネガティヴ・パラダイム』としてのW・ゾンバルト――社会科学と人種理論」『関西大学西洋史論叢』第六号、二〇〇三年を参照）。ちなみに、今野元『マックス・ヴェーバーとポーランド問題――ヴィルヘルム期ドイツ・ナショナリズム研究序説』東京大学出版会、二〇〇三年、でも、一九〇五年以前の初期ヴェーバーと一九一四年以降の第一次世界大戦中のヴェーバーとがやや強引に結合され、もっとも重要な一九〇五～一九一四年の時期の取り扱いが手薄となり、こうして全体としてナショナリスト的な連続性が強調されすぎているように思われる。なおこれに関連して、註22にあげた「訳者解題」をめぐる、私の住谷一彦に対する批判を参照されたい（『経済学史研究』四七―一、二〇〇五年、九四―九五ページ、同四八―一、二〇〇六年、一四四―一四五ページ）。当面の問題に関して、無批判な住谷と批判過剰の今野とは好一対の両極をなしている。

(25) 人種理論と農場制度とを結合するダレーの「育圃制度」については、同著『血と土』黒田礼二訳、春陽堂、一九四一年、第Ⅴ章。ダレーについては、フランク＝ロタール・クロル『ナチズムの歴史思想』小野清美・原田一美訳、柏書房、二〇〇六年、第三章、および豊永泰子『ドイツ農村におけるナチズムへの道』ミネルヴァ書房、一九九四年、特に第七、一〇章の優れた分析を見よ［その書評を本書Ⅲ、6に収めてある。］（ちなみに、ヴェルナー・コンツェにおける同様の問題を指摘したものとして、P・シェットラー編『ナチズムと歴史家たち』木谷勤・小野清美・芝健介訳、名古屋大学出版会、二〇〇一年、八五ページ）。後年、多くのドイツ知識人がナチスへの道を歩んだ（大野英二『ナチ親衛隊知識人の肖像』未來社、二〇〇一年）なかでの、二十世紀初頭におけるヴェーバーの、このような歴史的個体としてのヨーロッパ把握への先駆者的到達を、カール・ボーズルは「予言者的な洞察力をもって」と表現している（『ヨーロッパ社会の成立』平城照介・山田欣吾・三宅立監訳、東洋書林、二〇〇一年、三二九ページ）。

(26) ハンス＝ウルリヒ・ヴェーラー『ドイツ帝国――一八七一―一九一八年――』大野英二・肥前榮一訳、未來社、一九八三年、「序論」。ユルゲン・コッカ『歴史と啓蒙』肥前榮一・杉原達訳、未來社、一九九四年、「まえがき」。

(27) ドイツの歴史家としてプロイセン＝ドイツ史の発展の特殊性を解明したヴェーラーは、ヨーロッパの歴史家としては、ミッテラウアーと同様、ヨーロッパ史の世界史的特殊性論に与する。そしてミッテラウアーと同様、ロシア、白ロシア、ウクライナは、市民層、自治都市、ヨーロッパ的な貴族と農民の欠如のゆえに、歴史的にヨーロッパに属したことがないとする（H-U. Wehler, a. a. O. S. 9-10）。しかしミッテラウアーによれば、十字軍はローマ法王が最高位者として率先組織した唯一無二の宗教戦争であった（M. Mitterauer, a. a. O. Kap. 6）。ヨーロッパ史の特殊性のなかにはこのような拡張主義も含まれているのである。

(28) 今西錦司『生物の世界』（弘文堂、一九四一年）中公クラシックス、二〇〇二年、「四、社会について」、「五、歴史について」。人はいまや、相互に攻撃的であることを放棄できない、特殊な生物としての自己の存在被拘束性に深く思いを致すことを求められているのである。松村高夫／矢野久編著『大量虐殺の社会史――戦慄の20世紀――』ミネルヴァ書房、二〇〇七年、を見よ。（ちなみに、化石燃料に依存する経済を放棄できなくなった生物である点についても同様である。ポール・サミュエルソンによって「ニューヨークの摩天楼が砂に沈むころ、一世を風靡するであろう」と適切に予言された生物経済学者、ニコラス・ジョージェスク＝レーゲンの『経済学の神話――エネルギー、資源、環境に関する真実――』小出厚之助、室田武、鹿島信吾編訳、東洋経済新報社、一九八一年、を見よ。）

I　ドイツの農民とロシアの農民

――史的比較の試み――

1　家族および共同体から見たヨーロッパ農民社会の特質——社会経済史的接近——

一、家族形態から見たヨーロッパの農民社会の地帯区分

ヨーロッパとはさしあたり地理的な概念である。ヨーロッパは、西は大西洋から東はウラル山脈に至る地理的な拡がりを示している。けれども、政治・経済・社会・文化・宗教などの構造に着目するならば、ヨーロッパは決して単一の地帯なのではなく、きわめて異なった構造をもつ諸地域からなる、重層的な組立てをもった、多様な地帯なのである。したがって、「ヨーロッパとは何か」という問いに対しても、どの側面に着目するかに応じて、いろいろと異なった回答をする必要がある。

農民社会についても同様のことがいえる。イギリスの歴史人類学者アラン・マクファーレンは、ヨーロッパを、イギリスと大陸部ヨーロッパとに二大区分し、イギリスが十三世紀以来、市場志向的で個人主義的な社会であったのに対して、大陸部ヨーロッパは多かれ少なかれ共同体的な「小農社会《ペザント・ソサエティ》」であったと主張している（マクファーレン　一九九〇）。この主張は、近代社会成立過程におけるイギリスの先進性を指摘したものとして注目に値するが、反面、大陸部ヨーロッパを「小農社会」として一括してしまっているのが単純すぎると思う。

私は大陸部ヨーロッパの農民社会を（ここではスカンディナヴィア諸国と南欧とを除く）、大まかに次の三つの類

型に分かつことができると考える。
（一）フランスを中心とする西欧型農民社会。
（二）ドイツ、オーストリア、スイスを中心とする中欧型農民社会（ポーランド、チェコ、スロヴァキア（部分）、ハンガリー（部分）、旧ソ連のバルト三国、旧ユーゴスラヴィアのスロヴェニアを含む）。
（三）ロシアを中心とするロシア＝東欧のユーラシア型農民社会（スロヴァキア（部分）、ハンガリー（部分）、旧ユーゴスラヴィアの主要部分、アルバニア、ルーマニア、ブルガリア、白ロシア、ウクライナを含む）。

そのさい、家族＝共同体の史的構造から見てもっとも重要な境界線はミヒャエル・ミッテラウアーによれば、西方教会と東方教会との境界線と部分的に重なりつつ、そのやや西側を走っており、中欧とロシア＝東欧との間に横たわっていた（本書、序の図を参照）。その境界線は、イギリスの歴史人口学者ジョン・ヘイナルの重要な先駆的指摘によれば、「ヨーロッパ的結婚パターン」の東限であり、ロシアのサンクト・ペテルブルクと北イタリアのトリエステとを結ぶものである。それはまた、ヴェルナー・コンツェの指摘するフーフェ制度の東限（ポーランドと白ロシアとの境界線）とも一致するものである（Hajnal 1965. 斉藤　一九八五。佐藤　一九八九）。結論を先走って言えば、この境界線の右側に位置する「ロシア＝東欧型農民社会」はもはやヨーロッパに属してはおらず、むしろはるかにアジアの農民社会に通じていると思われる。この境界線の左側に展開するイギリスおよび西欧と中欧のみが、農民社会から見たヨーロッパである。

フランスの歴史人口学者エマニュエル・トッドは、家族制度と農地制度とをヨーロッパ社会の「人類学的基底」（つまり、長期的に持続し、簡単には変化しない制度的要因）であるとし、家族制度を興味深い仕方で分類している（トッド　一九九二）。まずこれを手がかりに農民社会の類型化のメルクマールを考えてみたい。

トッドは、ヨーロッパの家族制度を、親子関係および兄弟関係という二つの基準を設けて類型化している。すなわち、（1）親子関係が権威主義的か自由主義的か、つまり、子供が成人して結婚しても家にとどまり、同居して父親の権威に服するか、それとも別居して新世帯を形成するか、（2）兄弟関係が平等主義的か否か、つまり、兄弟の間で遺産相続の平等が認められるか否か（均分相続か一子相続か）、という二つの基準を組み合わせて、以下の四つの類型に分類している。

①絶対核家族。親子間の自由主義（子供は結婚と同時に親と別居し、独立の新世帯を形成する）。兄弟間の非平等（一子相続制。非相続人である息子や娘は奉公人となる）。イギリスに典型的に分布。

②平等主義核家族。親子間の自由主義（親子の別居）。兄弟間の平等（均分相続制）。フランスに典型的に分布。

③直系家族。親子間の権威主義（相続人である息子は、結婚とともに相続を受け、新世帯を形成するが、隠居する両親と共に暮らす）。兄弟間の非平等（一子相続制。非相続人である息子や娘は奉公人となる）。ドイツやオーストリアに典型的に分布。

④共同体家族。親子間の権威主義（①〜③のように結婚と相続とが結びついておらず、息子たちは結婚後も引き続き両親のもとに暮らして、複数の夫婦の共住するいわゆる多核家族を形成する）。兄弟間の平等（相続慣行はなく、耕地は共同体からそのつど、すべての兄弟に分与される）。ロシアおよび非ヨーロッパ世界に典型的に分布。

トッドが挙げているもう一つの要因としての農地制度については、私はトッドから離れて、後述のとおり、中世ヨーロッパの荘園制度の土台を形作ったいわゆるフーフェ制度を重視したいと考える。

二、共同体から見たドイツとロシア――「大塚史学」における共同体論の意義と問題点――

1 共同体の研究史

大塚久雄『共同体の基礎理論』は、封建制から資本主義への移行を中心としていた「大塚史学」の歴史認識の範囲を、一挙に世界史的な規模に拡大した、画期的な名著であった（大塚 一九六九。小野塚・沼尻 二〇〇七）。しかしその共同体把握には、研究史的に規定された古典学説的ないわば「静態的」性格が認められるように思われる。『基礎理論』では、共同体の「アジア的形態」として、複数の同族団によって定住され、土地の定期的割替え慣行を示唆するマダガスカル島のタナラ族の村落形態図が、また「ゲルマン的形態」として、マックス・ヴェーバー『経済史』から採った、耕区《ゲヴァン》制村落の図が、挙げられている。しかしながら、その後の研究史の示すところによれば、土地の定期的割替え村落やゲヴァン村落は、それぞれの形態のいわば極限事例《グレンツファル》であって、必ずしも普遍的に存在するものではない。ここでその研究史を手短かに振り返っておきたい。

共同体研究におけるいわば古典学説ともいうべきものは、十八世紀末のユストゥス・メーザーに始まり、十九世紀のゲオルク・ハンセン、アウグスト・フォン・ハックストハウゼン、ゲオルク・フォン・マウラーなどを経て、アウグスト・マイツェンによって大成された、いわゆるゲルマニストの見解である。彼らは土地制度とりわけ農民の共同体は、民族精神を表現する歴史貫通的な「定数」であると考えた。「村落は歴史をもたない」というのは彼らのロマン主義を表現する特徴的な基本テーゼである（Nitz 1974）。彼らは中世ドイツの耕区《ゲヴァン》をもつ集村を太古から存在するゲルマン民族の歴史貫通的な制度であると主張した。とりわけ特徴的であったのは、十九世紀中葉にロシアのミール共同体を調査したハックストハウゼンが、こうしたゲルマニスト的発想から、ミールを太古から存在するロシア人の民族的制度であるとして、いわゆる「連続性説」を打ち出し、アレクサンドル・ゲルツェンやニコライ・チェルヌィシェフスキーらのロシア社会主義に論拠を提供したことであった（鈴木　一九九〇。肥前　一九八六a）。こうしてゲルマニストの「連続性説」は一時期、共同体論において、ドイツとロシアとの双方を支配したのである。

この説に対しては、一方ではドイツについて、古代ローマからの影響の意義を強調するアルフォンス・ドプシュらのロマニストの批判があり、他方ロシアではミール成立の近世的起源を説き、かつ国家の徴税政策の意義を重視するボリス・チチェーリンらの「国家学説」の批判があったが（ミールをライトゥルギー的な強制団体として特徴づけた点に国家学説の貢献がみとめられる。ちなみに、インド史研究者の小谷汪之の大塚共同体論批判は、「国家学説」によっているように思われる）、とりわけドイツの場合、研究史上それよりもはるかに重要であったのは、そうした「古典学説」ないしロマニストや「国家学説」をいわば両面批判して登場した研究の第三の流れであった。それはドイツではヴィルヘルム・ミュラー＝ヴィレに代表される歴史地理学の北西ドイツに関する「発生史的な」定住史研究であり（Müller-Wille 1944）、ロシアではカルステン・ゲールケによって「経済学説」と名づけられた、アレクサンドル・カウフマン、カール・カチョロフスキーら、ネオ・ナロードニキのシベリア定住史研究であった（Goehrke 1964）。これらの定住史研究は一方では共同体の太古性に関する「古典学説」を批判して、「発生史的」方法を主張するとともに、他方ではグルントヘルや国家という政策的契機をあくまで媒介的なものにとどまるとして、民衆自体のなかに土地制度成立の根拠を求めようとする。すなわち、第一に考察の重点を村落レヴェルから世帯《ハウスホールド》レヴェルに移し、第二に人口増加という新たなファクターを導入して、世帯の特徴的な構造が、人口増加のもとでいかにして村落の特徴的な構造を生み出すかを動態的＝「発生史的に」解明しようとしたのである。その結果として、ドイツにおいてはゲヴァン村落に代わって「フーフェ」が、またロシアについては土地の定期的割替え村落であるミールに代わって「ドヴォール」が、基礎範疇として浮かび上がってきた（肥前　一九八六b）。それでは次にこの点を敷衍してみよう。

2　フーフェ制度——北西ドイツの農民と奉公人——

先述のとおり、共同体研究における古典学説は、中世ドイツの耕区《ゲヴァン》をもつ集村を、ゲルマン民族の民族精神を表現する太古からの歴史貫通的な制度であると主張した。ところで北西ドイツ特にミュンスターラントに代表されるようなヴェストファーレン北部地方には、そうした耕区制集村が存在せず、エッシュと呼ばれる特有の耕地制度をもつルースな定住《ドルッベル》ないし散居制《カンプ》定住が行なわれていた。そこでマイツェンはこれをケルト的定住の伝統を示すものと解釈したのである。ミュラー＝ヴィレたちはいずれも、このようなマイツェンの「ケルト説」を根底的に批判しつつ、新たな知見に到達したのである。彼らはマイツェンの「静態的＝形態論的」方法を批判し、それに替えて「発生史的」方法を提唱し、大きな成果を収めた（Nitz 1974）。その要点は次のとおりである（肥前　一九九二a）。

中世ドイツの土地制度は、フーフェ制度によって特徴づけられていた。つまり、基本的に三世代共住の直系家族からなる各農家は、村落の中にヘレディウム（宅地＝庭畑地）所有権、三〇モルゲンを基本単位とするフーフェ耕地所有権、共有地（特に森林）の用益権、という三層からなる一体化された権利を有し、これが農家経済の再生産を支える基盤となっていた。

フーフェとは語義的には「必要」（Bedarf）を意味するという。確かにフランク王国のカロリング王朝期に「標準《ノルマル》フーフェ」の観念が成立したさいには三〇モルゲンの耕地が農民家族に確かな生活の基盤を与えるとともに、領主のために若干の余剰をも生むに足る面積であると考えられていた。

しかしその後、領主の穀物地代への要求が高まり、また農民に三〇モルゲン以上の耕地の耕作能力のあることが分かるにつれて、十二世紀以降二、三、四フーフェの土地を領主が農民に貸与することが一般的となっていったのである。領主並びに村落共同体は農民にフーフェ管理者＝経営者としての有能さを厳しく求めた。ヴィティッヒはフーフェ制度にともなういわば封建的な物化現象について、述べている。「農民家族が生活しようと欲したから農民地が存在したのではなく、農民地が存在したがゆえに農民家族が生活したのである」と（肥前　一九九二c）。フーフェはまた観念化されて、共同体株《ゲマインデ・アクチエ》として観念された。フーフェの所有者のみが共同体のメンバーたり得るというのである。したがってまた村落共同体＝地縁的共同体はメーザーやハックストハウゼンのいうとおりコルポラツィオンであった。いわばフーフェ所有農民からなる株式会社である。したがってまたフーフェを所有しない者は共同体のメンバーではあり得ず、奉公人《ゲジンデ》となるしかなかった。一子相続制が確立するにつれて、フーフェの非相続権者である次三男が奉公人となった。

　こうして農民と奉公人とはフーフェ制の盾の両面であり、奉公人はミッテラウアーが主張するとおり、農民とならぶきわめて重要な始原的な農村住民なのである（ミッテラウアー　一九九四。若尾　一九八六）。ちなみにかつて高橋幸八郎が、封建社会分析の範疇展開として、マルクスの『資本論』における商品→貨幣→資本という展開およびマルク・ブロックの manse → communauté rurale → classes という展開からヒントを得つつ、フーフェ→ゲマインデ→グルントヘルシャフトという魅力的な方法的な提案をしているが（高橋　一九五〇）、そのさいに「奉公人」の問題をまったく意識していないのが特徴的である。ところで中世ヨーロッパでは世帯の独立が結婚の条件であったから、奉公人にとっては結婚が困難であり、農民もまた晩婚化する傾向があった。十八世紀の北西ドイツでは、初婚年齢は男子二六歳以上、女子二三歳以上となっている。すでに述べたとおり、これがジョン・ヘイナルのいう「ヨーロッパ的結婚パターン」であって、レニングラード（サンクト・ペテルブルク）とトリエステとを結ぶ線の左側のヨーロッパに普及していた。それは奉公人制度と緊密に結びついている。

　ところで北西ドイツではフーフェ農民は、フランク王国によって征服される九世紀以前の旧ザクセン時代から定住を開始していた最古の村落定住者（いわゆる旧農民＝アルトバウエルン）であり、マイアーもしくはエルベと呼ばれる。まず耕地形態についてみると、彼らの耕地は「エッシュ」と呼ばれる優良地であるが、後の中部ドイツや南ドイツに支配的であったような「耕区制《ゲヴァン》」は存在せず、長地条型《ラングシュトライフェン・フルーア》をなし、一圃制によるライ麦栽培が行なわれていた。また次に定住形態についてみると、集村は存在せず、数戸からなるドルッベルと呼ばれるルースな定住形態が取られていた。ミュラー＝ヴィレは、こうした「エッシュ」耕地＝ドルッベル的定住は、かつてドイツのいたるところに普遍的に存在した「原初村落」であって、中・南部ドイツでは、その後人口増加とともにゲヴァン的集村へと移行したのだが、北西ドイツでは「原初村落」の伝統が維持されているという。しかし中世中期にはフーフェの分裂も起こった。しかしもっと重要なのは奉公人層に発する（「原初村落」に着目する日本のドイツ中世史家によっても指摘されることが少なかった）以下の動向である。

3　ドイツの農村下層民の諸カテゴリー――奉公人からの上昇――

奉公人は世帯の独立を求めて、あるいは東部植民に参加し、あるいは成立過程にある中世都市へと流出するが、その主要な部分は村落に残って開墾に従事する。そして上昇して非フーフェ地を経営して共同体の不完全構成員であるさまざまな農村下層民になるのである。その主要なカテゴリーは以下のとおりである（肥前　一九九二a）。

（1）世襲《エルブ》ケッター。ドルッベルのなかに住居をもち、非フーフェ地を経営する。農民が十三世紀初頭に定住を終えるのに対して、その後に十世紀から十五世紀前半まで（「世襲小屋の時代」）に定住する下層民である。その住居は屋敷《ホーフ》ではなく小屋《コッテン》と呼ばれる。ケッターとは小屋住みという意味である。しかし、下層民ではあれ、彼らは農村のなかで農民に次ぐ高い地位を占めている。

（2）共有地《マルク》ケッター。十五世紀後半以降の約二〇〇年間（「共有地小屋の時代」）に定住した階層である。共有地に入植して共有地小屋《マルク・コッテン》に住み、六―一〇モルゲンの小土地《カンプ》を経営する。その小屋がもはや村落内になく共有地すなわち森林内部にあることがその特徴である。すなわちミュンスターラントを特徴づけるあの散居制的定住形態をとる。農業よりも牧畜に経営上の比重がかかっている。それは農村過剰人口の最初の現われであり、彼らの定住とともに森林破壊（中世の環境破壊）が始まったのである。

（3）ブリンクジッツアー。極小の共有地ケッターともいうべき層で、十六世紀末―十八世紀（「ブリンクジッツアーの時代」）に定住する。彼らは村落近辺や共有地にある荒蕪地《ブリンク》に、二モルゲン以下の零細地を開墾して入植したので、このように呼ばれたのである。

（4）ホイアーリング。十六世紀に発生し十九世紀前半に至るまで増加し続けた階層である。世襲ケッター、共有地ケッター、ブリンクジッツアーが、いずれも本来の旧農民でないとはいえ、村落内部あるいは共有地に自分の小屋をもち、また非フーフェ地であるとはいえ耕地を、また共有地用益権をもつ独立の定住者であったのに対し、ホイアーリングは非定住の村落居住者である。彼らはもはや共同体の不完全な構成員でさえなく、通常農民の屋敷地内にその小屋と付属地とを賃借りしており、そこに家族と共に居住していた。彼らは小規模な農業のほか、出稼ぎやいわゆる「プロト工業」と呼ばれる農村工業（特に麻織物工業）に従事していた（馬場　一九九三。平井　一九九四）。彼らは共同体成員ではなく、主家である個々の農民の家父長的な庇護下に立ち、自分の姓をもたず、農民の姓を借用した名子であった。したがって当然その社会的地位はきわめて低かった（藤田　一九八四）。しかし彼らも奉公人から上昇した階層であり、奉公人とは異なり、農民家族の一員ではもはやなく、独立の世帯並びに経営を形成していたのであった。

一方、ホイアーリングの成立する十六世紀以降、それまで生涯独身で、やや奴隷的でさえあった奉公人層は、結婚前の一年齢階梯としての、いわゆるライフ・サイクル・サーヴァント（ピーター・ラズレット）として再編成されて、ヘイナルのいう「ヨーロッパ的結婚パターン」の構成要素となるのである。

こうして北西ドイツ農村では九世紀から十八世紀末に至るまで、長期にわたる階層分化が進んだのである。「制度化された不平等」（"institutionalized inequality"）のメーザー的社会がここに成立する。十八世紀末はこうした発展のいわば完了期であって、農村住民の諸階層が出揃う時期である。したがってこれを、「発生史的」にではなく「遡及的」に、レーニンの市場形成論の観点から、市場関係を介したフラットな農民層の両極分解の所産として捉え、そのうえで下層民を（ユンカー的土地所有に制約された特殊ドイツ的な）「中間層農民」（松田　一九六八）と捉えることには無理があると思う。それはユンカー的土地所有の支配しない西エルベにむしろ典型的に展開した、あくまで封建的な、いわばフーフェ制に立脚する階層形成過程であり、下層民は農民の下降部分（「下方的分解」の所産）というよりはむしろ奉公人の上昇部分であったからである。北西ドイツの農村定住史は、東部植民以降の東エルベの定住史（馬場　一九九三。飯田　一九九三）に較べてはるかに長期にわたっており、また中・南部ドイツに較べて農村社会の構造変化が少なく原初村落的な伝統を維持していたので、農村社会の階層形成のドイツ的特質を、いわばスローモーション・フィルムを見るようにもっとも鮮明に示しているように思われる。

ともあれ農民はこうした発展のなかで、次第に農村社会の最上層に押し上げられた。彼らは「農民貴族」ともいうべき村内の特権階層を形作った。彼らは生産力的に優れており、かつそのフーフェ制的な社会規範は下層民にも大きな力をもっていたから、その権威は十八世紀の経済的危機の時代にも基本的に揺らぐことがなかった。そうした規範意識は、制度自体が除去された十九世紀にもなお生きのびた。十九世紀前半の農村過剰人口のもとで、「プロト工業」の危機がもたらした「パウペリスムス」は世紀中葉以降の大工業化によって克服され、ホイアーリングその他の農村下層民は大量に都市や海外へ流出してしまい（山井　一九九三。柴田　一九九二）、十九世紀末にはむしろ労働力不足さえ叫ばれるようになる。したがって、ドイツ農村には同時代のロシアに見られたような、土地を要求する農民運動が大規模に発生する余地はあり得なかった。逆にドイツの農民は、二十世紀に入り、一九一八年ドイツ革命と二九年恐慌下の農業労働者の動向（足立　一九九七）への反動としてナチスの全体主義を支持した。そしてこれがヴェーラーやコッカのいう「ドイツの特殊な道」（ヴェーラー　一九八三。コッカ　一九九四）の農村的基盤だった。

三、ロシアの土地制度――ミールにおける土地割替え慣行――

次にロシアについて、ドイツにおけるフーフェ↓ゲマインデ↓グルントヘルシャフトに対応するドヴォール↓ミール↓ツァーリズムという範疇展開（肥前　一九八六a）について説明しよう。

ロシア農村にはドイツ中世村落を特徴づけた農民のフーフェ制度およびそれと対をなす農業奉公人制度が存在しなかった。ドイツのフーフェに対応するロシアの端緒範疇は「ドヴォール」であると思われる。それは既婚の兄弟の共住する傍系家族（トッドのいう「共同体家族」）によって土地共有が行なわれている農民世帯である。すなわち、ドイツのように結婚と世帯の独立とが結びついておらず、新夫婦は結婚後も両親のもとにとどまって兄弟と共住したのである。またロシアには北西ドイツのような一子相続制はなく「均分相続制」が行なわれていた。しかしそれはフーフェのような明確な所有規範によって裏づけられた私有財産を対象としてはいないので、相続というべきではなく、むしろルロア＝ボリューの言うとおり「アソシエーションの解散もしくは清算」であった（肥前　一九九二b）。ドイツと異なりすべての兄弟が土地に対する平等のアクセスをもっていたから、ドイツのような農民と奉公人とへの兄弟の分裂はなかった。外部の労働力が必要な場合には、奉公人としてではなく擬制的血縁者である「養子《プリマーク》」としてドヴォールのなかに採用された（肥前　一九九四）。このようなドヴォールが、ドイツ的な土地制度の影響が及んだ西部ロシアを除き、ロシアには広大な北部やシベリアを含めて広く普及していたと思われる。

こうしたドヴォールを基盤として、中部ロシアでは、人口が増加するなかで、十八世紀前半以来、ツァーリズムの徴税政策によって促進されつつ、土地の定期的割替え制によって特徴づけられるミール共同体が発生する（鈴木 一九九〇）。それはドヴォール原理を村落レヴェルにまで拡大したもの（＝血縁共同体）であって、定住史上の新参者である「貧農」は、そのつど土地の割替えを要求して旧農民に一体化していき、ドイツのように農村下層民の、定住の時期を異にする諸階層を形作ることはなかった（土肥 一九九九）。北西ドイツ農村社会のあのヒエラルヒッシュな構造と較べれば、ロシアの農村社会ははるかにフラットであった。ミール共同体はドヴォールに所属するすべてのメンバーに生計の基盤をなす土地を貸与した。それは本質的にある社会政策的機能を尽くした。ハックストハウゼンはドイツの村落共同体はコルポラツィオンであり、ロシアのミール共同体はアソツィアツィオンであると呼んだ。ナロードニキは、こうしたハックストハウゼンの把握に影響されつつ、太古から存在しロシア人の民族性を表現するアソツィアツィオンとしてのミールに立脚したロシア社会主義の建設を夢想したのである。

しかしミール共同体は、その経済的な機能において、例えばルーマニア生まれの生物経済学者ジョージェスク＝レーゲンも指摘したような大きな問題を抱えていた（肥前 一九八九）。つまり、それ自体が人口増加の産物であったミール共同体は、いったん成立すると、農村過剰人口を促進する機能を尽くしたのである。

すなわち、ミール共同体の土地割替えは、一方では若者の結婚を促進した。第一に、すべての若者は結婚して世帯の正規のメンバーになることによって初めて一人前と見なされ、家族会議や共同体の寄合で発言権を得た。第二に、結婚して世帯を得ることによって共同体から土地が配分され、納税義務を果たし、また夫婦が分業することによって初めて農家経済は円滑に維持された。第三に、子供は労働力としてまた老後の扶養者として重視された反面、育児には金はかからなかった。こうして十九世紀後半にもなお早婚が一般的で、初婚年齢は男子で一八―二〇歳、女子で一六―一八歳であるといわれ、高い死亡率を伴う子だくさんが実現された。そして七〇年代以降における医療の改善に伴って乳幼児死亡率が低下すると、十九世紀末には、ドイツですでに農業人口が絶対的に減少しつつあった時に、ロシアでは農業人口の高度成長が起こったのである。農民一人当たりの分与地面積は十九世紀後半以降、急激に縮小している。

他方でミール共同体の定期的土地割替え慣行は、農民と特定の土地との永続的な結びつきを妨げることによって、農業生産性の向上を阻害した。つまり勤勉な農民がたとえその分与地を苦心して改良しても、次の割替えにさいして取り上げられ、怠け者の隣人の放置した劣等地を押しつけられる可能性があり、逆に普段怠けていても、実力者に取り入り、また共同体会議でうまく立ち回れば、勤勉な隣人の改良した優良地を割り当ててもらえる可能性がある。このようにミール共同体は怠け者が得をするシステムであるといわれ、農村住民の労働規律の向上を構造的に阻害したのである。

一方における農村人口の急増と他方における農業生産性の相対的停滞とがあいまって、十九世紀の八〇年代以降、土地不足という形をとって農村過剰人口問題が浮上した。しかもこうした農村過剰人口は、ドイツの場合のように都市へ流出する傾向を示さなかった。

第一に、ロシアの工業は都市工業ではなく農村工業として展開したものであって、過剰人口を外から吸収する能力に乏しかった。また各種の出稼ぎは農家や共同体の構成に流動性を与えはしたが、出稼ぎ農民は旅券制度を通じて共同体に結びつけられており、その流動性はいわば還流型の流動性であって、十九世紀後半のドイツに見られた恒久離村型の流動性とは質を異にした。むしろ、ロシアでは農村過剰人口は至るところで、「不規則で非合理的な出稼ぎ」(いわば「盲流」)を引き起こし、労働力配置の調整が大きな国民経済的課題となる。

第二に、すべての農民男性が結婚し、土地配分を受け、正規の共同体構成員として村内にとどまることができた限りにおいて、村内の日常生活のなかで疎外されていたドイツの奉公人や下層民をつき動かしたあの「自由への衝動」は生じ難かったと思われる。見方を変えていうと、ロシアの共同体は安定した経営主体である生産力的な、富農を創出・維持するための自己陶冶能力をもたなかった。逆にむしろ全般的貧困化（いわば“shared poverty”）――ドイツ農村における「制度化された不平等」とは対照的な、別種の弊害――への基本的傾向が顕著であった。ロシアの貧農は、世帯に属しているがゆえに土地をもつべき者として、社会的不正を怒りつつ村内に滞留していたのである。

ナロードニキ主義と結びついて十九世紀末以降高揚するロシアの農民運動の背景には、おおよそこのような事情が伏在したと思われる（保田　一九七一）。それは共同体を上から破壊して、政治的には保守的で経済的には生産力的なプロシャ流の富農を創り出そうとした二十世紀初頭のストルイピンの改革を粉砕し、次いでボリシェヴィキーのロシア革命の地主制廃絶をも支えるが、地主制の廃止によっては農民の土地不足は解消せず、ついにスターリンによる農業集団化による共同体の破壊（奥田　一九九〇）を迎えるのである。それは富農の創出を目指したストルイピンの改革とは逆に貧農のルサンチマンに支えられた富農＝クラークの追放を内容とするものであった。こうして一八八〇年代から一九二〇年代に至るロシアは、農村過剰人口問題が顕在化した危機の時期として特徴づけられ、ロシア革命はまさしくその中心に位置していたのである。

ちなみに、ロシアの農民層はドイツの農村住民に較べてはるかにフラットな性格を帯びており、レーニンの農民層の両極分解論はこうした農民層を背景にもっていたのであるが、カチョロフスキーやカウフマンの継承者であるチャヤーノフ（小島　一九八七）はレーニンがロシアにおける市場関係の成熟度を過大評価していると批判して、「人口論的分化論」を主張した。ドヴォールのライフ・サイクルによって農民層の分化が規定されているという興味深い指摘である。それはロシア革命の推進力をなす農民層についての普通の理解に反省を迫っている。ロシア革命は、資本主義から社会主義への移行の政治的画期などではなく、レーニン主義をイデオロギーとし、ミール共同体の構造に根をもつ革命的農民層のエネルギーに依拠した、開発独裁の成立の画期であると考えられるのである。ロシア革命はそうしたものとして、中国に波及し、さらに第三世界に大きな共鳴盤を見出した。ロシアの農村自体が第三世界に通ずる構造をもっていたのである。

ともあれ、「大塚史学」のよって立つ比較史的・移行論的方法を堅持しつつ、そのうえで、とりわけ移行論（その共同体論の静態的性格およびそれと裏腹をなす「封建制から資本主義への移行」のダイナミズムの一面的強調、さらにその強調を理論的に支えるレーニン的な農民層の「両極分解」論）について批判的に再検討することが、課題であると思われる。

ちなみに、比較史について言えば、「序」で分析したような、エルベ河から聖ペテルブルク－トリエステ線への視点移動が要求されるのであり、こうして「序」と本章との両章を通じて「大塚史学」（特にその共同体論）の「脱構築」（小野塚・沼尻、二〇〇七）が試みられているのである。

参考文献

足立芳宏　一九九七『近代ドイツの農村社会と農業労働者』京都大学学術出版会
馬場哲　一九九三『ドイツ農村工業史』東京大学出版会
土肥恒之　一九九九「移住と定住のあいだ――近世ロシア農民再考――」『一橋論叢』一二二の四。
藤田幸一郎　一九八四『近代ドイツ農村社会経済史』未來社
Carsten Goehrke, 1964, Die Theorien über Entstehung und Entwickhung des "Mir"
John Hajnal, 1965, European Marriage Patterns in Perspective, in: D. V. Glass and D. E. C. Eversley (eds.), Population in History（速水融編　二〇〇三『歴史人口学と家族史』藤原書店、第十一章）
平井進　一九九四「一九世紀前半北西ドイツの農民・ホイアーリング関係」『社会経済史学』六〇の四［同著　二〇〇七『近代ドイツの農村社会と下層民』日本経済評論社］
肥前榮一　一九八六ａ『ドイツとロシア』未來社
　一九八六ｂ「フーフェとドヴォール」『未来』二四二（本書、Ｉの５に収録）
　一九八九「チャティプ・ナートスパーのタイ村落共同体論について」『経済学論集』五四の四（本書、Ⅳの１に収録）

一九九二a「北西ドイツ農村定住史の特質」『経済学論集』五七の四（本書、Ⅰの2に収録）
一九九二b「帝政ロシアの農民世帯の一側面」『広島大学経済論叢』一五の三・四（本書、Ⅰの3に収録）
一九九二c「比較経済史の新領域を求めて」『ある軌跡』未來社
一九九四「家族史から見たロシアとヨーロッパ」『ユーラシア研究』三（本書、Ⅰの4に収録）
飯田恭　一九九三「グーツヘルシャフト下の農民家族」『社会経済史学』五九の四
ユルゲン・コッカ　一九九四『歴史と啓蒙』肥前榮一・杉原達訳、未來社
小島修一　一九八七『ロシア農業思想史の研究』ミネルヴァ書房
アラン・マクファーレン　一九九〇『イギリス個人主義の起源』酒田利夫訳、リブロポート
松田智雄　一九六八『新編「近代」の史的構造論』ぺりかん社
ミヒャエル・ミッテラウアー　一九九四『歴史人類学の家族研究』若尾・服部・森・肥前・森訳、新曜社
Wilhelm Müller-Wille, 1974, Langstreifenflur und Drubbel (1944), in: Hans-Jürgen Nitz (Hrsg.), Historisch-genetische Siedlungsforschung
大塚久雄　一九六九『大塚久雄著作集第七巻』岩波書店
奥田央　一九九〇『コルホーズの成立過程』岩波書店
小野塚知二・沼尻晃伸編著　二〇〇七『大塚久雄『共同体の基礎理論』を読み直す』日本経済評論社
ヴェルナー・レーゼナー　一九九五『農民のヨーロッパ』藤田幸一郎訳、平凡社
斉藤修　一九八五『プロト工業化の時代』日本評論社
佐藤芳行　一九八九「リトワニアと白ロシアにおける世帯と農業構造」九州産業大学『商経論叢』二九の三（二〇〇〇『帝政ロシアの農業問題』未來社、第一章）
柴田英樹　一九九二「一九世紀前半のヴェルテンベルクにおける大衆窮乏化と海外移民」東京大学『経済学研究』三五
鈴木健夫　一九九〇『帝政ロシアの共同体と農民』早稲田大学出版部
高橋幸八郎　一九五〇『市民革命の構造』御茶の水書房
エマニュエル・トッド　一九九二『新ヨーロッパ大全Ⅰ』石崎晴己訳、藤原書店
若尾祐司　一九八六『ドイツ奉公人の社会史』ミネルヴァ書房
ハンス＝ウルリヒ・ヴェーラー　一九八三『ドイツ帝国一八七一―一九一八年』大野英二・肥前榮一訳、未來社
山井敏章　一九九三『ドイツ初期労働者運動研究』未來社

保田孝一　一九七一『ロシア革命とミール共同体』御茶の水書房

2 北西ドイツ農村定住史の特質——農民屋敷地に焦点をあてて——

はじめに

農民の屋敷地（宅地、庭畑地）は土地制度史のなかでつねに独特の地位を占めてきた。すなわち、農民の土地占取一般が伝統社会にあっては、なんらかの仕方で共同体的拘束のもとにおかれていたなかにあって、いわゆるヘレディウムとしての屋敷地のみはつねに個的所有の原理が働く場であり、共同体に固有の「二元性」は、そうした屋敷地における個的原理とその他の土地における共同体的原理との「二元性」としてあらわれたのである。そうしてまた、こうした屋敷地は労働主体としての農民の創意工夫のもっとも強力にあらわれる農業生産力向上の拠点でもあったのである。(1)

だが他方では、土地制度全体の相違に応じて、農民の土地占取並びに利用における屋敷地のあり方も異なった様相を呈する。以下では、伝統社会における農民屋敷地の対照的なあり方を示したと思われるドイツとロシアとの場合について、ドイツを中心として概観をこころみたい。

すなわち、本章の中心課題は、主としてドイツ歴史地理学の「発生史的」研究の成果に学びつつ、十八世紀以前の北西ドイツ農村定住史の特質を、とりわけ農民屋敷地のあり方を中心として、解明することにある。(2) 北西ドイツ（ヴェストファーレン並びにニーダーザクセン）をとりあげたのは、同地方がバイエルン地方と並ぶ一子相続制地帯であり、農村定住史のなかで、屋敷地《ホーフ》不分割の原則に立脚する大農のもとでのさまざまな農村下層民の階梯的形成がきわめて明瞭にうかがわれ、農民屋敷地のあり方のドイツ的特質が把握しやすいように思われるからである。(3)

ところでリッペ河以北のヴェストファーレン北部は、ゲヴァン村落を欠くカムプへのいわゆる散居的定住によって特徴づけられている。(4) けれども、それは封建的な村落共同体の解体の所産としてのいわゆる独立自営農民の成立を示すものでは決してなく、また逆にかつてメーザーやハックストハウゼンが古ゲルマン的としまたマイツェンが原ケルト的と考えたような太古的で民族に固有の不変的な定数（Konstante）でもなく、ミュラー＝ヴィレを頂点とするかの定住史研究が解明したとおり、むしろ旧ザクセン時代に発する長地条型耕地《エッシュ》＝ドルッベル的定住を特徴とする「原初村落《エッシュドルフ》」の伝統の上に、後年主として共有地《マルク》ケッターやブリンクジッツァーによって普及したもので、エッシュ並びにカムプを所有する旧農民《アルトバウエルン》は、若干の特殊性（＝原初性）をおびつつも基本的にはゲヴァン村落の農民と同様のフーフェ農民なのである。(5) また同時に、ヴェストファーレン東南部やニーダーザクセンの多くの部分では集村化が進んで、ゲヴァン村落が広汎に成立している。(6) しかし西南ドイツとくらべて北西ドイツは一般に村落＝耕地形態の変化の乏しい地方であると見られている。

最後に、ドイツと比較しつつ十九世紀の中央部ロシアについて、土地の定期的割替え慣行の支配していたミール共同体における農民屋敷地の地位とその特質とについてごく簡単に言及して、しめくくることとしよう。

一、中世前期北西ドイツの農村定住と農民屋敷地

（一）フーフェ制度と屋敷地

北西ドイツの土地制度における農民屋敷地の地位ないし特色はさしあたり、（一）フーフェ制度の土台であったこと、（二）領主権力や共同体権力の介入を許さない独立性並びに一体性の強さ、（三）階層的な構造、の三点に示されているように思われる。以下ではまず（一）について解明することとしよう。

中世ドイツの土地制度はフーフェ制度によって特徴づけられていた。すなわち、基本的に三世代共住の直系家族からなる各農家は、[7] 村落の中にヘレディウム（宅地＝付属地《ホーフガルテン》並びに耕地内の非フーフェ地である庭畑地《フェルトガルテン》）所有権、三〇モルゲンを基本単位とするフーフェ耕地所有権、共有地《マルク》（採草地、放牧地、特に森林）の用益権、という三層からなる一体化された権利を有し、これが農家経済の再生産を支える基盤となっていた。[8] そのさい、こうした土地配分は、個別農家の諸事情、家族員数、年齢別・性別構成その他に基づく耕作能力や土地需要の相違を勘案することなく、一率に形式的に平等に行なわれた。経済的には不合理な、こうした「法的な観点」の優位は、[9] ゲルマン大移動期＝封建革命期に芽生えたヨーロッパに固有の法＝権利意識の所産であり、それがフランク王国のカロリング王朝期以降、グルントヘルシャフトの主導下にフーフェ制度を確立させたのであった。[10]

フーフェとは語義的には「必要」（Bedarf）を意味するという。[11] 確かにカロリング王朝期に「標準《ノルマル》フーフェ」の観念が成立したさいには、三〇モルゲンの耕地が農民家族に確かな生活の基盤を与えるとともに、領主のために若干の余剰をも生むに足る面積であると考えられていた。しかしその後、領主の穀物地代への欲求がたかまり、また農民には三〇モルゲン以上の耕地の耕作能力のあることが分かるにつれて、十二世紀以降、二、三、四フーフェの土地を領主が

農民に貸与することが一般的となっていったのである[12]。かくてヴィティッヒは、フーフェ制度における土地と人との関係のきわめて重要な特徴についてこう述べている。「農民家族が生活しようと欲したがゆえに農民地が存在したのではなく、農民地が存在したがゆえに農民家族が生活したのである。……農民地のほとんどすべてが、農民家族の生存のために必要とした面積を上まわっていた。農民家族の生存のための要求と農地面積の大きさとの間には、まさしくマイアー（＝フーフェ農民）農地の場合、なんの関係もないのである」と（傍点は引用者による）[13]。ここに端的に指摘されているのは、まさしく土地配分における血縁原理ならぬ地縁原理である[14]。そうして封建的な村落共同体とはこうした「フーフェ保有農民の隣人集団＝共同組織[15]」であった。

ところで、そうしたフーフェ制度全体の土台としての農民屋敷地（Bauernhof）の意義を強調するのがマウラーである。すなわち、村落内の垣根や樹木などで囲いこまれた農民の屋敷地は、少くとも二モルゲン以上の広さをもち、その完成された形態においては、居住部分つまり本来の住宅（経済部分が結合していた）、隠居所《ライプツフト》のほか経済部分つまりパン焼き小屋、家畜小屋、穀物小屋、農具小屋、その他の建物から成り立ち、それに野菜・薬草・花・果樹・亜麻栽培地が付属していたが[16]、マウラーによれば「全所有の土台であったのが農民屋敷地《バウエルンホーフ》つまり村落内の屋敷地（mansus）であって、そうしたマンズスとの対比でしばしばフーフェ地もしくはくじ引き地と呼ばれた耕地は、そうした屋敷地の単なる付属物でしかなかった[17]」。「ラテン語のmansusからManns-hus（Haus）という民衆語が作られさえした[18]。」したがってまた「農民屋敷地の所有者にのみ共有地利用権がみとめられた[19]。」したがってまたフーフェ農民のそうした農民屋敷《バウエルンホーフ》（mansus）と単なる小屋《コッテン》（casa, cot, cottage）とは、いわば範疇的に区別された。後者は、後に述べるとおり、農村下層民の居住するところであったのである[20]。農民屋敷そのものも、馬六、八、一〇頭をもつマイアー屋敷（シュルツェ屋敷）と馬四、六頭をもつ単なる農民屋敷とに分かれた[21]。

ところで十一世紀頃を境として特に中・南部ドイツの農業生産における穀作の意義が高まり（いわゆるVergetreidung)、穀物による地代納入の意義が高まるにつれて、ようやく耕地の比重が大きくなり、十二世紀には前述のような多フーフェ農民の出現と同じ時期に、耕地と屋敷地の位置関係が逆転する。すなわち「かつてはフーフェの核心を形づくっていた農民屋敷地《ホーフシュテッテ》」が中心的意義を失い、「まず何よりも耕地から成り立つフーフェの付属物となる」のである。(22)

北西ドイツではフーフェ農民は、フランク王国によって征服される以前の旧ザクセン時代から定住を開始していた最古の農村定住者（いわゆる旧農民《アルトバウエルン》）であり、マイアーもしくはエルベ（あるいはコロヌス）と呼ばれる。すなわちマイアーやエルベに属する農地のみがフーフェ地としての資格をもっている。あるいは原則としてマイアーやエルベのみが「中核をなす耕地」としてのエッシュ地をもち、エッシュ・ゲノッセンシャフトの本来的構成員なのである。(23)エッシュはがんらい旧農民によってすでに九世紀以前の旧ザクセン時代に開拓された最古の最優良地（低湿地の優勢な北西ドイツにあって乾燥した高い位置にあり、傾斜が少ない）である。それは「低湿地帯に浮かびつつ散在する乾燥した耕地の孤島」であり、しかも長年にわたる芝土施肥（Plaggendüngung）によりさらに高地化した。(24)

エッシュ耕地の基本的メルクマールは、①長地条型（長さ一五〇―二〇〇メートル、幅一〇―二〇メートル）、②旧農民のものであること、③混在地制、にある。(25)エッシュでは一圃制によるライ麦栽培（ewiger Roggenbau）が優勢であり、他の穀物は周辺的地位を占めたにすぎない。(26)

個々のエッシュは九世紀以前にはがんらいあまり広くなく、オスナブリュックでは平均面積は三〇―五〇モルゲンであったにすぎない。それを所有する農家も三ないし六戸にすぎなかった。したがって一農家の耕地面積は六ないし一〇モルゲンを越えなかった。フランク王国期になって耕地が拡大するなかで、ここにフーフェという尺度が導入される。そうしてエッシュ共同体の土台の上に、人口増＝共有地の相対的不足のもとで十一―十二世紀に共有地共同体《マルク》が成立する。(27)

第1図　9世紀以前の旧ヴェストファーレンの原初村落

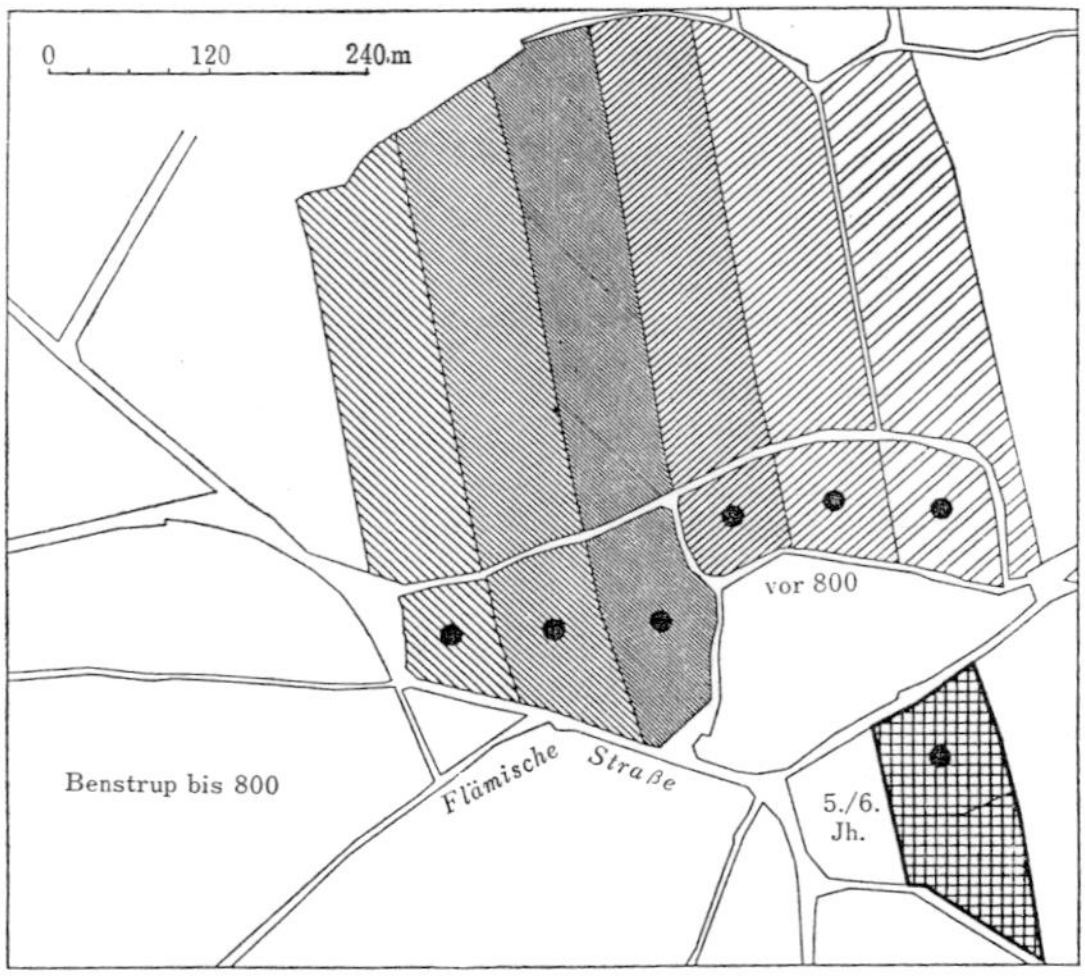

ベンストルプ村はオルデンブルク南部のゲースト地帯にある．1戸の最古の散居農家および6戸の農家からなるドルッベル〔ルースな小集落〕とエッシュ耕地．
Wilhelm Müller-Wille, Agrare Siedlungsgeographie in Westfalen, in: Westfälische Forschungen, Bd. 30, 1980, S 204.

エッシュの耕作には混在地制にもとづく耕地強制が存在した。しかし三圃制＝ゲヴァン制への移行はなく、穀作にくらべて牧畜の比重がつねに高かった(28)。北西ドイツでは後述のとおり、牧畜の普及と関連したエッシュ→カムプという発展図式が妥当したのである。

エッシュ村落を構成する農家は、旧ザクセン時代にはフラットな性格をおびていた。ロータートは「エッシュ村落は……明らかに純粋な農民村落である」と指摘している(29)。旧ザクセン時代の村落規模は、オスナブリュックでは三―六戸だったが、ラーフェンスベルクでも五ないし七戸あるいはせいぜい一〇戸にすぎなかった。そうしてルースな結合体《ドルッベル》をなしていた（第1図）(30)。

しかし、後年、中世盛期にはようやく、先述のとおり、定住活動が進むにつれて多フーフェ化＝フーフェ農民の分化があらわれてくる。ニーダーザクセン北部では二フーフェからなる完全農家《ホーフ》と一フーフェからなる半農家とがもっとも普通であり、ニーダーザクセン南部では四フーフェが完全農家を形づくった(31)。ヴェストファーレンでもフーフェ農民は完全エルベ、二分の一エルベ、四分の一エルベに分裂した。[32]

ところで、ゲヴァン制と集村またグルントヘルシャフトの展開とともに、フランスとドイツとに一般的な一定面積（ふつう三〇モルゲン）を基準とする「面積フーフェ」（Flächenhufe）が典型的に成立したのは、穀作化の進んだ西南ドイツにおいてであった。ところが原初村落的なエッシュ制とドルッベルの伝統に立ち、牧畜の比重の高い北西ドイツでは「面積フーフェ」よりも古風な、イギリス（hide, virgate）、北欧（Vollbols, Fjerdinge, Ottinge）に見られるような「持ち分フーフェ」（Anteilhufe）――共有地持ち分権における形式的平等のみを保証する農地――が維持されていたことが注目される。すなわちフーフェ農民たるマイアー、エルベはすぐれて共有地の完全権利者であり、本来のマルク共同体員なのである。[33]

そうしてエッシュ共同体の基盤の上に、人口増加による共有地の相対的狭小化および成立しつつあるグルントヘルシャフトへの対応のなかから、森林の保護と合理的利用または旧農民の旧来よりの権利の擁護を目的として、十一世紀以降に、こうした「持ち分フーフェ」をその構成要素とするコルポラティーフなマルク共同体が成立する。共有地権は北西ドイツではエヒトヴォルト（Echtwort）もしくはヴァーレ（Ware）と呼ばれた。[34]

リーベンハウゼンによれば、共有地（Mark）とは北欧語の森林（Mörk＝Wald）に対応するものであって、境界（marca＝Grenze）を意味するものではない。森林はとりわけ放牧地、豚の飼料採取地として、だがまた建材や燃料用木材の採取地、狩猟地、芝土採取地として、旧ザクセン時代いらい、農業経営にとって不可欠の要素であった。[35] 建材としてはブナやカシ（Buchen und Eichen）のような硬木が用いられ、燃料用にはハンノキ（Elsen）、クマシデ（Hagebuchen）、シラカバ（Birken）、柳（Weiden）のような軟木が用いられた。とりわけブナやカシの実は豚の飼料となり、豚の放牧はフーフェ制的に規制された。[36] エッシュ村落が他地域より高度に分布し、したがって森林の不足が相対的に早期に進んだラーフェンスベルク地方では、すでに旧ザクセン時代に広域的なマルク団体が成立しており、エルベがそのメンバーであった。そうしてこれを母体として後年に封鎖的なマルク共同体が成立するのである。[37]

マイアー（エルベ）地は、完全権利を享受するとともに、最高の義務を負う土地である。ヴィティッヒによれば、十八世紀にはマイアー地には以下のような義務と権利とが付属していた。

①義務。賦役、納税、共同体貢租負担がその主なものである。賦役とは馬によるもの（農耕および従軍などの公的役務）であった。租税の中心をなしたのは軍税（Kontribution）であった。共同体貢租は、貨幣支出および輪番による役職就任である。

②権利。共有地用益権すなわち共同放牧権、森林伐採権、豚の飼料採取権、泥炭採掘権などがそれである。権利の大きさは農地の大きさおよび必要に対応していた。

屋敷地には義務として手賦役が課せられ、また権利として共有地用益権が付随していたが、マイアーがフーフェ地の所有者として馬賦役を行なった限り、彼は屋敷地にかかる手賦役を免除されていた。

マイアー（エルベ）には経営者としての能力が要求された。領主はもし相続人が無能でフーフェを維持しえないと思われたさいには、相続を許さなかった（abmeiern）[38]。

彼らのみが「狭義の農民」[39]として封鎖的な身分を形づくり、フランツによれば、十八世紀に至ってもなお「農民貴族」（Bauernpatriziat）として村内の特権階級をなし、彼らと後述の共有地ケッター、ブリンクジッツァー以下の農村下層民との間には婚姻関係がなかったほどであるという[40]。すなわち、マイアーの子女はマイアーの「身分にふさわしい」支度金をもらって、同じマイアー層出身者に嫁いだ[41]。彼らの高い社会的地位は、共同体集会での発言順位、席順、教会における席順などにも示されていた[42]。「マイアーであること、あるいはマイアーの出身であることは、農民のなかの一種の貴族であることを意味する」とヴェディゲンも述べている[43]。

そうした旧農民を本来的メンバーとするマルク共同体の封鎖的性格は、例えばヴァーレンドルフ近郊のヴェスターヴァルト・マルク（フレッケンホルスト、ヴェストキルヘン、エンニガーローという三つの教区《キルヒシュピール》から成り立っていた）では、十六世紀初頭（おそらくそれよりはるか以前から）メンバー数が四六戸であったものが、十九世紀初頭の共有地分割時には四七戸と、三世紀間を通じてほとんど不変のままであったことにも示されている。[44]

ちなみに、「農民貴族」における封鎖的な通婚圏（Heiratskreise）は、十九世紀に入っても維持されていた。クヴェルンハイム教区《キルヒシュピール》（ミンデン－ラーフェンスベルク）では一八〇一年と一八七〇年との間に小エルベの七・一パーセント、大・中エルベの五・三パーセントのみが、ホイアーリングの娘を娶ったにすぎない。小農の九〇パーセント、大・中農の九一パーセントが、農民層の内部で結婚したとモーザーは指摘している。[45]

（二）「自由圏」としての屋敷地

ブルンナーによれば、中世ドイツの農民の屋敷《ハウス》は「特別の平和領域であり、不可侵であり、『自由圏《フライウング》』であった。「屋根を伝わって雨が落ちる線（Dachtrauf）の内側から平和が始まる」のであり、領主の権力も村落共同体の権力もそこには及びえなかった。[46]「屋敷地は家族全体の避難所であった。[47]」そうして家長たる農民は家のなかでは「あたかも太公が自己の城塞のなかにあるがごとくに安全で」ありえたのである。[48] ヴェストファーレンでも „De Buer sitt äs Küönig up sienen Hoff.“（「農民は屋敷のなかでは王様だ」）といわれた。[49] 特に夜こっそりと屋敷内にしのびこむ者また窓や戸口できき耳を立てる者は打ち殺しても咎められなかった。[50]

屋敷内では家父長たる農民は家人並びに奉公人また後にはさまざまな小屋居住者（後述のホイアーリング）に対して保護を与えるとともにこれを支配した。したがってブルンナーによれば「家はすべての支配の核心である[51]」。

ヴェストファーレンではどの屋敷もその起源いらいの名称をおびており、その居住者には個人名のほかに義務としてその名称が付いた。例えばOsthofの住人はOsthöferと名のり、Westhofの住人はWesthöferと名のらなければならなかった。またOsthofに生れてWesthofを継承するに至った者はOsthöfer、genannt Westhöferと名のることを許された。[52] これは「不可侵の」「良く保護された」家族財産の「世襲《エルベ》」と結びついた慣行であるといわれている。[53] また息子がないため娘が相続人となる場合には、婿である彼女の夫は彼女の名前に改姓することが必要とされた。[54]

家父長支配と結びついたこのような、屋敷地を侵してはならず分割してはならないという意識は、「神聖なる掟」(シュヴェルツ)として相続権者のみならず(次・三男など)非相続権者や全農村住民の共有するところであった。[55] 非相続権者に対する支度金(Abfindung)の支払いや隠居分(Altenteil)の設定もつねに屋敷の経済力の維持の観点からなされた。[56] 保守主義者リールは後年、フランスの悪しき個人主義の影響下に均分相続によってホーフ《ホーフ》を分割しているライン・プファルツの「農民」と対比しつつ、非相続権者の奉公人化を土台として「家」(„das Haus")を守っているこうした北西ドイツ農民の「美風」をたたえた。[57]

二、中世中・後期北西ドイツにおける農村下層民の階梯形成と小屋地

フーフェ制度を土台とした北西ドイツの土地制度史のその後の発展は、特に中世中・後期に至って、人口増加にともない、次第に新しい定住形態を生み出した。すなわち、一方では本来のフーフェ農民であるマイアーやエルベとグルントヘル的要素であるエルプヘルとが合体してエルベクセンの支配を生み出すとともに、[58] 他方ではそのもとにさまざまな農村下層民が成立したのであり、それにともなって、その居住地域も多様化し、階層的な構造が数世紀以上にわたる長期の過程のなかで次第に形成されていった。以下ではこの後者の過程を主としてヴェストファーレンおよびニーダーザクセンについて跡づけてみよう。[59]

（二）世襲《エルプ》ケッター

旧農民《アルトバウエルン》の定住がほぼ一二〇〇年頃に終了するのに対して、(60) 下層民として最初に出現するのが世襲ケッターである。ケッター（Kötter）とは小屋《コッテン》に住む者を意味する。農村にあってフーフェ農民（マイアー、エルベ）に次ぐ地位を占めるのが世襲小屋に住む世襲ケッターである。(61)

ヴェストファーレンではケッターという言葉は十二世紀はじめに現われるといわれるが、世襲ケッターの出現は十世紀にさかのぼり、その展開は十五世紀前半まで続いた。リーペンハウゼンはこれを「世襲小屋の時代」（Erbkotten-zeit）と呼んでいる。一五三七年にはラーフェンスベルク地方ではエルベと世襲ケッターとの比率は五対四に達していた。(62)

ところで小屋（Kotten, Kote）とはがんらい農民屋敷地《ホーフ》に付属する隠居所、結婚した下男の居住する小屋、パン焼き小屋、納屋などを意味し、入居者の移動（隠居の死亡、奉公人の契約解除などによる）につれてそのつど、母屋に返還されていた。ところが、十二、三世紀以降、これと並んで、永続的に世襲される独立した保有地としての小屋地が普及する。これが世襲小屋（Erbkotten）であり、その所有者が世襲ケッターである。それは一子相続制の未確立な段階で、分割相続によって成立した。つまりフーフェ農民の内部分裂に引き続いて、同様に旧来の農民屋敷地の一部分が分離独立して成立したのである。(63)

ところでマイアーやエルベにとってフーフェ地が全保有地の土台を形づくっているのと同様、世襲ケッターにとっては村落内の小屋地と付属地とがその土台であり、本質的なメルクマールをなしている。すなわち、たとえ世襲ケッターが旧農民よりも広い耕地をもっている場合でも、これらの土地は決してフーフェすなわち地味・地勢とモルゲン数とを正確に規定された耕地団《コムプレックス》を形づくらなかったのである。たとえ世襲ケッターが三〇モルゲン以上の耕地をもっていた場合でも、それはフーフェではなく、個々の耕地片の無規定的で偶然的な集塊《コングロメラート》であったにすぎない、とヴィティッヒは鋭利に分析している。(64) ヴィティッヒの観点をうけつぎつつベロウも述べている。「フーフェ概念において決定的なことは、それが真正の共同体員の土地であるということである。農民はフーフェ地をもつ。しかし共同体内の他の居住者——例えばケッター——は、たとえ土地をもつにしてもこれとは性質を異にした土地をもつのである。……量的大小が問題なのではない。……対立を規定するものは農民地とケッター地との相違そのものである」と。(65)

もちろん、そうは言っても、世襲ケッターがマイアー、エルベの分裂から発生した限りにおいて、エッシュ耕地をもつことはあったが(第2図)、それは「かつてフーフェに統合されていた耕地」(66)であって、その共有地持ち分も、ただたんに量的に旧農民のそれに及ばなかったのみならず、質的にも完全権利という「法的基礎を欠くもの」(67)であった。ヴェストファーレン北部地方では混在耕地をなすフーフェ地たるエッシュ耕地がマイアー、エルベによって独占的に所有されていたが、世襲ケッターの展開とともに、村落の耕地の「核心」をなす最優等地であるそうしたエッシュ耕地の周辺に、共有地の開墾によって、堀や生垣で囲まれたブロック状の小耕地であるいわゆる「カムプ」(Kamp)が普及しはじめた。(68) エッシュで有輪の重量犂が用いられたのに対し、カムプでは無輪の軽量犂が用いられたと推測されている。(69)

ちなみに、世襲ケッターのなかには、フーフェ農民の分裂から発生したとみられる、以上のような主要類型のほかになお、シュレスヴィヒ＝ホルシュタインのケートナーに対応するような、フーフェ農民に従属しつつ、フーフェ農民から土地を貸与されてこれに地代を納入する、いわば従属的な類型も存在したという。(70)

要するに、村落内に世襲小屋地＝付属地をもっていることが世襲ケッターの積極的メルクマールであり、フーフェ地をもたないことがその消極的なメルクマールなのである。こうして世襲ケッターの全所有は、村落内の世襲小屋地

＝付属地、庭畑地および新開墾地《カムプ》など非フーフェ的耕地から成り立っていた。(71)

世襲ケッターは原則として、次に述べる共有地ケッターと同様、手賦役（馬耕する者は馬耕役）と軍税納入とを義務づけられていた。彼らは旧農民に次ぐ共同体の重要なメンバーであり、共同体集会では完全な議決権をもっていた。また規模の点で旧農民にくらべて劣るとはいえ、その農業経営にとって必要な共有地用益権を認められていた。(72)例えばラーフェンスベルクでは、完全フーフェ農民が二〇―四〇頭分の豚の飼料採取権を、半フーフェ農民が一〇―二〇頭分のそれをもっていたのに対し、世襲ケッターは四―八頭分のそれを認められていた。(73)しかしながら、シュテューヴェによれば、旧農民が国政問題および共同体問題について議決権をもっていたのに対し、ケッター層は共同体問題についてしか議決権をもたなかった。(74)

マイアー（エルベ）と世襲ケッターとは村落内におけるもっとも支配的な二大階層である。彼らは私法的並びに国法的なコルポラツィオンである共同体の中核的構成員である。彼らをはじめ、後述の共有地ケッター、時にはブリンクジッツァーもまた、役職への就任など共同体構成員としての義務を一定の輪番制（Reihenfolge）に従って遂行したので、「輪番衆《ライエロイテ》」と呼ばれ、その屋敷地ないし小屋地は「輪番地」（Reihestellen）と呼ばれた。旧農民と世襲ケッターとは、生活の基盤をもっぱら農業経営におく、経済的意味における農民の中核を形づくった。(75)

(二) 共有地《マルク》ケッター、ブリンクジッツァーなど

世襲ケッターがほぼ十五世紀前半までに定住し終えるのに対して、その後に定住し始めるのが共有地ケッターである。十―十五世紀前半の約六〇〇年間が「世襲小屋の時代」であるのに対して、十五世紀後半以降の約二〇〇年間、つまり、ほぼ一四五〇年から三十年戦争の開始期に至る時期が「共有地小屋の時代」（Markkottenzeit）である。(76)

中世盛期の農村過剰人口が①東部植民、②都市への流出、に捌け口を見出したのに対し、十五世紀中葉以降そうし

た捌け口がなくなり、それとともに、共有地に入植して共有地小屋（Markkotten）に住み、生垣等で囲い込まれた六―一〇モルゲンの小土地《カムプ》を経営するいわゆる共有地ケッターが急増する。共有地ケッターはラーフェンスベルクでは一五三七年には全農地数の二〇パーセント強、一六〇〇年には約三分の一を占めた。また一四〇〇年にはエルベ対世襲ケッターの比率が一対一であったが、一六〇〇年にはエルベ対世襲ケッター対共有地ケッターの比率が一対一対一となっていた。したがってまた、十五―十六世紀に全農地数が五〇パーセントだけふえたことになる。共有地ケッターが世襲ケッターとくらべて短期間に急増したことが分かる。[77] 世襲ケッターが馬二―三頭をもって馬耕ケッターとも呼ばれたのに対し、彼らは馬を一―二頭もっていても牛耕ケッターと呼ばれた。[78]

さて共有地ケッターの本質的特徴は、その居住する小屋がもはや旧農民や世襲ケッターの居住する村落内にではなく、共有地すなわち森林の中にあることである。共有地ケッターというその名称はこのことに由来する。したがって彼らは散居的に自己の開墾地のなかに定住し、旧農民のようにゲノッセンシャフトを形成することはなかった。つまり「カムプそのものは以前から存在していたが、いまや散居制的なカムプが成立するのである。[79]」ヴェストファーレン北部とりわけミュンスターラントのあの散居的定住様式は、旧エッシュ農民や世襲ケッターのカムプへの移住によるもののほか、こうした共有地ケッターの定住によるところが大きかったといわれている。[80]

とはいえ散居制はまた始原的でもあった。リーペンハウゼンは旧ザクセン時代について述べている。「常態はエッシュを備えた村落である。散居ホーフが存在するのは、エッシュにとって望ましい耕地が狭すぎて多数の農民を養うことができない場合である。……散居ホーフは後年に普及したとはいえ、その一部はすでに前フランク王国時代に存在したにちがいない」と。[81] けれどもエッシュとカムプとのちがいは、フランク王国期にエッシュにかかった十分の一税がカムプにはかからなかった点に示されていた。[82]

がんらいは旧農民や世襲ケッターに始まるこうした散居的定住の後年における普及は、ヴェストファーレン北部とくにミュンスターラントで地理的に有利である牧畜への配慮と結びついていた(83)。ロータートは言う。「牧畜経営にとっては、明らかに土地が屋敷のまわりにまとまって存在し、したがって家畜をそこから、遠まわりをしたり、隣人の土地を通ることなく、直接に放牧地へと追いやることができるのが、もっとも望ましい耕地状態なのである。しかも散居定住の場合には、農民はエッシュ地を規制していた耕区強制をもはや受けることなく、耕地を自由に取り扱うことができた。最後に、開墾にさいして、もはや農耕に有利な高地ではなく草地としてもっとも利用価値の高い低地が求められたがゆえに、なおのこと牧畜への依存が高まったのであった」と(84)。カムプは耕地としてのみならず放牧地としても、時には木立や池としても利用される(85)。

ヴレーデは、混在地である長地条型耕地をもつルースな屋敷グループの旧定住↓ブロック耕地もしくはブロック混在耕地をもつ小村型《ヴァイラー》↓カムプ耕地をもつ散居定住、という発展図式を構想している(86)。

こうして、共有地ケッターの経営は、旧農民や世襲ケッターの経営がなお農業と牧畜とのバランスのとれた結合の上に成り立っていたのに対し、共有地である森林に依存する牧畜を中心とするものであった。その急増とともに共有地の破壊（環境破壊！）が始まり、旧農民のマルク共同体からの苦情があらわれ始める(87)。

したがって、共有地ケッターは何がしかの貢租を旧農民に支払わねばならなかった。例えばオスナブリュックのゲーアデおよびバトベルゲンという二つの教区《キルヒシュピール》では、十九世紀に至るまで、多くの共有地ケッターがバウアーシャフトに対して毎年、庭畑地料（Gartenrente, Gartengeld）を支払っていたし、また共有地ケッターの相続が行なわれるたびに、新しい所有者は一トンのビールとシンケンとパンとを農民および世襲ケッター《エルプロイテ》に提供して宴会を開いてもらうのが、多くの地方の慣行であった(88)。

ちなみに世襲ケッターもフーフェ農民に対して同様の義務を負っていたという。例えばバトベルゲンの二軒の世襲ケッターは、所有者が交代するたびに、完全エルベ、半エルベに対して新しい帽子一個または一ターラーを贈り、また七年ごとに一トンのビールとシンケンとパンとを宴会用に提供しなければならなかった。
また時として、こうした世襲ケッターや共有地ケッターが、全農民に対してではなく、自分の小屋地の起源とみられる特定の農民屋敷地に対してだけ、こうした毎年の貢租を支払っている場合のあったことが注目される。(89)

ともあれ旧農民の立場から見れば、十五世紀末いらい農村人口はすでに「飽和状態に達していた」(90)。しかしながら、こうした状況のもとでも、共有地ケッターの入植は、追加的収入源（いわゆる Weidehühner）の関心をもつグルントヘルないしランデスヘルの支援のもとに進行した(91)。総じて十五、六世紀は支配者層が財源的関心から共有地に対する所有権を発展させる時代である(92)。また旧農民も個人的には非相続権者たる息子たちの共有地ケッターとしての入植活動を結局は容認せざるをえなかったという(93)。しかし世襲ケッターの定住が旧農民経済を基盤としたバランスのとれた発展として行なわれたのに対して、共有地ケッターの定住は、旧農民経済の「危機」をもたらす破壊的なものとして行なわれたのである。共有地をめぐる旧農民と新定住者との闘争の時代が始まった(94)。

さらにこうした発展のうえに、十六世紀末—十八世紀には、いわば極小の共有地ケッターともいうべきブリンクジッツァーが成立する。これが「ブリンクジッツァーの時代」(Brinksitzerperiode) である（第2図）(95)。彼らは村落近辺や共有地にある荒蕪地 (Brink, Bauernbrink, Binnenanger) のなかに二モルゲンあるいはたいていは一モルゲン以下の零細地（共有地ケッターにおけるカムプよりもさらに劣等地でありかつ小規模ないわゆる小開墾地《ツーシュラーク》(96)）をもって定住した。リーペンハウゼンによれば、カムプが土地分離の中世的な型であるのに対して、ツーシュラークはその近世初頭の型である(97)。ブリンクジッツァーや後述のホイアーリングのような、馬をもたず、農外収入に主として依存する階層の小屋は、時には小屋《コッテン》と区別して掘立小屋 (Stellen) とも呼ばれた。その定住により村落内の人口密度が高まった(98)。

かつて共有地ケッターの定住を促進したのがグルントヘルであったように、ブリンクジッツァーの入植を促進したのは、荒蕪地の開拓を重視するプロイセン政府であった(99)。

第2図　1600年頃のベンストルプ村

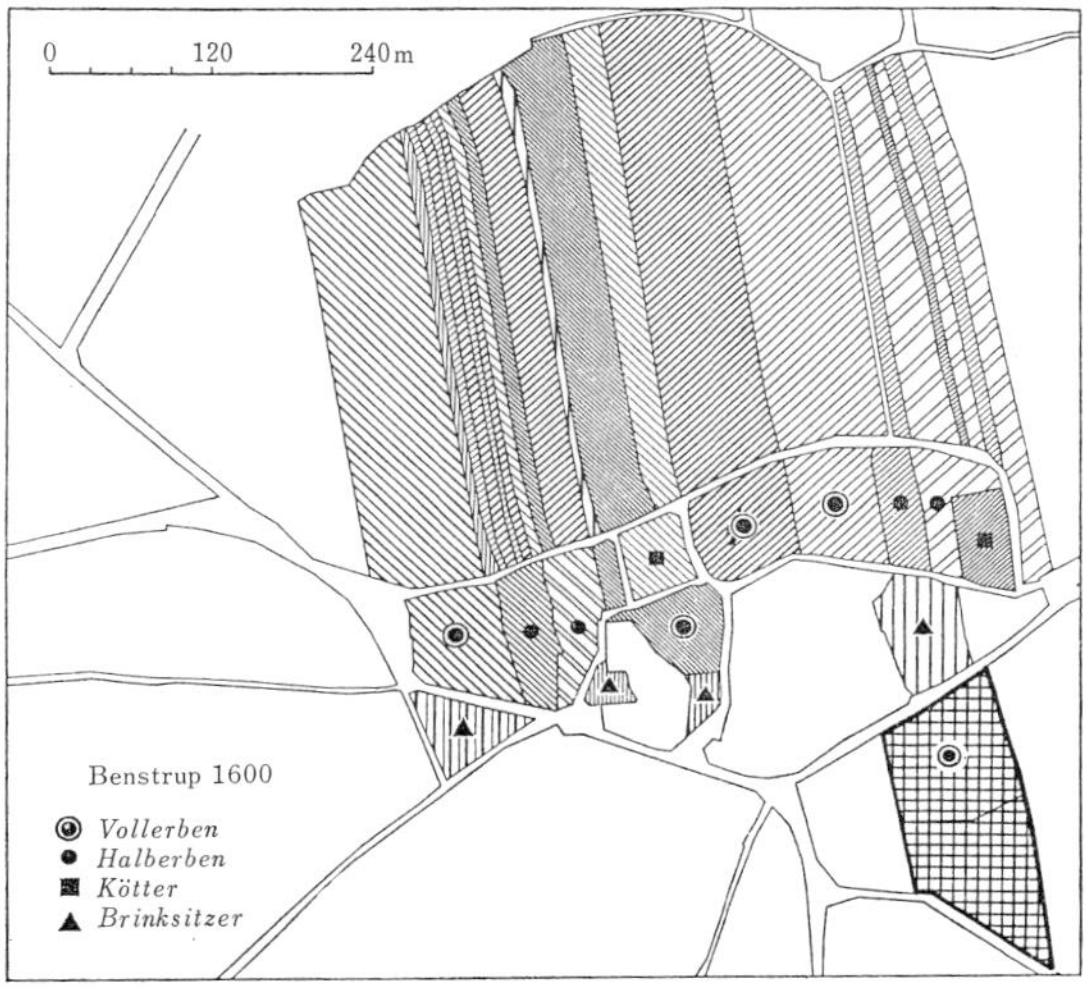

農家のうちの3戸が分裂して半エルベ4戸と世襲ケッター2戸が成立すると共に，ブリンクジッツァー4戸のカムプ（ツーシュラーク）が出現している．W. Müller-Wille, Agrare Siedlungsgeographie, S.206.

ブリンクジッツァーの経済的基盤のひとつは庭畑地の集約的利用にあり、彼らはここで亜麻（Hanf und Flachs）を栽培し、冬季にこれを紡いだ。また彼らは共有地放牧を許され、若干の家畜を飼育していた。だが彼らは主要な収入源を日傭取り、手工業、運搬労働その他の営業に仰いでいた。ケッターにあっては例外的なこうした農外労働が、ブリンクジッツァーにあっては通例となっていた。こうして彼らは農村における最初の非農業的階層としてあらわれる。この点では彼らはホイアーリングと同じである。しかし彼らは共有地利用権をもち、軍税納入を義務づけられていた限りで、部分的にはなお共同体構成員であった。[100] したがって彼らは共有地ケッターの下位に立つ最下層の「輪番衆」でもあり、「輪番衆」から非共同体員たる農村住民であるホイアーリングへの「過渡段階」をなしている。

マイアー、ケッター、ブリンクジッツァーのそれぞれが、「輪番衆」として、共同体役員であるバウアーマイスターを選出した。[101] 共同体はバウアーマイスターと総会とを機関とし、①メンバーのための経済的任務の遂行、②自治体としての権利にもとづく国家的任務の遂行、③国家の委任によるバウアーマイスターの全村民に対する国家的任務の遂行をその活動領域とした。特に①にかかわるものとしての私的コルポラツィオンたる共同体は、ⓐ隣人集団であったこと、ⓑ同一の経済活動を促進したこと、ⓒ共有地の所有主体であったこと、によって特徴づけられたが、しかしすでにメンバーの個別経営を前提しており、ロシア的な農業共産主義ではなかったのである。(102)

なお、十二世紀いらい、教会のある村に成立するヴェルデナー、キルヒヘーファー層はブリンクジッツァーにあたるものと考えられている。(103)

(三) ホイアーリング

ホイアーリング(Heuerling)層は、「共有地小屋の時代」である十六世紀に発生し、十九世紀前半に至るまで増加しつづけた。(104) これまでに挙げた世襲ケッター、共有地ケッター、ブリンクジッツァーはいずれも本来の旧農民でないとはいえ、村落内部あるいは共有地に自分の小屋地をもち、また耕地並びに共有地用益権をもつ独立の定住者であった。したがって彼らは Hausmannstand, Erbgesessenen, Angesessenen, Hofgesessenen 等として一括することができた。(105) ところがホイアーリング(ホイスリンゲ、アインリーガー、ヒュッセルテン)は非定住の村落居住者である。彼らはもはや共同体構成員ではなく、通常、(騎士領所有者の屋敷地もしくは)農民屋敷地内にその小屋と付属地とを賃借しており、そこに家族と共に居住していた。(106)

共有地ケッターやブリンクジッツァーがそれぞれグルントヘルやプロイセン政府の奨励のもとに定住したのに対し、ホイアーリングの展開は、もはや独立の定住が不可能となった農村過剰人口の存在という条件のもとで、貨幣収入を確保しまた「ゲジンデ不足」に対処して農業労働力を確保しようとする農民の努力に発するものである。

この時期に農民が貨幣収入を求めた理由として、十六世紀以降の軍制改革＝傭兵軍の成立にともなう増税、地代の

第3図　ヴェストファーレンの農民屋敷地（1790年頃）

P. F. Weddigen, Beschreibung der Grafschaft Ravensberg, Bd. 1, 1790, S.57 による.
Wohnhaus（母屋）, Leibzucht（隠居所）, Backhaus（パン焼き小屋）, Spieker（穀物倉庫，納屋）, Schoppen（差掛小納屋）, Binner Hof（内庭）, Pferde Schwemme（馬あらい場）, Mist（堆肥）, Brunnen（井戸）, Krauthof（野菜，薬草園）, Baumhof（樹木園）, Schlaghof（亜麻畑）, Wiese（採草地）, Weidekamp（放牧地）, Ackerfeld（耕地）.

増徴と金納化、ローマ法の均等化する影響のもとに発生した、非相続権者である子女を自立させるための支度金（Abfindung）[107]の負担の増大、三十年戦争を頂点とする戦乱による農家経済の疲弊、などが挙げられている。[108]

こうして農民はその屋敷地内にある隠居所、パン焼き小屋、納屋さらには家畜小屋といった各種の小屋を改造して、付属地とともに、一年契約もしくは三—四年契約（口頭契約であった）でホイアーリングに賃貸して賃貸料を徴収したのである（第3図）。ホイアーリングとは文字どおり貸借人を意味する。非相続権者が支度金を受け取る代りに小屋に入居することも多かった。共有地ケッターでさえ貨幣収入を求めてその小屋地内に隠居所を新設してこれを賃貸しすることがあった。[109]

ホイアーリングの生活基盤は以下の三つであった。

①農業経営（ラーフェンスベルクでは亜麻生産）。ホイアーリングは小家畜（牡牛、特に豚、また時には山羊）を飼育し、また農民地をも賃借りしてパン用穀物や家畜飼料用の麦ワラを生産した。彼らは農耕においては農民の連畜に依存しており、また農民を通じてのみ共有地を利用しえ

たにすぎず、その代りに農繁期並びに屋敷での家族ぐるみの無償の補助労働を義務づけられており、主家である農民との間に、生涯にわたって契約の続く「奴隷的な隷属関係」ないし「一種の被護関係」(Klientelverhältnis)、「家父長制的関係」が成立していた(110)。農民はホイアーリングにとって「グルントヘル」もしくは「グーツヘル」でもあった(111)。

フンケによれば、「総じてヴェストファーレンでは至るところで土地関係の安定性が支配していたので……ホイアーリングの農民に対する関係にも時とともに一定の安定性が成立した。形式的には小作契約はおそらく四年ごとに更新されたのだが、農民はいわゆるホイアー（家屋と付属地）を別の者に貸そうとは思わなかった。むしろ一定の秩序のもとにホイアーは親から子へと受けつがれた。ホイアーリング家族が何百年ものあいだ同じ家屋に住んでいる例が少なくなかった。……そうした事情のもとで家父長的関係が形成されたのである。……ホイアーマンは自分を農民屋敷《ホーフ》に属すると考え、したがってつねに農民の利益を促進しようとした。同様に農民もホイアーマンを自己の家の一員とみなしていたので、その面倒をみた(112)。」農民とホイアーリングとの間のそうした家父長制的関係を支えていたのは、ホイアーリングにとっては、農民からの食料などの有利な直接入手、非常に困窮した時の農民からの支援、農民屋敷地が共同体のなかにもっている権利への関与、農民家族の冠婚葬祭への参加、紡ぎ部屋での夜なべの共同労働、などといった契機であった。ホイアーリングはまたそのパンを農民のパン焼き小屋で焼いてもらった(113)。

②オランダへの出稼ぎ。十七世紀初頭いらい、経済的に繁栄するオランダへの出稼ぎがさかんであった。毎年二月始めから十一月始めまで、だがとりわけ農閑期たる四月―七月に、約二五、〇〇〇人もがミュンスター両司教区、ミンデン、オスナブリュックまたニーダーザクセン（ホヤ＝ディープホルツ、ブレーメン＝フェルデン）、リッペからオランダやフリースラントへ小グループをなして出かけ、出来高払いで、苛酷な労働条件のもとで、泥炭採取、煉瓦づくり、草刈り＝干し草つくり（五月末―六月始め）に従事した。独身者で長期の北海の鰊漁やグリーンランドの捕鯨におもむく者もあった(114)。

ホイアーリングのほかケッターやブリンクジッツァーも、またゲジンデも出稼ぎに参加した。特にゲジンデの場合、抑圧的な農村社会から一時的に逃れつつ、資金を稼いで早く結婚したいという心理的動機が作用していた。(115)

この「オランダ渡り」は十七世紀末から十九世紀中葉にかけて、その最盛期を迎えた。この労働力移動をルカーセンは、一八七〇年頃に始まる「ルール・システム」(オランダ人のドイツ＝ルール地方への流入を一要因とする)に先行する「北海システム」と名づけている。(116)

「オランダ渡り」は、以下に述べる「プロト工業」が未発達の地域で多く見られた。つまり「オランダ渡り」と「プロト工業」とは、ホイアーリングの農業経営に対する追加的収入源のオールターナティヴをなしたのである。(117)

③特にラーフェンスベルクでは、十六—十七世紀にはヴッパータールのガルンナールング、十八世紀以降には地元商人の買入制、を通じて世界市場と連係した亜麻、羊毛紡績＝織布業がさかんであった。(またミュンスターラント西部では木靴生産が行なわれた。(118))これが十八世紀後半にもっとも繁栄したいわゆる「プロト工業」であるが、ここでは立ち入ることができない。(119)

ここでは、定住史的に見て重要と思われる以下の点のみに言及しておこう。すなわち、ラーフェンスベルクの亜麻工業では、十八世紀後半から十九世紀前半の最盛期には、農民屋敷地内に居住して農業と営業とを兼営し、農民と家父長制的な関係に立っていた本来のホイアーリング(「小作人ホイアーリング」Pächter-Heuerlinge)に代わって、農民の耕地の端や共有地のはずれに新設された賃借小屋に住み、農業経営をほとんど行なわず、その収入をもっぱら紡績・織布労働並びに道路建設や鉄道建設といった出稼ぎ作業に依存し、家父長制的関係の弛緩した、新型のホイアーリング(「借家人ホイアーリング」Mieter-Heuerlinge)が急増しているのである。しかしこの型は十九世紀中葉以降、国内移住による流出および工業労働者化によって消滅し、農業に基礎を置く本来の型が復活した。(120)

要するにホイアーリングにあっては、もはや純農業ないし牧畜ではなく、農業とその他の諸営業とが結合していたのである。ニーハウスは奉公人《ゲジンデ》不足との関連で農民の労働力需要を重視して、主家での労働義務と賃貸借契約との結合をホイアーリング制度の特質と見、[121] またリーペンハウゼンはむしろ農民への賃借料支払いとそのための非農業的営業による貨幣収入をその特質として重視している。[122]

彼らは共同体構成員ではなく、共同体集会での発言権をもたなかった。彼らは土地所有者でなかったから、土地台帳にも記載されなかった。[123] 彼らは共有地を利用したけれども、それは共同体構成員としての権利に立脚するものではなく、先述のとおり、主家である個々の農民を通じて利用権を賃借りしたにすぎない。すなわち放牧料を共同体に支払ったのである。[124] 十八世紀以降、共有地である森林の盗伐を行なったのは彼らである。[125] 彼らは共同体内部に独立の地位を占めておらず、農民屋敷地やケッター小屋地の付属者でしかなく、そういう意味で特別の住民層を形づくった。[126] ホイアーリングの多くは十八世紀中葉に至ってもなお自分の姓（Familienname）をもたず、主家である農民の姓を借用していた。例えば「（農民）スペックマンのパン焼き小屋に住むアプケ・ヴィルム」（Abke Wilm in Speckmanns Bachse）というふうに。同様にホイアーリングの子供にも姓がなかった。[127]「過去も現在も、農民家族とホイアーリング家族とはしばしば同じ名前をもっている」という指摘[128] も同じ事情を指しているのであろう。また彼らは「納屋のヤン」（„Schoppen-Jan“）とか「納屋のマイアー」（„Schoppen-Meyer“）とか「掘立小屋野郎」（„Hüttenkerl“）といった蔑称で呼ばれていた。[129] 十九世紀に入って、行政当局がホイアーリングを国家市民として掌握しようと努力するなかで、ホイアーリングは公文書のなかでは次第に姓を得るが、しかし「農民《コロン》某方の……」という記載が相変わらず付記されていたし、日常生活では旧来の呼称が二十世紀に至るまで存続していたという。そうしてそれは農民の姓が屋敷《ホーフ》名を主とするものであったことと見合っていた。[130] リールは述べている。「われわれドイツ人にとっては、姓なしにはなんらかの社会的声望（Namhaftigkeit）は考えられない」と。リールによればドイツの農民はすでに十六世紀には確定的な姓をもっていた。[131]

第4図　1838年のベンストルプ村

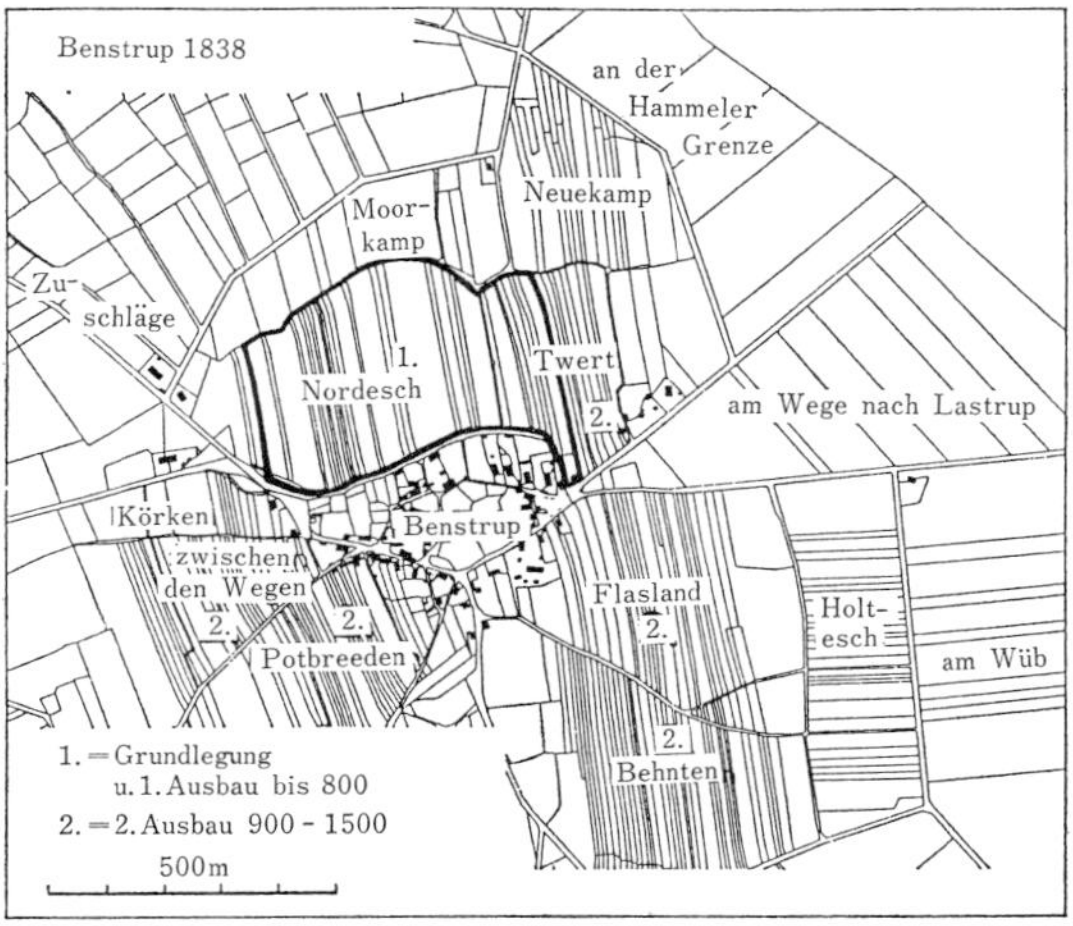

17世紀以降，人口が急増した．ノルトエッシュが最古の耕地である．
W. Müller-Wille, Agrare Siedlungsgeographie, S.203.

ホイアーリングの成立とともに農民屋敷地内の人口密度が高まった。十八世紀末にヴェディゲンはこう述べている。「いまでは中規模の農民屋敷地のほとんどすべてに四—六家族が居住しており、大規模な農民屋敷地には四〇—六〇人からなる八—一二世帯が居住している」と。(132)十八世紀には一軒の小屋に二世帯のホイアーリングが居住する場合も多かった。(133)

また農民は自己の屋敷地内の各種の小屋を改造してホイアーリングに賃貸ししただけではなく、さらに先述のとおり耕地の端や共有地の端の最劣等地にも小屋を新設してホイアーリングに賃貸ししたので、これを通じて散居的定住がさらに拡大し、農民屋敷地の人口増加と並行して共有地の人口もさらに増加した。オスナブリュック地方には一七七四年に一平方マイル当たり二、四〇〇人（過半はホイアーリング）が居住していたが、これはイギリスの一、八三一人、フランスの一、六〇〇人をしのいだという(134)（第4図）。

ホイアーリングは農民の子弟や「自立」を求めるようになった「反抗的な」奉公人《ゲジンデ》から転化した者が多く、同時代人の評価では旧来の農村諸階層とくらべて早婚（初婚年齢は農民が三〇歳、ホイアーリングが二〇歳）で多産であるといわれ、いちじるしい人口増加がみとめられた。(135) 例えばラーフェンスベルクの人口は一五五〇年には二五、〇〇〇人であったが、一六八五年には五〇、〇〇〇人、一七八五年には七三、〇〇〇人と、二〇〇年余のうちに三倍に増加しており、三十年戦争の影響もみとめられないという。そのさいラーフェンスベルクでは一五五〇年には四〇〇のホイアーリング家族を数えたが、その数は一六七二年には三、八〇〇以上と一〇倍近くにふえており、全世帯の五〇パーセント以上を占めていた。一七七〇年には全人口の約三分の二がホイアーリングであった。(136) また全世帯の七五パーセントをホイアーリングが占めるようなゲマインデもたくさんあった。急増する人口に対する穀物供給は主として純農業的なパーダーボルン地方からなされた。(137)

一子相続制を守る農民の保守主義とは異質な、ホイアーリングの「リベラル」な性格は、農村上層の怖れるところとなり、いわゆる「ホイアーリング問題」を生み出した。(138)

しかし反面、ホイアーリングは奉公人《ゲジンデ》（独身の僕婢）と異なり、農民家族の一員ではなく独立の世帯並びに経営を形成していた。

農民はホイアーリングを入居させるのに領主の同意を要した。ヴィティッヒによれば、ニーダーザクセンのホイスリンゲは裁判領主の保護下に立ち、これに手賦役もしくは保護金を支払ったが、土地をもたないため軍税は免除されていた。(139) これに対してモーザーはむしろヴェストファーレンのホイアーリングにおける「いっさいの法的保護の欠如」を強調している。(140)

(四) 奉公人《ゲジンデ》

最後に農民屋敷内の独身の男女の家事＝農業奉公人（Gesinde, Knechte und Mägde）層について一言しておこう。(141) それの出現は中世初期にさかのぼる古いもので、これまでに略述した農村定住史の根源に位置するもののように思われる。すなわちそれはフーフェ制度の本質に根ざす労働制度であった。メーザーによればマンズスとしての農民ホーフは「株式」であって、それをもたない者が下僕《クネヒト》なのであった。[142] またマイツェンによれば、フーフェとは「家父長がその家族並びに少数のゲジンデとともに耕作しうる地所」であると定義しうるものであった。[143] 近世のいわゆる家父の書《ハウスフェーター・リテラトゥア》のなかで論じられた「全き家」のなかでも僕婢は不可欠の要素をなしている。[144] 一子相続制の普及とともに、非相続権者の多くがゲジンデとなり、そのまた多くが元来は生涯にわたって独身にとどまったという。[145]

しかし十六世紀に入ってホイアーリング制度が成立すると、ゲジンデは次第に結婚し、ホイアーリングとして自立していった。そうしてそのことによる「ゲジンデ不足」がまたホイアーリング制度を普及させる一因となるのである。[146]「一部はオランダに発し、一部は宗教改革の理念の発現でもある自由と独立の精神が奉公人階級に浸透した。たいていの場合なお意識されず盲目のものでしかなかったとはいえ、人権が力を得た。」[147]「ゲジンデ不足」は特にプロト工業化地帯においていちじるしかったという。[148] こうして次第にゲジンデは結婚前の年齢階梯集団として編成替えされ、ヘイナルがレニングラード［聖ペテルブルク］とトリエステとを結ぶ線の左側に十六世紀以降に見出したあの「ヨーロッパ的結婚形態」の構造的要因となったと思われる。[149] しかしながらそれは、もとより「抑制された解放」であったにとどまる。彼らは大クネヒト・小クネヒト・豚番また大マークト・小マークトに分かれた。十八—十九世紀には多くのゲジンデが一年余り、長くても二—三年で農民ホーフを去った。ゲジンデは永続的な職業ではなく、将来ホイアーリングや日雇い労働者になる若者の過ごす「通過段階」にすぎない。彼らは靴や敷布用の亜麻布や衣服その他並びに貨幣給を支給され、農業や家事に従事した。[150]

他面ではもちろん、生涯にわたる独身のゲジンデも存続していた。„Burenööms hebbt kinne Kinder un starwt doch nich ut.“（「農民のおじさんは子無しだが、死に絶えることがない」）と低地ドイツ語の諺にいわれたゆえんである。[151] 農民生活についても鋭い観察眼をもっていたといわれる詩人アネッテ・フォン・ドロステ＝ヒュルスホフは、十九世紀前半にこう述べている。「ミュンスターラントの住民は確かな生計が立たない場合には稀にしか結婚せず、むしろ親族あるいは老召使いを見捨てないであろうような雇用主（Brotherr）の慈悲心に頼るのである」と。[152] リールによれば、こうした「老いた若者」が死去すると、そのわずかな相続分や貯蓄は相続権者である兄弟に遺贈されるのが古来よりの慣行であり、このようにして彼は「屋敷《ホーフ》」の維持に貢献したのである。[153]

＊　＊　＊

このように、十八世紀に至る北西ドイツ農村の各階層は、その保有する「土地の質」[154]の定住史的に規定された相違によって、村落内での地位を規定され、経営の型を異にしたのである（第1表）。

見られるように、十八世紀は九世紀以降に始まった農村住民の長期的な階層分化の完了期であった。したがって、この表を遡及的な視点からレーニンの言う「農民層の両極分解」の端緒的表現として読み取ってはならないことを、註59との関連でもう一度強調しておきたい。というのも、北西ドイツ農村定住史の特質は、ベルテルスマイアーが指摘しているとおり「個々の所有諸階級が成立時期を異にする定住者諸層」であり、[155] またリーペンハウゼンが指摘するとおり「屋敷地が新しければ新しいほど、屋敷地階級序列のなかに占めるその地位はますます低くなる」[156]という点にあるからである。これは「両極分解」論では解明しえない事態というべきであろう。ヴィティッヒの適切な指摘のとおり、ニーダーザクセンやヴェストファーレンの大農は、あたかも東エルベの騎士領がグーツヘルシャフトの所産であるのと同様、「純粋荘園の所産」なのである。[157]「農民層の両極分解」の起点をなすべき〝フラットな〟農民層が存在したのは、北西ドイツでは封建制解体期ではなく、封建制前期つまり九世紀以前の旧ザクセン時代のことであった。それはいわばレーニンの世界ではなくメーザーの世界である。[158]

この定住史を広義の「屋敷地」の型に即して要約するならば、まず旧農民（マイアー、エルベ）は村落の屋敷地《ホーフ》（マ

第1表　1718年のオスナブリュック大司教区の住民構成

Vogtei	完全エルベ	半エルベ	世襲小屋	共有地小屋	単純ホイアーリング	複合ホイアーリング
Ankum	186	61	60	225	4	254
Merzen	124	7	17	191	322	138
Alfhausen	65	12	30	84	1	69
Bippen und Berge	57	37	19	137	245	35
Badbergen	70	51	51	181	389	109
Schwagstorf	49	22	37	64	113	—
Menslage	74	31	15	49	233	49
Amt Fürstenau	625	221	229	927	1307	654
Bramsche	124	20	31	101	279	—
Gehrde	22	27	11	99	201	—
Neuenkirchen	39	25	18	54	203	—
Damme	53	47	13	202	343	—
Engter	37	39	6	69	127	55
Amt Vörden	275	158	79	525	1153	55
Buer	135	38	100	142	470	—
Wellingholzhausen	65	21	47	48	255	—
Riemsloh	34	35	46	77	195	35
Neuenkirchen	37	31	66	54	283	55
Melle	70	20	45	43	195	20
Amt Grönenberg	341	145	304	364	1398	110
Kirchspiel Essen	39	29	68	120	85	14
〃 Barkhausen	21	20	34	99	47	3
〃 Lintorf	43	27	35	141	71	5
Amt Wittlage	103	76	137	360	203	22
Kirchsp. Hunteburg	6	16	10	81	69	19
〃 Venne	11	20	8	99	86	49
〃 Osterkappeln	63	40	25	154	184	43
Amt Hunteburg	80	76	43	334	339	111
Wüste Vogtei	22	30	33	104	196	15
Vogtei Langenberg	25	44	42	86	61	—
Amt Reckenberg	47	74	75	190	257	15
Fürstenau	625	221	229	927	1307	654
Vörden	275	158	79	525	1153	55
Grönenberg	341	145	304	364	1398	110
Wittlage	103	76	137	360	203	22
Hunteburg	80	76	43	334	339	111
Reckenberg	47	74	75	190	257	15
	1471	750	867	2700	4657	967
	5788				5624	

A. Wrasmann, a. a. O. S. 120-121. 単純ホイアーリングは1軒の小屋に1世帯が，また複合ホイアーリングは2世帯以上が，住んでいる場合をさす。

イアー屋敷地、農民屋敷地）並びにそれと一体化した最古の最優良地であるフーフェ地をもち、世襲ケッターは村落内に世襲小屋地《エルプコッテン》をもった。次に共有地ケッターは共有地内に共有地小屋地《マルクコッテン》をもち、ブリンクジッツァーは村落および共有地の荒蕪地にたんなる掘立小屋地《シュテレン》をもった。最後にホイアーリングおよび独身のゲジンデはもはや掘立小屋地さえもたず、農民屋敷内の小屋や共有地などに新設された掘立小屋あるいはケッターの小屋地の一部を賃借りしたり、住み込んだしており、したがって共同体の構成員ではなく、共有地利用権をもたなかった。彼らは屋敷地の所有者に隷属する一種の被護民であった。

以上を、定住様式に即してさらに要約するならば、農民および世襲ケッターは主として村落的定住を、共有地ケッター、ブリンクジッツァー、ホイアーリングは主として散居的定住をしたと言いうる。(159)

共有地利用権（持ち分フーフェの特質）に即してこれをさらに分類すると、完全フーフェ農民のそれを一とすると、半フーフェ農民が三分の二、世襲ケッターが四分の一、共有地ケッターが八分の一ないし一二分の一、ブリンクジッツァー以下はごくわずかないしゼロ、の持ち分をもっていたということになる。(160)

ともあれ、こうして「もっとも見すぼらしいあばら屋からもっとも誇り高いシュルツェ屋敷に至る長い道」が形成された。(161)

このように農村社会がヒエラルヒッシュに構成されたことから、農村内部にさまざまな対立関係が発生した。

まずマイアー（エルベ）、世襲ケッター、共有地ケッター、ブリンクジッツァーが広義における共同体構成員であったのに対し、ホイアーリング（アンバウアー、アプバウアー、ホイスリンゲ）がコルポラツィオンとしての共同体の外に立ち、（ゲジンデとともに）農民や貴族の被護下に立つ、単なる農村住民であり、両者はしばしば対立したのである。

次に、しかし、共同体構成員（輪番衆《ライエロイテ》）も共同体の役職をめぐって相互に対立した。特にマイアー（エルベ）、世襲ケッターに対して、共有地ケッター並びにブリンクジッツァーが、それぞれグルントヘルや官庁を味方にして戦っ

た。(162)

このように対立した反面、彼らを結合させる要因も存在した。

まず経済的に旧農民や世襲ケッターといった大農は農繁期にブリンクジッツァーやホイアーリングの労働力に依存せねばならなかった。そのために前者は後者にさまざまな仕方で、その存在のために不可欠な共有地用益を認めねばならなかったのである。

次に法的にみて、マイアーやエルベでさえ土地の下級所有権者でしかなく、国家・領主その他の上級所有権者に地代・租税（租税、マイアー貢租、賦役、十分の一税など）を支払う義務を負っていた。それはケッターやブリンクジッツァーの義務にくらべてはるかに重いものであり、そのため農民経済の疲弊した十七世紀には子女の支度金準備のために副業を余儀なくされ、あるいは負債のために没落してケッター化し、時にはブリンクジッツァー化する者さえあった。(163)

さらに村内における家族関係があった。つまり農民地が一子相続制によって拘束されているために、農家の非相続権者は奉公人として屋敷内に残るか、さもなくばホイアーリング等農村下層民になるしかなかったのである。これは地縁的共有体における血縁的な要素といってもよいであろう。しかしこうした「血縁関係」はつねに地縁関係に従属し、後者によって規定されていた。十七世紀の三十年戦争を中心とする戦乱期のオスナブリュックでは（非相続権者である）農民や領主の息子さえもが暴兵に加わって、しばしば自分の村や父親の屋敷に焼打ちをかけたという。(164)

ともあれ、こうした経済的・法的・家族的な結合要因により、彼らは「農民貴族」あるいは「富農の寡頭制《オリガルヒー》」(165)のもと、全体として最広義における農民身分（Bauernstand）を形づくったのである。(166)

農民の土地所有が社会的に是認された規範となっていたため、貧農＝ホイアーリング層に示される農村過剰人口の存在は、十九世紀前半、その経済的基盤の解体とともに「大衆貧困《パウペリスムス》」を呼び起こしはしても、それがロシアに見られるような土地不足危機つまり貧農による土地再分配要求へと、少なくとも大規模には発展することはなかった。[167] 海外移民並びにルール工業地帯などへの国内移住が彼らに残された途となった。[168]

結び――ロシアとの対比――

最後に、ロシアの農民屋敷地について、ドイツの場合と簡単に対比してしめくくることとしよう。ロシアにおける農民屋敷地のあり方は、これまでに述べたドイツの場合とはすべての点で対照的である。

第一に、ロシア（中央部ロシア）にはフーフェ制度が存在しなかった。[169] すなわちロシアでは周知のとおり、ミール共同体による耕地共有が行なわれており、この耕地がいわゆる定期的割替え慣行を通じて農民世帯に割り当てられて個別的に用益されていたのである。ドイツでは屋敷地と一体化したフーフェ地を所有することが完全な権利をもつ共同体構成員であることの必須の前提であったが、ロシアでは農民世帯《ドヴォール》に所属することが前提となって、耕地を割り当てられ、共同体の完全メンバーとなることが原理的に可能であった。すでに引用したヴィティッヒの口調を借りるならば、「農民地が存在したがゆえに農民家族が生活したのではなく、農民家族が生活しようと欲したがゆえに農民地が存在した」のである。これは土地配分における地縁原理ならぬ血縁原理の表現である。ロシアの農民屋敷地は、そこに居住する農民世帯に所属することが耕地と共同体員としての権利とを保障する条件であるという意味でのみ重要であった。[170]

第二に、ロシアの屋敷地は家父長たる農民の「自由圏」ではなかった。

確かにロシアでも屋敷地は耕地とは区別された農民世帯の個別財産を形づくっており、これを基盤とした家父長制の成立がみとめられ、一定ていどの集約農業の場となっていた。

けれども、まず、それは家父長の私有財産ではなく、農民世帯の共有財産であり、家父長はその管理者でしかなかった。家父長は農民世帯の構成員である成人男子成員の同意なしにはこれを処分しえず、管理上の不行届のあったさいには地位を追われることがありえた。そうしてドイツにおけるホーフ不分割の慣行とは対照的な家族分割つまり傍系大家族の分裂が広汎な法則的な現象であった。[171]

次に、家父長は耕地の所有主体であるミール共同体からの干渉を受け、これに従属していた。すなわちミール共同体は耕地を農民世帯に割り当てて家父長の権威を弱めた。[172] 江守五夫の卓抜な表現を借りるならば、割替え慣行を通じて「村落の社会的統制は家の殻を透して直接に家族構成員に及」んだのである。[173]

第三に、ロシアでは屋敷地、小屋地、掘立小屋地といった農民層内部の階梯が形成されなかった。ロシアではすべての兄弟がミール共同体から平等に土地とメンバーシップとを与えられており、相続権者と非相続権者とへのドイツ的な分裂はなかった。[174] また定住史的な新来者である「貧農」はいわゆる総割替えを通じて、そのつど古参の「富農」の地位に同化していった。したがって北西ドイツに見られたような屋敷地のヒエラルヒーは形成されなかったのである。それはすぐれて「小農」の世界であり、ドイツ農民のヒエラルヒッシュな特質と対比すれば、ロシアの農民層はレーニンの両極分解論の起点をなすあのフラットな特徴をおびている。

ロシアのミール共同体はこのような意味でまちがいなく開放的であり平等主義的、民主的であった。[175] しかし、土地の定期的割替え慣行が農業生産性の向上を阻害する一方、次・三男の相対的に恵まれた地位が早婚・多産を促進することによって、次第に貧農の厚い層が形成された。いわば農村の総小屋地化である。ロシア農村では北西ドイツ的な農民屋敷地[176]について語りえないのではなかろうか。そうして貧農の農業共産主義＝土地要求がロシア革命につながるのである。

註

（1）K・マルクス「ヴェ・イ・ザスーリチへの手紙とその下書き」（『マルクス＝エンゲルス全集』第一九巻、大月書店）、大塚久雄「共同体の基礎理論」（『大塚久雄著作集』第七巻、岩波書店）を参照。

（2）日本の共同体史研究に対応する研究領域で大きな成果を挙げているのは、ドイツでは経済史や社会史であるよりもむしろ、歴史地理学の農村定住史研究であるように思われる。マイツェン（August Meitzen）を出発点とし、その方法並びに成果の根本的批判を通じて、主に戦間期いらい展開をとげたドイツ歴史地理学の定住史研究については、次の文献がすぐれた概観を与えてくれる。Vgl. Hans-Jürgen Nitz (Hg.), Historisch-genetische Siedlungsforschung. Genese und Typen ländlicher Siedlungen und Flurformen, 1974. またそれとは別に、マイツェンへの、エッシュ論を介さないいわばロマニスト的批判として、アルフォンス・ドプシュ『ヨーロッパ文化発展の経済的社会的基礎』野崎直治他訳、創文社、四二—四三、二六一—四、二九二—四、三九二ページ、が挙げられる。なお註5をも参照されたい。

（3）F.-W. Henning, Landwirtschaft und ländliche Gesellschaft in Deutschland, Bd. 1, 800 bis 1750, 1979, S. 206-7. 藤田幸一郎『近代ドイツ農村社会経済史』未來社、第三章。

（4）拙稿「ハクストハウゼンのドイツ農政論」、小林昇編『資本主義世界の経済政策思想』昭和堂、一九九—二〇一ページ。（本書、IIの2に収録）

（5）Georg Waitz, Über die altdeutsche Hufe, in: Ders., Abhandlungen zur deutschen Verfassungs-und Rechtsgeschichte, 1896, S. 130. シュテューヴェによれば「当地では完全エルベの概念の基礎にあるのはまぎれもなくフーフェ所持である。」（C. Stüve, Wesen und Verfassung der Landgemeinden und des ländlichen Grundbesitzes in Niedersachsen und Westphalen, 1851, S. 32.）また Adolf Wrasmann, Das Heuerlingswesen im Fürstentum Osnabrück, in: Mitteilungen des Vereins für Geschichte und Landeskunde von Osnabrück, Bd. 42, 1919, S. 61-3 にもフーフェ農民としての完全エルベの簡明な分析がある。エッシュ、カムプ、ゲヴァンなどの耕地形態の相互連関また散居、ドルッベル、小村、集村といった定住形態の相互連関については註2に挙げた文献に収められたR・マルティーニ、A・ヘムベルク、G・ニーマイアー、W・ミュラー＝ヴィレ、H・モルテンゼン、H-J・ニッツ、H・ハムブロッホらの論文のほか、以下をも参照。Rudolf Martiny, Grundzüge der Siedlungsentwicklung in Altwestfalen, insbesondere im Fürstentum Osnabrück, in: Mitteilungen des Vereins für Geschichte und Landeskunde Osnabrück, Bd. 45, 1922, S. 29; Hermann Rothert, Das Eschdorf. Ein Beitrag zur Siedlungsgeschichte, in: Aus Vergangenheit und Gegenwart. Festgabe Friedrich Philippi, 1923, S. 57 ff., S. 61 ff. 管見の限りでは、この研究史に注目した経済史家の邦語文献として、増田四郎『西洋封建社会成立期の研究』岩波書店、七〇ペー

ジ以下、二七六ページ以下、四三〇ページ以下、同『〔増補〕ゲルマン民族の国家と経済』勁草書房、三一七ページ以下、同『西洋中世社会史研究』岩波書店、一八四ページ以下、また新しい文献として野崎直治『ドイツ中世農村史の研究』創文社、三、補論三、があり、また地理学者の業績として水津一朗『ヨーロッパ村落研究』地人書房、および特にミュラー＝ヴィレの方法に立脚した浮田典良『北西ドイツ農村の歴史地理学的研究』大明堂、が挙げられる。前三者は中世初期を、後者は十九世紀以降を、考察範囲としているが、かの研究史の大きな特徴はむしろ「発生史的」方法によって両者を一気に結合する考察領域の時間的な距離の大きさと学際性にあるように思われる。

（6） Großer Historischer Weltatlas, Teil 2. Mittelalter, 2. Aufl. 1979, S. 38-39.; Geschichtlicher Handatlas von Niedersachsen, 1989, S. 44. ヴィティッヒによれば、西・南ドイツが古い「化石化した古典荘園」、東エルベが新しい「農場領主制」の地帯であるのに対して、北西ドイツはその中間の「純粋荘園」地帯である（Werner Wittich, Die Grundherrschaft in Nordwestdeutschland, 1896, S. 461）。

（7） 後述のとおり、北西ドイツでは中世盛期いらいこのことを示す隠居制度が普及していた。なお住谷一彦『共同体の史的構造論〔増補版〕』有斐閣、三〇二ページ、註4を参照。

（8） Vgl. Georg Friedrich Knapp, Die Bauernbefreiung und der Ursprung der Landarbeiter in den älteren Theilen Preußens, 2. Aufl., 1927, 1. Tl., S. 9 ff.; W. Wittich, a. a. O. S. 85-90.; Günther Wrede, Die Langstreifenflur im Osnabrücker Lande. Ein Beitrag zur ältesten Siedlungsgeschichte im frühen Mittelalter, in: Mitteilungen des Vereins für Geschichte und Landeskunde von Osnabrück, Bd. 66, 1954, S. 61-62.

（9） マックス・ウェーバー『古ゲルマンの社会組織』世良晃志郎訳、創文社、七七ページ。

（10） Johannes Reichel, Die Hufenverfassung zur Zeit der Karolinger, 1907. 拙著『ドイツとロシア』未來社、二三―二四ページ。

（11） H. Rothert, Westfälische Geschichte, Bd. 1, 1986, S. 62. ドプシュによれば、フーフェ（Hufe, hoba）は、所有（haben）を意味する accepta 並びに屋敷を意味する mansus、というローマ的観念に由来するという（アルフォンス・ドプシュ、前掲書、三七四―五、三七八―九ページ）。

（12） Albert Hömberg, Westfälische Landesgeschichte, 1967, S. 95.

（13） W. Wittich, a. a. O. S. 73, 296-7.

（14） 私はこれを「フーフェ原理」とも呼びたい。前掲拙著、序言二ページ、四七―四八ページ、拙稿「フーフェとドヴォル」、『未来』第二四二号、一九八六年、四ページ（本書、Ⅰの5に収録）。なお註170を参照。

（15） 伊藤栄『ドイツ村落共同体の研究』弘文堂、一ページ。中部ドイツでも「完全権利農民」のみが「隣人」（Nachbarn）であった

(Friedrich Lütge, Die mitteldeutsche Grundherrschaft, 1934, S. 36)。

(16) Georg Ludwig von Maurer, Geschichte der Fronhöfe, der Bauernhöfe und der Hofverfassung in Deutschland, Bd. 1, 1862, S. 333-335.; Werner Lindner, Die bäuerliche Wohnkultur in der Provinz Westfalen und ihren nördlichen Grenzgebieten, in: Beiträge zur Geschichte des westfälischen Bauernstandes, hrsg. von Engelbert Frhr. v. Kerckerinck zur Borg, 1912, S. 737-738.; Georg von Detten, Westfälisches Wirtschaftsleben im Mittelalter, 1902, S. 82-85.; R. Martiny, Hof und Dorf in Altwestfalen, 1926, S. 305.; H. Rothert, Westf. Gesch. Bd., 1, S. 134 f., 415, 436.; Josef Schepers, Haus und Hof westfälischer Bauern, 6. Aufl., 1985, S. 31-32, 124-126.

(17) G. L., von Maurer, a. a. O. S. 336-337.

(18) A. Wrasmann, a. a. O. S. 62.

(19) G. L. von Maurer, a. a. O. S. 337. 伊藤栄、前掲書、二九七ページ。

(20) G. L. von Maurer, a. a. O. S. 337.; Peter Florens Weddigen, Historisch-geographisch-statistische Beyträge zur nähern Kenntniß Westphalens, Teil 1, 1806, S. 87. 増田四郎『西洋中世社会史研究』四二七—四二九ページ、同『西洋経済史概論』春秋社、九四ページ、水津一朗、前掲書、二四二ページ、農民屋敷地と菜園地とは「フーフェの母体」(„Mutter der Hube“)であった。

(21) P. F. Weddigen, a. a. O. S. 87.; W. Lindner, a. a. O. S. 735-737.

(22) A. Hömberg, Westf. Landesgesch., S. 95.

(23) Hans Riepenhausen, Die bäuerliche Siedlung des Ravensberger Landes bis 1770, 1938〔Nachdruck, 1986〕, S. 54, 65-66.

(24) H. Rothert, Das Eschdorf, S. 59, 61.; Ders., Die Besiedelung des Kreises Bersenbrück. Ein Beitrag zur Siedlungsgeschichte Nordwestdeutschlands, 1924, S. 27.

(25) Elisabeth Bertelsmeier, Bäuerliche Siedlung und Wirtschaft im Delbrücker Land, 1942〔Nachdruck, 1982〕, S. 33, 45. リーペンハウゼンによれば長さ五〇〇メートル以上に達するものもあった。H. Riepenhausen, a. a. O. S. 63.

(26) H. Rothert, Das Eschdorf, S. 60.; Ders., Bersenbrück, S. 29.

(27) Günther Wrede, Die Langstreifenflur im Osnabrücker Lande. Ein Beitrag zur ältesten Siedlungsgeschichte im frühen Mittelalter, in: Mitteilungen des Vereins für Geschichte und Landeskunde von Osnabrück, Bd. 66, 1954, S. 59-61, 81 ff.

(28) H. Rothert, Bersenbrück, S. 29-30.; Ders., Das Eschdorf, S. 60-61.

(29) H. Rothert, Bersenbrück, S. 34.

(30) H. Riepenhausen a. a. O. S. 66-67.

(31) W. Wittich, a. a. O. S. 86.

(32) Heinrich Schotte, Die rechtliche und wirtschaftliche Entwicklung des westfälischen Bauernstandes bis zum Jahre 1815, in: Beiträge zur Geschichte des westfälischen Bauernstandes, S. 51.

(33) A. Hömberg, Grundfragen der deutschen Siedlungsforschung, 1938, S. 44-65. 西南ドイツの土地制度のフランスのそれとの共通性また北西ドイツの土地制度のイギリス、北欧のそれとの共通性について、前掲拙稿「ハクストハウゼンのドイツ農政論」、一九九一二〇三ページ。

(34) H. Schotte, Studien zur Geschichte der westfälischen Mark und Markgenossenschaft mit besonderer Berücksichtigung des Münsterlandes, 1908, S. 26-31, 34 ff.

(35) H. Riepenhausen, a. a. O. S. 79.

(36) H. Schotte, Studien, S. 62.

(37) H. Riepenhausen, a. a. O. S. 74-75, 80-81.

(38) W. Wittich, a. a. O. S. 74-75, 87-90, 92-93. 東エルベではグーツヘルが「無能な」保有者の相続を許さず、土地を取り上げた。G. F. Knapp, a. a. O. S. 48.

(39) Eugen Haberkern und Joseph Friedrich Wallach, Hilfswörterbuch für Historiker, 7. Aufl., 1987. Bd. 1, S. 63.（Art. „Bauer“).

(40) Günther Franz, Geschichte des deutschen Bauernstandes vom frühen Mittelalter bis zum 19. Jahrhundert, 1970, S. 229 ff.

(41) H. Schotte, Die rechtliche und wirtschaftliche Entwicklung, S. 31, Anm. なお結婚にさいして農民は領主の同意を必要としたが、「結婚同意書」を獲得するために花嫁の支払うべき金額および持参金の額がその重要な条件であった（J. Riehl, Westfälisches Bauernrecht, 1896, S. 11). Vgl. auch Fritz Brauns, Geschichte des westfälischen Anerbenrechts und seine Bedeutung für die Wirtschaftlichkeit und Erhaltung der Bauernhöfe, 1937, S. 18.

(42) H. Schotte, a. a. O. S. 54. 教会における席順については Vgl. auch Jan Peters, Per Platz in der Kirche, in: Georg G. Iggers（Hrsg.), Ein anderer historischer Blick, 1991, S. 93-127.

(43) P. F. Weddigen, a. a. O. S. 87.

(44) H. Schotte, Studien, S. 125.

(45) Josef Mooser, Ländliche Klassengesellschaft, 1770-1848, 1984, S. 194.

(46) Otto Brunner, Land und Herrschaft, 5. Aufl., 1965, S. 254-257.

(47) Wilhelm Wilms, Großbauern und Kleingrundbesitz in Minden-Ravensberg, XXVII. Jahresbericht des Historischen Vereins für die Grafschaft Ravensberg, 1913, S. 21.

(48) オットー・ブルンナー『ヨーロッパ』成瀬治他訳、岩波書店、一五八ページ。

(49) J. Schepers, a. a. O. S. 15.

(50) O. Brunner, a. a. O. 橡川一朗『西欧封建社会の比較史的研究〔増補改訂〕』青木書店、三二四―三三〇ページ。瀬原義生『ドイツ中世農民史の研究』未來社、一五二ページ。

(51) O. Brunner, a. a. O.

(52) P. F. Weddigen, a. a. O. S. 90.

(53) W. Lindner, a. a. O. S. 735.

(54) Günter Hagmeister Meyer zu Rahden, Die Entwicklung des Ravensbergischen Anerbenrechts im Mittelalter, 1852, S. 48.

(55) Johann Nepomuk von Schwerz, Beschreibung der Landwirthschaft in Westfalen, Faksimiledruck nach der Ausgabe von 1836, S. 9 ff.; H. Schotte, Die rechtliche und wirtschaftliche Entwicklung, S. 105.; Wilhelm von Laer, Die Entwicklung des bäuerlichen Wirtschaftswesens von 1815 bis heute, in: Beiträge usw., S. 172.; W. Wilms, a. a. O. S. 21.「火事を出すより悪いのは屋敷を棄てること」(En afbrannten Buer is nich so slimm äs'n afwuenten.〔afwuenen＝Hof aufgeben (des alten Bauern)〕とミュンスターラントの農民の諺にいわれている（Walter Born, Kleines Wörterbuch des Münsterländer Platt, 5. Aufl., 1990, S. 10)。ちなみに散居的定住の支配的なミュンスターラントでは、火事は集村におけるほど脅威を与えるものではなかった。

(56) F. Brauns, a. a. O. S. 24-25.

(57) Wilhelm Heinrich Riehl, Deutscher Volkscharakter, S. 52-55. また寺田光雄『内面形成の思想史』未來社、第四章、をも参照。こうした「美風」への批判として、ルヨ・ブレンターノ「ヴェストファリアの一子相続法」、同著『プロシアの農民土地相続制度』我妻榮・四宮和夫共訳、有斐閣、所収、が重要である。

(58) H. Schotte, Studien, Kap. IV.

(59) 以下に解明する諸階層が、近世以降におけるフラットな農民層の市場関係を介した両極分解の所産ではなく、「きわめて古い歴史的な由来」によるものであったことについては、浮田典良、前掲書、二九―三〇、四六ページ、にすでに適切な指摘がある。北西ドイツにおける農民の階層分化は徹頭徹尾、十八世紀以前における長期的な封建的発展の所産であり、十九世紀農民史はその再編過程でしかなかった。「両極分解論」に立脚する日本の十九世紀ドイツ経済史（古典的労作として松田智雄『ドイツ資本主義の基礎研究』

岩波書店、四六ページ以下、同『新編「近代」の史的構造論』ぺりかん社、二七七ページ以下を見よ）は、この事実にかんがみて方法的再検討（「発生史的」視角の導入）を要請されるであろう。Vgl. auch Wilhelm Röpke, Beiträge zur Siedlungs-, Rechts-und Wirtschaftsgeschichte der bäuerlichen Bevölkerung in der ehemaligen Grafschaft Hoya, in: Niedersächsisches Jahrbuch, Bd. 1, 1924, S. 34-47.

（60） Manfred Balzer, Grundzüge der Siedlungsgeschichte (800-1800), in: Wilhelm Kohl (Hg.), Westfälische Geschichte, Bd. 1, 1983, S. 242, 258.; A. Wrasmann, a. a. O. S. 64.; E. Bertelsmeier, a. a. O. S. 55-57.

（61） W. Wittich, a. a. O. S. 95.; H. Riepenhausen, a. a. O. S. 95 ff.; H. Schotte, Studien, S. 64-66.

（62） H. Rothert, Westf. Geschichte, Bd. 1, S. 128, 431.; Ders., Die geschichtliche Entwicklung des Heuerlingswesens, in: Aus der Vergangenheit des Osnabrücker Landes, 1921, S. 4. およびとりわけ H. Riepenhausen, a. a. O. S. 97-100 を参照。

（63） H. Rothert, Westf. Gesch., Bd. 1, S. 431.; A. Hömberg, Westf, Landesgesch., S. 96. ヴラスマンによれば、コッテンは中世英語 cutten（=schneiden）に対応する北ドイツ低地語 kot（=die Abteilung, der Teil）に由来する。Vgl. A. Wrasmann, a. a. O. S. 65.

（64） W. Wittich, a. a. O. S. 98-99. 東エルベではケッターに対応するのはコッセーテンであった（G. F. Knapp, a. a. O. S. 12)。その背景には西エルベと同様のフーフェ地（Hufenschlagland）と非フーフェ地（Beiländer）という区分がある（Vgl. Anneliese Krenzlin Dorf, Feld und Wirtschaft im Gebiet der großen Täler und Platten östlich der Elbe, 1952, S. 25-35)。

（65） ゲオルク・フォン・ベロウ『ドイツ中世農業史』堀米庸三訳、創文社、三一ページ。

（66） W. Wittich, a. a. O. S. 99.

（67） H. Schotte, Studien, S. 41.

（68） H. Riepenhausen, a. a. O. S. 95 ff.; E. Bertelsmeier, a. a. O. S. 36.

（69） 増田四郎『西洋中世社会史研究』一八八ページ。

（70） W. Wilms, a. a. O. S. 12, 15.

（71） W. Wittich, a. a. O. S. 99-100, 351 f.

（72） W. Wittich, a. a. O. S. 97-98. だがそれに対して、世襲ケッターは、後述のとおり、旧農民に対する貢租支払いを義務づけられていた。

（73） Meyer zu Rahden, a. a. O. S. 44.; W. Wilms, a. a. O. S. 13.

（74） C. Stüve, a. a. O. S. 10.

(75) W. Wittich, a. a. O. S. 101.
(76) H. Riepenhausen, a. a. O. S. 97, 100, 101, 103, 105.; E. Bertelsmeier, a. a. O. S. 57-59.; H. Schotte, Studien, S. 66 ff.
(77) H. Riepenhausen, a. a. O. S. 102-103.; H. Rothert, Westf. Gesch., Bd. 2, S. 224-225.
(78) W. Wittich, a. a. O. S. 96-97.; W. Lindner a. a. O. S. 737.
(79) H. Riepenhausen, a. a. O. S. 101.
(80) R. Martiny, Flur-und Siedlungsgestaltung in Altwestfalen, in: H. J. Nitz (Hg.), a. a. O. S. 209.; Ders., Hof und Dorf, S. 295-296.; H. Riepenhausen, a. a. O. S. 105, 117.; M. Balzer, a. a. O. S. 267.
(81) H. Riepenhausen, a. a. O. S. 92.
(82) H. Rothert, Das Eschdorf, S. 59.
(83) H. Rothert, Bersenbrück, S. 66.; H. Schotte, Studien, S. 62.
(84) H. Rothert, Bersenbrück, S. 66.
(85) R. Martiny, Hof und Dorf, S. 294.; H. Rothert, Das Eschdorf, S. 56 ff.
(86) G. Wrede, a. a. O. S. 100.; Vgl. auch H. Rothert, Bersenbrück, S. 63.
(87) H. Riepenhausen, a. a. O. S. 103.
(88) A. Wrasmann, a. a. O. S. 66.
(89) A. Wrasmann, a. a. O. S. 67.
(90) H. Riepenhausen, a. a. O. S. 112.
(91) H. Riepenhausen, a. a. O. S. 103-104.; H. Rothert, Westf. Gesch., Bd. 2, S. 230.
(92) ペーター・ブリックレ『ドイツの臣民――平民・共同体・国家、一三〇〇〜一八〇〇年――』服部良久訳、ミネルヴァ書房、三九一四三ページ。
(93) H. Riepenhausen, a. a. O. S. 105.
(94) H. Riepenhausen, a. a. O. S. 100, 104, 106.; H. Schotte, Die rechtliche und wirtschaftliche Entwicklung, S. 25. „Hölting“ もしくは „Holzgericht“ と呼ばれるマルク裁判所が毎年、定期的に開かれるようになった (H. Schotte, Studien, S. 92 ff.)。
(95) J. Schepers, a. a. O. S. 90-91.; H. Rothert, Westf. Gesch., Bd. 3, S. 246.; H. Riepenhausen, a. a. O. S. 103.; E. Bertelsmeier, a. a. O. S. 59-60.

(96) E. Haberkern und J. F. Wallach, a. a. O. Bd. 1, S. 325 (Art. „Kamp“) und Bd. 2, S. 677 (Art. „Zuschlag“).
(97) H. Riepenhausen, a. a. O. S. 103, n. 32.
(98) P. F. Weddigen, a. a. O. S. 87-88.; W. Lindner, a. a. O. S. 737.; H. Riepenhausen, a. a. O. S. 111.; W. Wittich, a. a. O. S. 101-102.
(99) H. Riepenhausen, a. a. O. S. 112.; Hermann Schulte, Das Heuerlingwesen im Oldenburgischen Münsterlande, 1939, S. 53.
(100) W. Wittich, a. a. O. S. 101, 104-106.
(101) W. Wittich, a. a. O. S. 127, 352 ff.
(102) W. Wittich, a. a. O. S. 117 ff.; S. 120, 122, 133, 145. この最後の点につき、ハックストハウゼンはいう。「ゲルマン人のコルポラツィオン（ゲマインデ、ツンフト等）においては、結合は通常、市民的もしくは政治的要素に限定されており、私経済的要素には及んでいない。各メンバーは彼の私経済と私的所有とをそれぞれに所有している。各人は彼の個性をおびている。……ロシア人のアソツィアツィオン（それはもちろん法的意味ではコルポラツィオンでありうるし、また部分的にはそうなっているが）においては、共同態は多様にまたはるかに著しく各人の私経済にも及んでいる。例えば家族のなかには各人のはっきりと分離した所有は存在しない。まったく同様に、村落共同体のなかには各人の永続的に分離した土地所有権が存在しない。ここではすべてが本来的に共同体保有なのであるが、一方、ドイツ人にあってはある特定の地所（例えば放牧地や森林）だけが共同体保有である」と。Vgl. August von Haxthausen, Russisches Volksleben um die Mitte des neunzehnten Jahrhunderts (1), hrsg. von Eiichi Hizen, in: Japanese Slavic and East European Studies, vol. 9, 1988, S. 82-83. 前掲拙著、一七四―一七五ページ。この点には、後に「結び」で立ち帰りたい。
(103) A. Wrasmann, a. a. O. S. 68-69.
(104) A. Wrasmann, a. a. O. S. 72 ff.; H. Rothert, Die geschichtl. Entwickl., S. 5.; Hans-Jürgen Seraphim, Das Heuerlingswesen in Nordwestdeutschland, 1948, S. 11-18.; E. Bertelsmeier, a. a. O. S. 61-63.; Jürgen Schlumbohm, Bauern-Kötter-Heuerlinge. Bevölkerungsentwicklung und soziale Schichtung in einem Gebiet ländlichen Gewerbes: das Kirchspiel Belm bei Osnabrück, 1650-1860, in: Niedersächsisches Jahrbuch, Bd. 58, 1986, S. 77-88.
(105) A. Wrasmann, a. a. O. S. 71.
(106) W. Wittich, a. a. O. S. 108-111.
(107) それはがんらい、例えば二〇―六〇ターラーの現金、牝牛二頭、馬一頭から成り立っていた（H. Schulte, a. a. O. S. 27）。支度金の種類と大きさとはグルントヘルの規制のもとにおかれていた（Vgl. Wolfgang Mager, Protoindustrialisierung und agrarisch-heimgewerbliche Verflechtung in Ravensberg während der Frühen Neuzeit, in: Geschichte und Gesellschaft, 8. Jg., 1982, H. 4, S. 449).

(108) H. Schulte, a. a. O. S. 25-38.; A. Wrasmann, a. a. O. S. 74 ff., 78 ff., 123.

(109) A. Wrasmann, a. a. O. S. 56, 86, 103.; H. Rothert, Die geschichtl. Entwickl., S. 4, 8.; H. Riepenhausen, a. a. O. S. 108-110.; Heinrich Niehaus, Das Heuerleutesystem und die Heuerleutebewegung, 1923, S. 9-28. ホイアーリング小屋の間取り図、その家屋事情、特にその狭さ、不潔、火事のおそれ等については、Vgl. Georg Ludwig Wilhelm Funke, Ueber die gegenwärtige Lage der Heuerleute im Fürstenthume Osnabrück, mit besonderer Beziehung auf die Ursachen ihres Verfalls und mit Hinblick auf die Mittel zu ihrer Erhebung, 1847, S. 6-7.; H. Schulte, a. a. O. S. 40.

(110) W. Wittich, a. a. O. S. 112.; H. Rothert, Die geschichtl. Entwickl., S. 9 ff.; Ders., Westf. Gesch., Bd. 3, S. 247.; A. Wrasmann, a. a. O. S. 104.

(111) J. Mooser, a. a. O. S. 250.

(112) G. L. W. Funke, a. a. O. S. 8-9.

(113) J. Mooser, a. a. O. S. 260 f.; W. Mager, a. a. O. S. 461.

(114) A. Wrasmann, a. a. O. S. 111 ff.; H. Rothert, Die geschichtl. Entwicklung, S. 10.; Ders., Westf. Gesch., Bd. 3, S. 247.; Johannes Tack, Die Entstehung des Hollandsgangs in Hannover und Oldenburg, 1901, S. 64-85.; H. Schulte, a. a. O. S. 42-49.; Fritz Fleege-Althoff, Die lippischen Wanderarbeiter, 1928, S. 25, 79 ff., 96-103, 129 ff. フリースラントのリッペ出身の煉瓦工たちのために、エッケンシュトレーター家およびロイター家による独占的な特別のサーヴィス組織（Botte, Bote）が形成されていた（A. a. O. S. 105-115）。

(115) J. Tack, a. a. O. S. 66-67, 82-83.

(116) Jan Lucassen, Quellen zur Geschichte der Wanderungen, vor allem der Wanderarbeit, zwischen Deutschland und den Niederlanden vom 17. bis zum 19. Jahrhundert, in: Ernst Hinrichs/Henk van Zon（Hg.）, Bevölkerungsgeschichte im Vergleich: Studien zu den Niederlanden und Nordwestdeutschland, 1988, S. 79, 81.

(117) Franz Bölsker-Schlicht, Quellen für eine Quantifizierung der Hollandgängerei im Emsland und im Osnabrücker Land in der ersten Hälfte des 19. Jahrhunderts, in: Hinrichs/Zon（Hg.）, a. a. O. S. 95-98.

(118) J. N. von Schwerz, a. a. O. S. 36.; H. Riepenhausen, a. a. O. S. 107 ff.; H.-J. Seraphim, a. a. O. S. 15.; H. Rothert, Die geschichtl. Entw., S. 10-12.; H. Schulte, a. a. O. S. 49-50.; W. Mager, a. a. O. S. 452 ff. ガルンナールングについては川本和良『ドイツ産業資本成立史論』未來社、五六ページを見よ。

(119) J. Mooser, a. a. O. はこの問題をも取り扱った標準作である。Vgl. auch W. Mager, a. a. O.

(120) W. Mager, a. a. O. S. 460 f., 468 ff., 471 f.; Ludwig Hempel, Heuerlingswesen und crofter-system, in: Zeitschrift für Agrargeschichte und Agrarsoziologie, Jg. 5, 1957, S. 178-179.

(121) H. Niehaus, a. a. O. S. 18.

(122) H. Riepenhausen, a. a. O. S. 108-110.

(123) H. Riepenhausen, a. a. O. S. 110.

(124) W. Wittich, a. a. O. S. 109-110.

(125) A. Wrasmann, a. a. O. S. 129.; J. N. von Schwerz, a. a. O. S. 37-38. ビーレフェルト周辺では工業化にともなう燃料用木材の騰貴が盗伐を呼び起こした（Johann Moritz Schwager, Bemerkungen auf einer Reise durch Westphalen bis an und über den Rhein, 1804, Neudruck 1987, S. 389）。

(126) W. Wilms, a. a. O. S. 16.

(127) Historische Blätter der Westfälischen Zeitung. Bielefeld, 1912, Nr. 2.; W. Wilms, a. a. O. S. 16.

(128) J. Tack, a. a. O. S. 61.

(129) H. Schulte, a. a. O. S. 55. ユダヤ人もまた、解放以前には家族名をもたなかった（大野英二『ドイツ問題と民族問題』未來社、一九七ページ）。

(130) J. Mooser, a. a. O. S. 263, 438-439, Anm. 65.

(131) W. H. Riehl, Die Familie, 1855, S. 145-146. ちなみに、ホイアーリングは「きわめてしばしば文盲」であった（W. Mager, a. a. O. S. 470）。彼らはコンツェのいう意味での「賤民」（Pöbel）の典型であったといえよう。Vgl. Werner Conze, Vom »Pöbel« zum »Proletariat«, in: H.-U. Wehler（Hg.）, Moderne deutsche Sozialgeschichte, 1966, S. 113-6. また藤田幸一郎、前掲書、第一章、の適切な指摘を参照。

(132) P. F. Weddigen, Historisch-geographisch-statistische Beschreibung der Grafschaft Ravensberg in Westphalen, Bd. 2, 1790, S. 93.; H. Riepenhausen, a. a. O. S. 109.

(133) H. Riepenhausen, a. a. O. S. 110.

(134) H. Rothert, Die geschichtl, Entwickl., S. 9.

(135) A. Wrasmann, a. a. O. S. 80-82, 87-89, 122-123.; H. Rothert, Die geschichtl. Entwickl., S. 5.; Ders., Westf. Gesch., Bd. 2, S. 232.; H. Niehaus, a. a. O. S. 15. ただし、ユストゥス・メーザーに代表される、ホイアーリングの早婚多産を強調する見解には、同時代人のバイア

スが伏在しており、注意を要する。この点については註138および特に註149また註167を参照されたい。

(136) H. Riepenhausen, a. a. O. S. 110-111.

(137) H. Riepenhausen, a. a. O. S. 121.; W. Mager, a. a. O. S. 445. なお J. Mooser, a. a. O. は「プロト工業」的なラーフェンスベルクと農業的なパーダーボルンとの地帯構造差を解明している。

(138) H. Niehaus, a. a. O. Einleitung, S. 17-18.; Gertrud Angermann (Hg.), Heinrich Ernst Friedrich Fischer: Denkschrift von 1809 über die Lage der Heuerlinge in Ravensberg, in: 74. Jahresbericht des Historischen Vereins für die Grafschaft Ravensberg, Jg. 1982/83, 1983, S. 79-104. ちなみに、ユストゥス・メーザーの「オランダ渡り論」や「農民屋敷再建論」、「人口抑制論」には、急増するホイアーリングに対するこうした怖れが底流している（Justus Möser, Unvorgreifliche Beantwortung der Frage: Ob das häufige Hollandgehen der osnabrückischen Untertanen zu dulden sei ?; Ders., Die Frage: Ist es gut, daß die Untertanen jährlich nach Holland gehen ? wird bejahet.; Ders., Antwort an den Herrn Pastor Gildehaus, die Hollandsgänger betreffend, in: Patriotische Phantasien I, in: Sämtliche Werke, Bd. 4, 1943, S. 77-84, 84-97, 98-101, insbesondere S. 86 ff.; Ders., Nichts ist schädlicher als die überhandnehmende Ausheurung der Bauerhöfe, in: Patriotische Phantasien III, in: Sämtliche Werke, Bd. 6, S. 238-255.; Ders., Vorschlag, wie die gar zu starke Bevölkerung im Stifte einzuschränken, in: Den Patriotischen Phantasien verwandte Aufsätze, in: Sämtl. Werke, Bd. 8, 1956, S. 299-300)。十九世紀前半にはシュヴァーガーやシュヴェルツにも類似の議論がある（J. M. Schwager, a. a. O. S. 369 ff.; J. N. von Schwerz, a. a. O. S. 103 f.)。

(139) W. Wittich, a. a. O. S. 110-111.

(140) J. Mooser, a. a. O. S. 252.

(141) 若尾祐司『ドイツ奉公人の社会史』（ミネルヴァ書房）を参照。

(142) J. Möser, Der Bauerhof als eine Aktie betrachtet, in: Patriotische Phantasien III, in: Sämtliche Werke, Bd. 6, S. 255-270, insbesondere S. 256, 259 ff. なおフリードリッヒ・リスト『農地制度論』小林昇訳、岩波文庫、一一ページを参照。なお日本における「百姓株」＝「屋敷地」に関説した長谷川善計「家と屋敷地」（中）、『社会学雑誌』第二号、一九八五年、七五ページ以下、（下）、同第三号、一九八六年、一三〇ページ以下、一三四ページ以下、一四〇ページ以下を見よ。

(143) August Meitzen, Hufe, Art. in: Handwörterbuch der Staatswissenschaften, 3. Aufl., Bd. 5, 1910, S. 488 ff., 491. なお G. Waitz, a. a. O. S. 154 にも同様の定義がある。

(144) O・ブルンナー『ヨーロッパ』第VI論文、P・ブリックレ『ドイツの臣民』、一四二―一四四ページ。

(145) H. Rothert, Die geschichtl. Entwickl., S. 5.
(146) A. Wrasmann, a. a. O. S. 80 ff., 87.; H. Schulte, a. a. O. S. 30-32.
(147) J. Tack, a. a. O. S. 58.
(148) J. Mooser, a. a. O. S. 258. しかし「ゲシンデ不足」は「オランダ渡り」との関連でも発生した（F. Fleege-Althoff, a. a. O. S. 57, 64 f.）。
(149) John Hajnal, European Marriage Patterns in Perspective, in: D. V. Glass and D. E. C. Eversley (eds.), Population in History, 1965.（J・ヘイナル「ヨーロッパ型結婚形態の起源」（木下太志訳）、速水融編『歴史人口学と家族史』藤原書店、所収。）ヘイナルによれば「ヨーロッパ型結婚形態」の成立は十六世紀以降のことに属する。Vgl. auch Hartmut Harnisch, Bevölkerung und Wirtschaft. über die Zusammenhänge zwischen sozialökonomischer und demographischer Entwicklung im Spätfeudalismus, in: Jahrbuch für Wirtschaftsgeschichte, 1975, II. S. 57-87. 同時代人の評価と異なり、ホイアーリングは農民と比較して決して「早婚」ではなかった。例えばラーフェンスベルクのシュペンゲ教区では、十九世紀前半に、初婚年齢はそれぞれ、ホイアーリングの男性＝二六・〇歳、女性＝二四・六歳、また農民の男性＝二六・八歳、女性＝二三・二歳であった。二〇歳未満で結婚するホイアーリングの女性は五パーセントにすぎなかった。ホイアーリングにとっては、第一に、住居＝作業場としての小屋を借りるために、農村過剰人口＝住宅難が支配するなかで高い賃借料を支払うことが困難であり、また第二に、ゲジンデの低賃金のもとでは経営資金元本の蓄積自体が困難であったから、安易な早婚は不可能だったのである。こうして、ホイアーリングの結婚パターンは、「農民を模範とした」いわゆる„cottager marital age pattern“（メディク）とならざるを得なかった（Vgl. Peter Kriedte, Hans Medick, Jürgen Schlumbohm, Industrialisierung vor der Industrialisierung, 1977, S. 180 f.; Dietrich Ebeling und Peter Klein, Das soziale und demographische System der Ravensberger Protoindustrialisierung, in: Hinrichs/Zon (Hg.), a. a. O. S. 36-38）。
(150) J. Mooser, a. a. O. S. 265.; Dietmar Sauermann, Gesindewesen in Westfalen: Dienstzeit, Lohn, Herkunft, in: Museum und Kulturgeschichte. Festschrift für Wilhelm Hansen, 1978, S. 273, 275, 277.
(151) Heinrich Büld, Niederdeutsche Sprichwörter zwischen Ems und Issel. Eine Lebens-und Sittenlehre aus dem Volksmund, 1983, S. 97.
(152) Annette von Droste-Hülshoff, Bilder aus Westfalen, 1984, S. 128.
(153) W. H. Riehl, Deutscher Volkscharakter, S. 54.
(154) W. Wittich, a. a. O. S. 111 f.

(155) E. Bertelsmeier, a. a. O. S. 30. 強調は原著者による。

(156) H. Riepenhausen, a. a. O. S. 95. 傍点は筆者による。

(157) W. Wittich, a. a. O. S. 461.

(158) さしあたり以下を参照。Wilhelm Roscher, Geschichte der National-Oekonomik in Deutschland, 1874, S. 500-529. 特にそのフーフェ論＝国家株式論について Otto Hatzig, Justus Möser als Staatsmann und Publizist, 1909. ブレンターノは「メーザーにとってもっとも重要なのは、農場を耕作する人間ではなくして、人間が耕作する農場である」と指摘して、メーザーにおける「フーフェ原理」の擁護を剔抉している（ルヨ・ブレンターノ「プロシャ最近の農業改革の父ユストゥス・メーザー」、同著『プロシャの農民土地相続制度』前掲邦訳、三一、三三ページ）。同様にメーザーが擁護したのは、豊かな生産力を擁する大農の支配のもとに「制度化された不平等」（“institutionalized inequality”）の世界であった（Cf. Jonathan B. Knudsen, Justus Möser & the German Enlightenment, 1986, pp. 29, 134）。邦語の研究として、出口勇蔵「ユスツス・メエゼル（上）、（下）」『経済論叢』第六一巻第四号、一九四七年、第六二巻第一・二号、一九四八年、という先駆的労作がある。（平井進『近代ドイツの農村社会と下層民』日本経済評論社、は定住政策に関する近業である。坂井榮八郎『ユストゥス・メーザーの世界』刀水書房、は文人および史家としてのメーザーに関する訳業であるが、一般的案内としても有益である〔書評を本書Ⅲ、9に収めてある〕。）ミュラー＝ヴィレの雄篇 Wilhelm Müller-Wille, Langstreifenflur und Drubbel, Ein Beitrag zur Siedlungsgeographie Westgermaniens [1944], in: H.-J. Nitz (Hg.), a. a. O. S. 247-314 は、長地条型耕作地形態とドルッベル的定住形態とを特徴とするこのメーザー的世界の歴史的原型の解明に基準を与える。

(159) H. Riepenhausen, a. a. O. S. 117.

(160) A. Wrasmann, a. a. O. S. 70-71.

(161) W. Lindner, a. a. O. S. 780. ちなみにこのような階層展開の起点をなす「ドイツのバウエルントゥム」の「小農」としての把握（松田『基礎研究』三七ページ、同『史的構造論』二九三ページ）には、メーザー的世界へのロシア的視角の投影が感じられる。

(162) W. Wittich, a. a. O. S. 111-113.

(163) H. Schotte, Die rechtliche und wirtschaftliche Entwicklung, S. 25-31.; H. Rothert, Die geschichtliche Entwicklung, S. 8-9. 特にアイゲンベヘーリッヒカイトの重圧について J. Riehl, a. a. O. S. 8-14.

(164) A. Wrasmann, a. a. O. S. 80, 97.

(165) Heide Wunder, Die bäuerliche Gemeinde in Deutschland, 1986, S. 97, 126.

(166) W. Wittich, a. a. O. S. 113-116.

(167) ホイアーリングの経営には「消費＝生産均衡」と「自己搾取」とに立脚するチャヤーノフ的な「小農経済」の性格が付着していたが（F・メンデルス／R・ブラウン他著『西欧近代と農村工業』篠塚信義・石坂昭雄・安元稔編訳、北海道大学図書刊行会、所収のメディク論文）、その「ドヴォール原理」は北西ドイツではあくまで富農の「フーフェ原理」に従属していたといえよう（勘坂純市「小農経済論と西ヨーロッパ中世社会」東京大学『経済学研究』第三四号、一九九一年、の興味深い行論を参照）。

(168) H. Rothert, a. a. O. S. 14.; H. Wunder, a. a. O. S. 120.

(169) 東欧におけるフーフェ制度展開の東北限をなすのはリーフランドである。しかしそこではフーフェ制度は定着せず、スラヴ犂による土着のハーケンによって駆逐された。Enn Tarvel, Der Haken. Die Grundlagen der Landnutzung und der Besteuerung in Estland im 13-19. Jahrhundert, 1983, S. 55-57, 97-100, 128.（本書はハルトムート・ハルニッシュ教授のお薦めにより、一読する機会を得た。）さらにシャルル・イグネ『ドイツ植民と東欧世界の形成』宮島直機訳、彩流社、三三九―四〇、三五三―五四ページを見よ。

(170) 私はこれを註14の「フーフェ原理」との対比で「ドヴォール原理」とも呼びたい。前掲拙著、四七―四八ページ、六七ページ。なお帝制ロシアのドヴォールに関する文献として、佐竹利文「農民家族の姿」、『ソビエト近現代史』ミネルヴァ書房、所収、が挙げられる。

(171) ヘイナルは傍系大家族における家族分割を、そのライフサイクルの一部分をなす「分裂の法則」(the law of splitting) の所産として把握している（J. Hajnal, Two kinds of pre-industrial household formation system, in: R. Wall (ed.), Family forms in historic Europe, 1983, p. 69.［「前工業化期における二つの世帯形成システム」（浜野潔訳）、速水融編、前掲書、所収］）。

(172) 前掲拙著、五八―六〇ページ。

(173) 江守五夫『日本村落社会の構造』弘文堂、九〇ページ。

(174) 前掲拙著、七七―七八ページ。例えば小島修一『ロシア農業思想史の研究』ミネルヴァ書房、第二章、鈴木健夫『帝政ロシアの共同体と農民』早稲田大学出版部、第二章、などに示された割替え共同体成立過程を、こうした比較定住史的観点からとらえ直すことができるのではなかろうか。なお土肥恒之「移住と定住のあいだ――近世ロシア農民再考――」『一橋論叢』第一二二巻第四号、一九九九年をも参照。

(175) これは奥田央『コルホーズの成立過程――ロシアにおける共同体の終焉――』岩波書店、一〇七ページ註1において与えられた私見への批判に対する私の反論でもある。私の立論が比較史的観点に立っていることを奥田は考慮するべきだったのではなかろうか。

(176) 前掲拙著、Ⅲの八。

3 帝政ロシアの農民世帯の一側面——女性の財産的地位をめぐって——

はじめに

帝政ロシアの農民世帯における女性の財産的地位について明らかにすることが、本章の課題である。

この課題に接近するために、以下では、まず農民世帯《ドヴォール》の基本的特徴について述べ、次いで主としてアレクサンドラ・エフィメンコの所説(1)によりつつ、農民世帯における女性の財産的地位とその十九世紀後半期における変化について概観してみたい。

一 農民世帯の基本的特徴

帝政ロシアの農民世帯の基本的特徴として次の諸点が列挙されよう。すなわち、[1] 太古性、[2] 慣習法の支配、[3] 男性による財産共有、[4]「勤労の原理」が妥当する労働団体すなわちアルテリであること、[5] 徴税並びに軍役の基礎単位であること、[6] 大家族の経済的有利、[7] 祖霊崇拝に立脚していること。

［1］太古性について。がんらいロシア農村の社会制度を代表するものとして、ながらく主たる考察対象となっていたのは、農民世帯《ドヴォール》ではなく共同体《ミール》であった。そうして当初は、共同体についてその太古性が主張されたのである。(2) すなわち、十九世紀中葉にロシア農村を視察旅行してミール共同体を「発見」したプロイセンの農政学者ハックストハウゼンは、ミール共同体を特徴づける土地の定期的割替え制度をロシア人の集団主義的な国民性に根差す太古的制度であると把えることによって、ロシアの社会発展の非西欧的性格を主張するスラヴ主義者やナロードニキに大きな影響を及ぼし、ここにミール共同体の太古性に関するいわゆる連続説が成立する。しかしながらこの連続説に対しては、その後チチェーリンをはじめとする歴史家の側から有力な実証的批判が加えられた。すなわち連続説は史料的根拠を欠いており、土地割替えに示される土地共有制は近世に至って、国家権力ないし農奴主が徴税目的のために上から人為的に創出したものであると主張されたのである（非連続説ないし国家学説）。この実証的批判によってミール共同体の太古性を主張する連続説は克服され、その近世的起源が確認されるに至る。だが十九世紀末に至って、主としてネオ・ナロードニキによる第三の学説（ゲールケのいわゆる経済学説）が抬頭する。この説は、一方では国家学説の実証的批判をうけいれてミール共同体の近世的起源を説くが、他方ではミール共同体の基礎単位をなす農民世帯の太古性を主張して旧ナロードニキの連続説を継承する。カチョロフスキーやカウフマン等によれば、太古的性格をもつ農民世帯が、人口増加＝土地不足とともに自然成長的に進化し、近世に至ってミール共同体へと発展したのである。こうしてネオ・ナロードニキを中心とする新しい共同体研究は、連続説と国家学説との総合に成功することができた。そうして、そこでは農民世帯の太古性＝強靱性が要の地位におかれ、チャヤーノフ等によってその理論的分析がなされることとなる。(3)

ルロア＝ボリューは、財産共有制と土地割替え慣行とは区別されるべきであり、前者は後者なしに長期にわたって存在しうると述べて、右の結論を支持したし、(4) 戦後の研究においても「農民世帯の太古性」のテーゼは継承されてい

るのである。(5)

[2] 慣習法の支配について。(6) 十九世紀中葉にはロシアにおいても近代法典の編纂がすすみ、一八三五―五七年に『ロシア帝国法典』全一六巻が成立するが(第一〇巻が民法)、そうした成文法が適用されたのは非農業人口に対してのみであり、農民の間では伝統的な慣習法が支配していた。

[3] 男性による財産共有について。(7) 宅地=庭畑地(いわゆるヘレディウム)また家畜、農具、農産物、稼得した貨幣等が、ミール共同体の共有財産から区別された農民財産として個別農民世帯に所属していた。だがそれは家父長の私有財産ではなく複合家族を構成する男性全員の共有財産であり、家父長はそれの管理者でしかなかった。したがって世帯の個々の構成員が自分の持ち分を得て世帯を離脱することはできない。遺言もまた無効である。ただし例外として世帯の分割のみは認められていたが、これは相続(=均分相続)ではなくアソシエーションとしての世帯の清算を意味した。したがって共同体財産と世帯財産とへの分裂が共同体に「固有の二元性」(マルクス)を生むのはたしかであるが、ドヴォールにあっては世帯財産の私有については語りえないのである。

[4] 「勤労の原理」が妥当する労働団体すなわちアルテリであることについて。(8) エフィメンコによれば、ローマ法を継受した西欧の法制においては、労働生産物が財産所有者に所属するという意味における財産=所有の原理が支配したが、これに対してロシア農民の慣習法においては、労働生産物が勤労者に所属するという意味における勤労の原理が支配していた。すべての土地は神によって与えられたものであり、労働の生産物ではないから、そのうえで勤労する者の共有に帰すべきであるという共産主義的観念が右の原理を支えている。すなわち、財産獲得のために支出された労働を尺度として共有財産への関与を認めるのが農民的「相続法」の根本原理なのであり、たとえ肉親であっても世帯から長期にわたって離脱していると共有財産に対する権利を失うし、逆に他人であっても養子として労働し、財産形成に貢献するならば、世帯構成員として認められ、共有財産に対する権利を獲得するのである。したがって、

農民世帯はふつう家族を土台とするが、家族そのものではなく、「血縁で結ばれた経済的アソシエーション」[9]すなわちアルテリである。

［5］徴税並びに軍役の基礎単位であることについて。ネオ・ナロードニキ的なミール共同体研究の第一人者とされるカチョロフスキーによれば、ロシアには「国家―共同体―世帯」という「土地所有の三層構造」に示される「国家的土地所有」の観念が支配しており、[10]ロシアの地主貴族は封建貴族ではなく家産官僚であった。[11]こうした意味において農民世帯はまさしくロシア社会の土台を形づくっていたのである。

農民世帯の強靱性は、それがソヴェト法にまで生きのびている点にも示されているといえよう。[12]

［6］大家族の経済的有利について。それは経営内分業、出費の節約、不時の相互扶助に示されたが、とりわけ分与地の狭小なさいに、それを埋め合わせる要因（例えば大家族ゆえの大きな分与地の獲得また一部の男性の出稼ぎ可能性）として痛感された。[13]

［7］祖霊崇拝について。農民世帯にあっては家の守護神である荒神《ドモヴォイ》崇拝が存続しており、ロシア正教と原始信仰とのいわゆる「二重信仰」の状況が一般的であった。コヴァレフスキーは農民家族を「共通の祖先とそれに由来する祖霊崇拝とに立脚する家族共同体」と規定し、古代のケルトやゲルマン諸民族の事情に似ているとしている。[14]

二　女性の財産的地位

それでは、右のような特徴をもつ帝政ロシアの農民世帯における女性の財産的地位はいかなるものであろうか。ネオ・ナロードニキ的な農村社会研究の先駆者であったとされるエフィメンコの所説を紹介しつつ、問題に接近してみ

ように思われる。エフィメンコは農民世帯を、（1）複合家族と（2）小家族とに分けて、女性の地位の変化をとらえているよう

（1）複合家族（ロート）における女性の無権利

農民世帯の本来的形態は複合家族（род）であり、そこではマリアンネ・ヴェーバーのいわゆる「原始的家父長制」が支配していた[15]。それでは、そこでの女性の財産的地位はいかなるものであったか。

複合家族にあっては、男性に適用された勤労原理（カチョロフスキーのいう「労働権」）が女性には適用されないという意味において女性は無権利であった[16]。

成文法たる『帝国法典』では動産の四分の一並びに不動産の七分の一が妻の相続分であり、また動産の八分の一並びに不動産の一四分の一が娘の相続分である旨、規定されていたが[17]、すでに述べたとおり農民身分にはこの規定は適用されず、彼等は慣習法の世界に住んでいたのである。

エフィメンコによれば、女性は複合家族の共有財産に関しては、複合家族の構成員ではなかった[18]。マリアンネ・ヴェーバーによれば、結婚する男女における当事者能力の欠如が「原始的な婚姻」の重要な特質であったが[19]、結婚後、夫が共有財産に関しては複合家族の構成員となるのに反して、妻は引き続きその外に置かれていたのである。

エフィメンコは複合家族における女性の非人格性は、購買婚という婚姻慣行のうちに端的に示されていると述べて、カルガ、ニジェゴロト、ヤロスラヴリ、ペルミ、オロネッツ、コストロマ、アルハンゲリスク、カザンの諸県や東南部ステップ地帯における購買婚について伝えている。それは大ロシアのみならず、トルコ人、フィン人、タタール人のもとにも、またセルビアのザードルガやブルガリアにも普及していた[20]。

娘には働いて嫁資を蓄えることが、妻には働いて男の子を生むことが、義務づけられ、寡婦には働いて食いぶちを

もらう途だけが残された[21]。「娘は父親の家の一時的な寄寓者にすぎず、やがてそこを離れて夫に従わねばならない。妻もまた家庭の内部をとりしきっている時でさえ、共有財産にはなんら関与しえないのである。時として寡婦が分け前を与えられたり、家長の地位にさえつくことがあるけれども、それは彼女の未婚の子供たちの代表者としてである。実際には女性は生家でも嫁ぎ先でも、財産請求権をもたない。」[22]

世帯の分割にさいしても、女性は財産分配にあずかることができなかった[23]。

他方でこうした「ドメスティック・アニマル」もしくは「駄馬」[24]としての女性とりわけ妻には、多岐にわたる労働が義務づけられていた。

第一に、複合家族内での分業＝家事分担への参加が義務づけられた。これはロート内に同居する複数の既婚婦人の間での分業である。例えば花嫁には家畜番のようなつらい労働がおしつけられ、その他の者は一週間交代で料理番を担当した。第二に、自分の家族のための労働があった。育児はもとよりであるが、とりわけ夫や子供のための衣料の生産が重要であり、共同の麻畑による麻布の生産また毛織物の生産があった。第三に、男性と共通の野良仕事があった[25]。

そのさい「野蛮な連帯責任の原理」が働いて、至らない妻または相互にいさかいをくり返す妻は、夫並びに時には夫の兄弟たちによって、家父長たる老人の前で鞭打たれた[26]。

こうした女性の劣位については、多くのことわざや歌に示されているが、「家族のロート的構成」(родовое устройство семьи)の存続するかぎり、これが女性の運命であったとエフィメンコは言う[27]。

こうして、帝政ロシアの農民世帯における共有財産に対する女性の無権利が確認されるのであるが、いわばそれに対する補償として女性にのみ認められていた唯一の財産が嫁資(приданое, кладка, здарие)である[28]。それは貨幣のほか主に衣料や台所用具などからなるが、少女は母親に助けられながら、何年もかけて嫁資を準備する。すなわち、木の実や薪を採集して売り、また庭畑地の一隅を耕作して織物（麻織物、毛織物）をつくる。女性労働（бабское хозяйство）の果実たるこうした蓄えは長持ち《コロブカ》（коробка）と呼ばれ、その鍵を保管できるのは女性のみであった。さらにいくばくかの家畜（牝牛や羊など）や家禽また手工品も嫁資を構成した。[29] 少女は結婚するさいに、これをたずさえて行った。嫁資は、「かの共有財産の外側に」[30] 形成され、母から娘へと伝達され、共有財産とはまったく異ったカテゴリーに属した。[31]

ある女性が子供のないままに死亡すると、彼女のコロプカは生家へ返されるのがふつうであるが、ただし父親やその共同体にではなく母親にであり、もし母親がすでに死去している時には未婚の姉妹に返されるのである。母親の貨幣や衣料はふつう未婚の娘のものとなる。また世帯分割のさいには、家具や家畜の分け前の請求権が娘にみとめられる。かくて「一種の女性の継承線が存在するのである」とルロア＝ボリューは言う。[32]

ちなみに、慣習によって少女がロートの共有財産（例えば庭畑地）を利用してコロプカを蓄えたばあい、それはふつう花婿のためであり、彼は間接的にこのコロプカによって受益するのであるから、花嫁の家族に対して貨幣もしくは現物で補償しなければならなかった。ふつう二〇ないし八〇ルーブルのこの補償金の支払いによって婚礼の費用がまかなわれたが、これはかの花嫁購買金とは異なるいわば結納金であった。[33]

コヴァレフスキーは、大ロシア農民世帯の共産主義的性格を強調しつつ、私有財産形成への動きがあるとすれば、それは婦人や少女が余暇を利用して行なう私的な稼ぎにおいてのみであると指摘した。[34]

（2）小家族（マーラヤ・シミヤ）における「勤労原理」の妥当

さてエフィメンコは「複合家族的原理」（родовые принципы）と「個的原理」（личное начало）との対立的意義を強調し、前者が動揺し後者が発展し始めたところでのみ、女性のプロテストが始まると言う。[35]

実際に、十九世紀後半とりわけ農奴解放後に家族分割が増加し、旧来の複合家族に対する小家族の比重が高まった。もちろんこうした動向は、農村における人口増加と分与地の減少とによる貧農の増加を背景としており[36]、したがってエフィメンコもみとめるとおり、小家族の形成にはひどい「無知と貧困」(невежество и бедность)が随伴していたが[37]、それにもかかわらず、小家族形成は「女性解放への第一歩」を意味したとエフィメンコは言う[38]。

第一に、小家族形態そのものがもつ女性自立化の機能があげられる[39]。小家族においては夫の横暴は妻にとって複合家族におけるほど抑圧的ではありえない。また小家族にあっては、夫婦間の自立的な分業が不可欠であり、妻に対してはとりわけ家事管理をひとりで遂行する能力が求められる。こうして女性の自立的労働能力とともに自立的精神が芽生え、複合家族の女性に見られた愚鈍な動物的なタイプが後退する。

第二に、嫁資の地位強化による妻の地位の安定があげられる。伝統的な複合家族にあって、実家は娘に与えた嫁資を婚家が横取りしないかと見守りつづけ、離縁されて実家に戻る場合に備えて公然とそのリストをつくることもあった。そうしてここから、すでに述べたような、婚家にとって嫁資を妻の不可侵の財産とみる慣習が生まれた。この慣行が小家族に移し植えられて、女性の地位向上を支えるという新たな意義を獲得したとエフィメンコは言う。すなわち、①小家族における家事管理者としての妻の自立的地位と、②実家による嫁資の防衛という複合家族の伝統とが結合して、女性の自立に寄与した[40]。嫁資に手を出す夫やそれを許す妻は世間の嘲笑と批難を受ける。どのように従順な妻も嫁資を侵害されると激怒する。彼女は嫁資を守って生涯をたたかうのであり、これが守られるならば、どのような苦労もいとわないのである[41]。

第三に、もっとも大きな変化として、小家族における女性の財産的地位に関して「勤労原理」=「経済原理」(экономическое принцип)が妥当するに至ったことがあげられる[42]。それは「夫の無限の権力についての古くさい理論」からの前進を意味した。そうしてこのことは寡婦の処遇において明瞭にみとめられたのである。

まず寡婦に子供があれば、すでに述べたとおり、子供が成人するまで用益権を得るという意味で夫の全財産を獲得した。

次に寡婦に子供がない場合はどうか。第一に、もし結婚期間が短かければ、勤労による財産形成への貢献が少ないので、夫の財産に対する権利をみとめられず、自分の嫁資並びに亡夫の二、三の形見のみをもって実家に戻るか、再婚するか、出稼ぎに出るしかなかった。そうして夫の財産は彼の親もしくは親族のもとへ戻された。しかしながら第二に、もし結婚生活が長かった場合——ステプニャクによれば例えば一〇年に及んだ場合[43]——勤労による財産形成への貢献が大きいとみとめられ、夫の財産を獲得する権利が生ずる。この場合、勤労が基準とされるので、彼女が正妻であるか妾であるかは問われないのである。[44]

こうした勤労の原理は「農民慣習法の表現者」[45]たるヴォーロスチ裁判所によって擁護された。がんらいヴォーロスチ裁判所にとって夫婦問題は所管外ながら、現実にはこの所管外の活動により妻の財産的地位が擁護された。エフィメンコはヴォーロスチ裁判所の活動を詳述し、そのカーディ裁判[46]の底に流れる勤労原理による妻の地位の擁護の基本方向を析出している。[47]

第四に、夫婦共有財産の形成があげられる。富農の娘が結婚して小家族を形成する場合、彼女の嫁資は衣類を主とするプリダノエのほか貨幣や家畜をもふくんでいた。これはナジェルカ（наделка）と呼ばれ、夫婦の共有財産となり、これを基に妻は家計を事実上、支配するに至る。[48]

さらに女性の財産的地位の向上は、こうした農民世帯の枠をこえて、ミール共同体の共有財産である耕地にも及んだ。すなわち、十九世紀後半のミール共同体のかの定期的土地割替え慣行における「男性原則」から「口数原則」への移行は「女性の反乱」（бабий бунт）によって媒介されていたのである。[49]

チホミーロフは次のように述べている。「現在、婦人たちは『反乱をおこしつつ』ある。すなわち彼女等は夫の専制に対して反乱しつつあるのだ。至るところで彼女等は自分たちの労働（紡ぎその他）の果実を自分の個人財産として獲得しはじめている。またしばしば彼女等は一区画の土地を要求しており、時にはそれを手に入れている。ある地方では村の集会は土地の配分にあたり少年のみならず少女をも対象としている。きわめて興味深いことに、独立を維持するための独身主義が農民婦人の間で一般化している」と。[50]

　とはいえ、例えば夫の殴打に示されるような人格的抑圧は引き続き存続したが、財産関係について見れば女性の地位は向上したとエフィメンコは見ている。[51]

　こうして、エフィメンコによれば十九世紀末のロシアには、①古い複合家族の家父長制原理と②新しい家族の個的な勤労原理とが対立しつつ併存していた。そうして①から②への移行は、とりわけ女性の財産的地位の点からみて進歩的意義をおびており、「健全な萌芽」の成立を意味していた。だがこの移行は「動物的緩慢さ」（зоологическая медленность）でしか起こっていないから、その速度をはやめるために「自覚的な思想」（сознательная мысль）による働きかけが不可欠であるというのが、彼女の結論であった。[52]

結び

　わが国のロシア社会経済史研究のなかでは、十九世紀末からスターリンの農業集団化に至る時期の富農・中農の生産力的にみた進歩的性格が強調され、貧農は共同体的平等性に固執する生産力向上の阻害者として否定的に評価されているように思われる。しかし女性の財産的地位という問題についてのエフィメンコの見解について見るかぎり、富農の複合家族にはむしろ古い関係がより強く残存しており、「勤労の原理」における男女同権を実現した貧農＝小家族の方が、少なくともロシア的意味では新しいということが分かる。

もちろん、こうした発展を過大評価することはできない。エフィメンコじしん、旧原理とはたたかうが新原理を創出しえない女性のたたかいの限界をみとめている。[53] そもそも、がんらい小家族は複合家族のライフ・サイクルの一環をなし、それ自体のなかに複合家族化の契機をはらんでいた。ロシア農民の小家族が必ずしも経済的にみた独立の小世帯を意味しなかったことは、それが初婚年齢の高さと結婚率の低さという特徴をもつ「ヨーロッパ的結婚類型」並びに奉公人制度と結合しておらず、また複合家族の本質的な属性たるかの「分裂の法則」(the rule of splitting) に従っていた点に端的に示されていた。結婚はドヴォール並びにミールの経済的保障のもとに引き続き容易に行なわれ、土地割替え慣行と結びついた農業生産力の停滞と相まって、ロシア革命の根本原因たるかの農村における急激な人口増大と貧困の蔓延とを生んだのである。[54] ——ストルイピンによる農民世帯解体のこころみに対する農民の村ぐるみの反抗のなかには、そうした旧原理と新原理とが複雑にまじり合っていたのではなかろうか。[55] ともあれ、農民世帯の共有財産を廃止して家父長の私有財産化することをねらったストルイピンの新路線は、旧い伝統に根差す慣習法に反したために挫折し、ロシア革命とともに世帯共有財産とその非相続原則とが復活する。[56] そうして一九四〇年代に至ってもなお農民の妻はその財産的地位に関して世帯のなかで働く「アウトサイダー」たる「農業養子《プリマーキ》」と見なされていたのである。[57] そこにはなお「勤労の原理」が活きていた。それはロシアにおける農民世帯《ドヴォール》の「強靱性」の一例証であった。[58] もちろん、そうはいっても、スターリンの農業集団化の後に復活した「コルホーズ世帯」(колхозный двор) においては、共有財産の地位は次第に低下していたのではあるが。[59] ——

註

(1) Александра Ефименко, Крестьянская женщина, Исследования Народной жизни, Москва 1884, стр. 68-123. (以下では Крестьянская

женщина と略記する。); A, Jefimenko, Das Prinzip der Arbeit im gemeinen Volksrechte, in: Die Neue Gesellschaft, Jg. 2, H. 3, 1878, S. 125-131.（以下では Das Prinzip と略記する。）

（2） 以下は Carsten Goehrke, Die Theorien über Entstehung und Entwicklung des "Mir", 1964 並びに肥前榮一『ドイツとロシア——比較社会経済史の一領域——』未來社、一九八六年、二八ページ以下、を参照。

（3） 小島修一『ロシア農業思想史の研究』ミネルヴァ書房、一九八七年、を参照。

（4） Anatole Leroy-Beaulieu, The Empire of the Tsars and the Russians, 1902-1905, vol. 1, pp. 481-482, 485, 487.

（5） 例えば William T. Shinn, The Law of the russian Peasant Household, in: Slavic Review, vol. 20, 1961, p. 601.

（6） William G. Wagner, Legislative Reform of Inheritance in Russia, 1861-1914, in: William E. Butler (ed.), Russian Law: Historical and political Perspectives, 1977, p. 147; Neubecker, Die Grundzüge des russischen Rechts, in: Max Sering (Hrsg.), Russlands Kultur und Volkswirtschaft, 1913, S. 44, 50. 肥前榮一、前掲書、八〇—八一ページ。

（7） W. T. Shinn, op. cit., pp. 603-4, 607; Rene Beermann, Prerevolutionary Russian Peasant Laws, in: W. E. Butler (ed.), op. cit., pp. 185-186, 189; A. Leroy-Beaulieu, op. cit., pp. 495-497; Mackenzie Wallace, Russia, 1877, pp. 80-90.

（8） A. Jefimenko, Das Prinzip, S. 125-131; Maxime Kovalevsky, Modern Customs and ancient Laws of Russia, 1891, p. 54; R. Beermann, op. cit., pp. 179-189. 肥前榮一、前掲書、四七—五一ページ。

（9） A. Leroy-Beaulieu, op. cit., p. 490.

（10） 小島修一、前掲書、第一部第二章。

（11） 肥前榮一、前掲書、九二—一〇九ページ。

（12） W. T. Shinn, op. cit., p. 601.

（13） M. Wallace, op cit., pp. 91-92.

（14） M. Kovalevsky, op. cit., pp. 32, 33, 37. 肥前榮一、前掲書、五三—五四ページ、並びに、いわゆる「ヘレディウム」の形成過程が祖霊崇拝と結合していたことを論証した江守五夫「《家屋敷地》の形成過程——民族学的一試論——」『比較家族史研究』第四号、一九八九年、を参照。

（15） Marianne Weber, Ehefrau und Mutter in der Rechtsentwicklung, 1907, S. 68-69, 215, 355-361.

（16） Leroy-Beulieu, op. cit., pp. 493-494; W. T. Shinn, op. cit., p. 604, note 11. 小島修一、前掲書、第一部第二章。

（17） **А. Ефименко, Крестьянская женщина, стр.** 97; Neubecker, a. a. O., S. 61-62; W. G. Wagner, op. cit., p. 150.; R. Beermann, op. cit., p.

190.

(18) А. Ефименко, Крестьянская женщина, стр. 69, 74, 76.

(19) Marianne Weber, a. a. O. S. 68.

(20) А. Ефименко, Крестьянская женщина, стр. 70-73. ちなみに『朝日新聞』一九八七年八月四日付「トピックス」欄によれば、ソ連中央アジアのトルクメン共和国では現在もなお購買婚の慣習が続いている。

(21) А. Ефименко, Крестьянская женщина, стр. 68-69.

(22) Leroy-Beaulieu, op. cit., pp. 493-494.

(23) W. T. Shinn, op. cit., p. 604, n. 11.

(24) Leroy-Beaulieu, op. cit., p. 502; А. Ефименко, Крестьянская женщина, стр. 83.

(25) А. Ефименко, Крестьянская женщина, стр. 79-80.

(26) Там же, стр. 83-84.

(27) Там же, стр. 78-79, 81, 83.

(28) Там же, стр. 77.; Elsa Mahler, Die Russischen Dörflichen Hochzeitsbräuche, 1960, S. 337.

(29) Leroy-Beaulieu, op. cit., pp. 493-494; Mary Matossian, The Peasant Way of Life, in: Wayne S. Vucinich (ed.), The Peasant in Nineteenth-Century Russia, 1968, pp. 17-18.

(30) Leroy-Beaulieu, op. cit., p. 494.

(31) M. Kovalevsky, op. cit., p. 59; W. T. Shinn, op. cit., pp. 604-5. 嫁資の慣行は一九三〇年以降にまで存続していたといわれている（広岡直子「村で聞いたチャストゥーシカ——ロシア伝統文化のいま——」『月刊百科』第三四八号、一九九一年十月、平凡社、一九ページ。

(32) Leroy-Beaulieu, op. cit., p. 494.

(33) Op. cit., p. 494 n.

(34) M. Kovalevsky, op. cit., p. 59.

(35) А. Ефименко, Крестьянская женщина, стр. 84, 89.

(36) M. Wallace, op. cit., p. 93.

(37) А. Ефименко, Крестьянская женщина, стр. 90.

(38) Там же, стр. 91; A. Leroy-Beaulieu, op. cit., p. 503.
(39) Там же, стр. 91-92, 95-96.
(40) Там же, стр. 93-94.
(41) Там же, стр. 94-95, 117.
(42) Там же, стр. 96.
(43) Stepniak (Kravchinskii), The Russian Peasantry, 1888, p. 80.
(44) А. Ефименко, Крестьянская женщина, стр. 96-98.
(45) Там же, стр. 111.
(46) Там же, стр. 100; Neubecker, a. a. O. S. 50. そこには "ungeheure kasuistische Willkür" という表現がある。
(47) А. Ефименко, Крестьянская женщина, стр. 98-122; Stepniak, op. cit., pp. 79-81.; R. Beermann, op. cit., p. 182.
(48) Там же, стр. 117.
(49) R. Beermann, op. cit., p. 186.; A. Leroy-Beaulieu, The Mir, the Rural Commune-the Moujik and his present Economical Conditions, in: Theophile Gautier, Russia, 1905, vol. 2, p. 116.
(50) Lev Tikhomirov, Russia, Political and Social, 1888, vol. 1, p. 120.
(51) А. Ефименко, Крестьянская женщина, стр. 114.
(52) Там же, стр. 122-123.
(53) Там же, стр. 90.
(54) 「ヨーロッパ的結婚類型」と富農形成との内的関連については、cf. J. Hajnal, European Marrige Patterns in Perspective, in: D. V. Glass and D. E. C. Eversley (eds.), Population in History, 1965, pp. 132-133. 複合世帯における「分裂の法則」については、cf. J. Hajnal, Two kinds of pre-industrial household formation system, in: R. Wall (ed.), Family forms in historic Europe, 1983, p. 69.（速水融編『歴史人口学と家族史』藤原書店、二〇〇三年、第一一章［木下太志訳］、三九三―四ページ、第一二章［浜野潔訳］、四二〇ページ。）また P. Czap. Marriage and the Peasant Joint Family in the Era of Serfdom, in: D. L. Ransel (ed.), The Family in Imperial Russia, 1976, p. 119. ロシア・ソ連における農村過剰人口については、cf. L. N. Litoshenko and L. Hutchinson, Agrarian Policy in Soviet Russia before the Adoption of the Five Year Plan, 1927, pp. 72-87; S. Schwarz, Bevölkerungsbewegung und Arbeitslosigkeit in Russland, in: R. Hilferding (Hrsg.), Die Gesellschaft, Bd. 4, 1927, S. 145-163. 肥前榮一、前掲書、三七七―四一六ページ、を参照。

(55) W. T. Shinn, op. cit., pp. 608-609; W. G. Wagner, op. cit., p. 173.
(56) W. T. Shinn, op. cit., pp. 608-611; W. G. Wagner, op. cit., pp. 168-169.
(57) W. T. Shinn, op. cit., p. 619, n. 88. また奥田央『コルホーズの成立過程——ロシアにおける共同体の終焉——』岩波書店、一九九〇年、第Ⅰ章Ⅱ、を参照。
(58) Op. cit., p. 621.
(59) Op. cit., p. 614.

4 家族史から見たロシアとヨーロッパ——ミッテラウアーの所説に寄せて——

[1] はじめに

私は年来、ロシアとドイツの農民世帯ないしは農村社会の、社会経済史的比較を行なってきた。その結果として、プロイセン=ドイツの農村社会の構造の（西欧と、だがとりわけ）ロシア=東欧と異なるいわば中欧的性格が、またロシアの農村社会の構造の非ヨーロッパ的ないしはいわばユーラシア的な性格が、明らかとなり、またロシア農村社会に根をもつロシア革命の、「開発独裁」の成立（資本主義から社会主義への移行の画期としての社会主義革命などではなく）の画期としての性格が明らかとなった。[1]

本章では右の私見を補足するという意味で、ミヒャエル・ミッテラウアーが、アレクサンダー・カガンとの共同執筆によって、ヨーロッパ（中欧=オーストリア）と非ヨーロッパ（ロシア）との家族構造を比較した論文「ロシアおよび中欧の家族構造の比較」[2]をとり上げ、その内容を紹介したうえで、若干のコメントを試みたいと思う。

〔二〕 ミッテラウアーの墺露家族構造比較論——その要旨——

ミッテラウアー論文の出発点は、一九六五年にジョン・ヘイナルが発表した「ヨーロッパ的結婚類型の射程」という論文である。ヘイナルによれば、レニングラードとトリエステとを結ぶ線を通じてヨーロッパは西欧＝中欧と東欧とに分かたれ、前者の地域はとりわけ女性の高い初婚年齢によって特徴づけられるとされる。この説はその後ピーター・ラスレットの西欧＝中欧の家族の類型論的研究によって受け継がれるが、西欧＝中欧に比べて、東欧＝ロシアについての研究は、史料の不足もあって立ち遅れており、バルト地方に関するアンドレイス・プラカンス、ロシアのリャザニ県に関するピーター・チャップの研究が表わされているにすぎない。以下にミッテラウアー論文の骨子を紹介しよう。

一、史料について[3]　ロシア帝国の第三次「人口調査」（レヴィーズィア）それも一七六二〜三年のもの、とりわけモスクワの東北二五〇キロメートルに位置するヤロスラヴリ郷（ウエズド）の史料が利用されている。

またオーストリアについては、カトリック教会の作成した「住民記録簿」（ゼーレンベシュライブング）が用いられている。

さらにハックストハウゼンの十九世紀中葉の『ロシア旅行記』のうち、ヤロスラヴリに関する部分が広範に利用されている。

二、この研究で取り扱うロシアの人口諸グループ[4]　以下の五グループが挙げられている。

(1)「農民」。ミッテラウアーはロシアの農民(クレスチャーニェ)と中欧の農民(バウエルン)との違いを強調する。すなわち、中欧の農民が純農民であるのに対して、ロシア特にヤロスラヴリの農民は広範な営業(農村工業、商業、運送業)に従事し、むしろそれらを主要な職業としている者さえあるのである。

(2)家内僕婢(ドヴァローヴィエ・リュージ)。この地方では農民が貢租(オブロク)を支払ったのに対して、彼らは貴族の館で働く家内奉公人であった。

(3)工場農奴。ワシリー・コロソフ、グリゴーリー・グーレフの絹工場、グリゴーリー・スヴェスニコフの硫黄＝硫酸工場に就労。

(4)ヤロスラヴリ市の都市住宅の奉公人。

(5)ポサド民(ポサツキエ・リュージ)。手工業者、小商人。

三、家族の構造原理(5)　ロシアの家族にあっては、血縁関係という基準がその構成員の序列の基本をなす。すなわち、最年長の男性、その兄弟たち、先の男性の妻もしくは寡婦、この夫婦の子供たちおよび息子の妻子、最後に兄弟の妻子並びにその他の傍系親族の順で、史料に記載されている。非血縁者も人為的な血縁の絆によって世帯の中に統合されている。それは父系制的な親族関係であり、ロシアの家族は「根本的に血縁団体である」。

ところが、オーストリアではまったく異なる。そこでは「血縁関係ではなく家のなかに占める各人の地位が原則として各人の序列の基礎となっている」。農民の兄弟であっても、下男として屋敷に居住しているならば、兄弟としてではなく下男として史料に記載され、同様に姉妹でも下女として記載される。農民の両親が契約によって相続人たる息子に屋敷を譲渡した場合にはもはや父、母ではなく「隠居人」として記載される。住込み人についても同様に血縁関係の度合いではなく、家のなかの地位に従って記載される。時には「下男にして兄弟」というふうに、血縁物係が

「付記」されることもあるにすぎない。これがリールのいう「全き家」であって、そこでは血縁原理は第一義的な重要性をもってはいない。

四、家族の規模(6)　ヤロスラヴリ地方では一七六二〜三年農村地域の平均世帯規模は五・二人であり、十九世紀中葉には、ハックストハウゼンによれば六・七人であった。ロシアの他の地域や東欧より小さく、大家族が支配的であるとはいえない。

一方オーストリアでは「間借り小作人」を含む家族規模はむしろより大きかった。ザルツブルクのアプテナウ小教区で一六三二年に七・六人、一七九〇年に七・七人、農民的なベルンドルフ小教区では一六四九年に七・七人、下層農民的なドルフボイエルン小教区でも一六四八年に五・九人、一六七一年に五・八人を数えたのである。

要するに、家族規模の点でロシアとオーストリアとの間には大きな違いはない。

五、家族の複合性(7)　家族の規模がさほど大きくないにかかわらず、二組以上の夫婦をふくむ複合家族の比率がロシアでは非常に高い。それは複合的で多核的な性格を帯びている。ヤロスラヴリ地方では農村家族の約三分の一がこうした複合家族である、しかもこうした形態は農民だけでなく領主館奉公人やポサド民のもとにも普及していた。その原則は父系制原理に立つ既婚の兄弟たちの共住である。

六、年長者優位の原則(8)　父系的で多核的な家族の基本構造は中央部ロシアのみならず、東欧や東南欧の多くの地方に普及している。「ザードルガ」は古典的な事例である。

だが中・西欧ではこうした形態はまれである。そこでの「複合家族」は「直系家族」であり、そこではつねに、父親の存命中には既婚の息子は一人だけである。この「直系家族」は、ふつう隠居制度と結びついていた。

ところがロシア農村には隠居制度が存在しない。家長は死ぬまでその地位を維持する。すなわち、中欧では家長は通常第二世代に属するのに対して、ロシアではつねに第一世代に属するのである。こうしてロシアの家族には強固な「年長者優位の原則」が認められるのである。

中欧における隠居制度は、農民農場がつねに働き盛りの一人の男性によって運営されることに利害を有する領主の規制にその根をもっていたように思われる。ロシアでも農民は領主に隷属していたから、ロシアにおける「年長者優位の原則」は、おそらくロシアにおける農奴制確立に先立つ伝統に発するものであろう。

またロシアには中欧と異なり、義姉妹や嫁が主婦の役割を演じている家族が頻繁に存在した。

七、再婚の問題(9)　オーストリアでは、義姉妹や嫁が主婦の役割を演じているような家族は存在しなかった。通常、農民は結婚していなければならなかったのである。財産の相続と結婚とが不可分に結合していた。したがって、妻に先立たれた農民はすみやかに再婚しなければならなかった。彼が年を取り過ぎていた場合には、彼は農場を相続人に譲渡したのであり、相続者は相続を受けた後に結婚しなければならなかった。また同様に、夫に先立たれた農婦は、再婚するか農場を譲渡するかの選択を迫られた。それは、「再婚強制」を意味した。オーストリアでは世帯のなかに留まる寡婦の再婚はきわめて頻繁な現象であった。彼女は再婚によって財産を第二の夫に引き渡したのである。頻繁な再婚の土台は主として財産法的なものであった。また領主の利害が絡まることもあった。こうして家の所有者の系譜のなかでしばしば男系が断絶している。そしてこのことにより、父系的な親族団体としての世帯の成立が不可能となった。

ロシアでは複合家族が支配していたので、寡婦は再婚する必要がなかった。むしろ寡婦が世帯のなかに留まりながら再婚することは、父系制的なヤロスラヴリの家族では原則的に見てあり得なかった。寡婦は寡婦のまま子供と共に世帯のなかに留まったのである。

八、結婚年齢(10)　中欧では家長たる父親の隠居もしくは死去に伴う相続＝家長の地位の獲得と男性の結婚とが結合していた。いいかえれば、経済を共にする二組の夫婦の共住を中欧では一般に回避しようとしたのである。その結果、相続を受ける者の結婚年齢が相対的に高くなった。結婚に先立つ、独身の長い待機期間が生じた。

ロシアでは相続＝家長の地位の獲得と結婚とのそのような結合は存在しなかった。男性の結婚は圧倒的に、彼らがなお父親の家長権力に服している人生の時期に行なわれている。女性の結婚も主婦になることと結びついていない。原則的に、若い夫婦は花婿の両親の権力のもとに立ったのである。大きな合同家族のなかでのいくつかの夫婦の共住は、回避されなかっただけではなく、逆に追い求められた。一般に結婚はオーストリアのような家族サイクルの経過の特定の諸条件に従わず、一定の年齢になると行なわれた。早婚が一般的であった。ヤロスラヴリの史料では、男性二三歳以下、女性二一歳以下の初婚年齢が示されているが、これでもロシアとしては高い方であった。

ヘイナルのいうとおり、ヨーロッパを越えた比較のなかでは、特殊なのは東欧地域の結婚年齢の低さではなく、むしろ中＝西欧のそれの高さである。

九、世代間の距離(11)　ヤロスラヴリでは農民の多くが結婚のあと、出稼ぎにいった。彼らはしばしば妻と別々に何年も暮らした。その結果として世代間の距離が大きくなった。

さらに幼児死亡率が高かった。その結果、兄弟姉妹の年齢差がしばしば非常に大きくなった。また姉妹の結婚、領主による他の農場への配属、徴兵によって、残った兄弟の間隔はさらにまばらとなった。

一〇、家族の親族構造[12]　ロシアの家族の発展の基本パターンは、次のような理念的な展開図式によって示すことができる。第一段階。両親と未婚の子供たちとからなる単純な核家族。世帯の過大化を阻止しようとする傾向（つまり家族分裂）に関連して、この類型は決してまれではない。第二段階。両親と既婚の息子たちおよびその妻子の共住。第三段階。両親の死去とともに始まる、既婚の兄弟たちとその子供たちの世帯。――分裂が行なわれなければ、この家族はさらに横へと高次の段階を形成しうるであろう。その結果として、中欧に見られない、多様な親族上の地位が成立する。

中欧においては、これとは対照的に、寡婦の再婚に訴えて、血縁関係が途絶えても、世帯の継続性が目指されたが、ロシアでは相続人共同体の合同家族のもとで父系制原理が厳格に維持されているのである。

一一、非血縁者である共住者[13]　ロシアでは家族経済の労働力需要はもっぱら親族によって満たされていた。そして外部の者による家族労働力の永続的な補充が必要な場合には、非血縁者は、養子縁組みにより「養子」（プリマーク）として世帯の中に取り込まれた。すなわち、人為的に血縁関係が作り出されたのである。

ところが中欧では必要な労働力の補充は、奉公人および間借り小作の雇用によってなされた。彼らは世帯に対して親族的なつながりをもつことを求められなかったのである。こうしたカテゴリーはロシアの農村には存在しない（ただしバルト地方には存在した）。

領主館の奉公人（ドヴァローヴィエ・リュージ）は中欧家族の若い未婚の僕婢である奉公人（ゲジンデ）とはまったく性格を異にした。彼らは生涯にわたる奉公人であり、かつ農民と同様に世帯を形成したのである。むしろ都市の家の被用人の方が中欧の奉公人に似ている。ロシアでは、奉公人の雇用に依存することなく、基本的に共同体の土地割替えと合同家族とによって労働力需要に対する対応がなされたのである。

また中欧的な間借り小作（インヴォーナー）もロシアには存在しない。彼らは非定住的な流動的な住民層であり、農繁期の季節労働を担当しかつ普段は非農業的な分野で活動した。つまり農民は農業を、間借り小作は非農業的な営業を担当し、両者は分業関係を形成した。このような中欧的な分業はロシアには存在しなかった。ロシアでは農民自身が同時に営業者であったのである。

一二、根本的な構造原理としての父系制(14)　ロシアでは父系制的で多核的な基本構造が家族制度の中心的な像である。ところでこのパターンの成立に関連するが、規定的とはいえないいくつかの要因がある。したがって、そうした要因を規定的と見る見解は誤りであるとしなければならない。
例えば、ロシア農民の混合経済的な営業形態のもとでの労働組織が、このような家族形態を促進したと、ロビンソンは述べている。しかしこのような家族形態は農民だけではなく、貴族館奉公人、工場農奴、ポサド民の場合にも成立しているのである。

また農業制度に原因を求める意見もある。すなわち、夫婦の数に従って土地が割り当てられるので、その数の増大に対する関心が生じたのである、というものである。しかしこの家族構造は領主館奉公人やその他の非農民グループにも成立しており、この説明は彼らには当てはまらない。

また農場領主制と関連させる意見もある。確かに十九世紀前半に領主が家族分割を禁止する命令を出している例が見られるし、農奴解放後、家族分割が進んでいる。しかし同じ領主の努力はヨーロッパでは、別の構造を生み出した。ロシアの家族構造は領主制の成立に先行する伝統に根をもっている。

またロシア農民の相続慣行にその原因を見いだそうとする意見もある。すなわち家と土地とが通常は未分割のまま男性生存者のすべてにゆだねられたのである。けれどもここでもやはり、こうした家族制度が非農民諸グループのもとにも普及していたことが指摘されねばならない。

父系制原理はおそらく「祖先意識の特殊な諸形態」とくにキリスト教以前の祖先崇拝の意識に発するものではないか。いずれにせよその起源の古さが推測される。

〔三〕若干のコメント——評価と批判——

以上に、ミッテラウアー論文の骨子を要約した。見られるように、全体としてオーストリアとロシアの伝統的社会における家族の構造的な相違を多面的に析出した、注目すべき論文で、特に出発点に置かれた「家族の構造原理」の相違、すなわちロシアの家族における「血縁関係」の規定的意義とオーストリアの家族におけるそれの第二義的な位置、逆に「財産」の相続＝管理という機能の規定的意義、という対比が重要であると思われる。それは私の「フーフェとドヴォール」との対比論[15]を比較家族史の側から裏づけてくれるものである。けだし、かの相続財産は、少なくとも発生史的にはすぐれてゲマインデ株としてのフーフェという形態をとったからである。私はロシアの自然的な農民家族に対比して、中欧の農民家族を「フーフェ管理団体」と規定したい。ここで想起されるのが、高橋幸八郎の封建社会分析のためのフーフェ—ゲマインデ—グルントヘルシャフトという範疇展開の古典的意義である。[16]かつて吉岡昭彦はこれをモノ—ヒト—ヒトという展開であって、欠陥を有すると批判し、人と人との関係の物象化の有無を基準として、資本主義社会を分析する場合には「モノ」の展開が、しかし封建社会の分析には「ヒト」の展開が求められるとして、端緒範疇に「小農民経営」というカテゴリーを措定し、「封建的分解論」を展開した。[17]吉岡の鋭い問題提起は刮目すべきものであり、その理論的な展開はまさにブリリアントであるというしかない。しかしながらそれにもかかわらず、「小農民経営」は墺露比較を封建制対貢納制の比較として展開し得ないという意味で、かえってそのじつ「無概念的」であったのではないか。「封建的分解論」においてわれわれは改めて「フーフェ農民」から出発しなければならない。フーフェ―ゲマインデ―グルントヘルシャフトは封建的な物化過程を示しており、モノ―モノ―モノの展開である。見方を変えると、「規律の進化」の高度の発展段階がそこに示されている。[18] 一方ロシアではドヴォール―ミール―ツァーリズムという展開があり、そこにはヒト―ヒト―ヒトのより原生的で自然的な「血縁関係」の形成が認められる。[19]

ちなみにヘイナルの提起した「ヨーロッパ的結婚類型」は、「ヨーロッパを越える比較」つまり「ヨーロッパ」対「非ヨーロッパ」の比較を課題としており、ましてやそれを受け継いだミッテラウアーの比較家族構造論は優れて中欧＝オーストリアからの問題提起であるので、当然にも「西欧」のみならず「中欧」をも含んでいる。したがってヘイナルの“*European* marriage pattern”やミッテラウアーの“das *europäische* Heiratsverhalten”をことさらに「西欧的結婚パターン」あるいは「西欧の結婚行動」と訳すのは誤りであるといわねばならない。[20] 彼らの見解によれば、「結婚類型論」から見れば、西欧＝中欧のみが「ヨーロッパ」なのであり、東欧＝ロシアは「非ヨーロッパ」なのである。

以下ではこの論文の若干の問題点を指摘してみたい。

一、比較が静態比較を十分には脱していない。それは中欧＝「直系家族」とロシア＝「多核家族」とのいわば「スナップ写真」的な比較[21]であって、動態比較＝「ライフ・サイクル」面での比較としては熟しておらず、特にロシアの農民家族のライフ・サイクルにおける「分裂」局面（ヘイナルのいう傍系家族の「分裂の法則」[22]）に対する言及が弱いように思われる。そのために二つの方向での誤解が生じ得るし、また生じている。

（1）ロシアでは家族分裂はあり得ないかのごとき初歩的な誤解がある。家族分裂にさいするミール権力の農民世帯への介入に関するマリアンネ・ヴェーバーの正当な言及に対する高木正道の不可解な「批判」は、そうした誤解を示している。[23] ロシアでも「核家族」は立派に存在し得たことは、ミッテラウアーも本論文で明言しているところである（「一〇、家族の親族構造」の「第一段階」を見よ）。ただロシアではそれの成立が中欧におけるように「結婚」と結びついてはおらず、「多核家族」の「分裂」と結びついていたにすぎない。高木の誤解は墺露比較の根底にかかわるものである。

(2) これとはまったく逆に、ロシアでは十九世紀後半における資本主義の発展とともに家族分裂が一般化し、その過程で多核家族は解体し、単婚家族へと不可逆的に推転したという、わが国では松井憲明に代表されるような、いわば段階論がある。[24] 確かに十九世紀後半には農村における人口急増と結びついた家族分割の広範な展開が見られたことから、こうした理解には相当の根拠があるといわねばならない。[25] しかしながらロシアでは「単婚家族」そのもののなかになお「多核化」の契機が備わっていたことを過小評価する限りにおいて、この見解も誤りであるといわねばならない。

二、ヘイナルから出発しながら、本論文では比較人口史への言及がなく、土地制度の人口史的意義についての認識が示されていない。すなわち、中欧の農村社会＝農民世帯における人口抑制的で生産力拡充的な傾向と、ロシア農村社会＝農民世帯における人口促進的で生産力停滞的な傾向との対比がなされていないのである。[26]

三、同様に農業奉公人と間借り小作とがいわば並列されていて、両者の中欧における発生史的な関連が把握されていない。私が北西ドイツについて調べた限りでは、明らかに根源的なのは前者であり、後者はきわめて重要ではあっても、前者からの派生形態なのである。中欧における農民の「財産」をフーフェと具体的に規定することによってのみ、農村下層民（＝非フーフェ所有者）のこの関連は把握し得るのであろう。[27]

四、「一二、根本的な構造原理としての父系制」における諸説の批判に関連して、ロシアにおける「人口諸グループ」における「農民」の規定的意義がさらに強調されてしかるべきではなかろうか。農民に較べれば他の人口諸グループは、量的にも、発生史的な関連からいっても、二義的なものにすぎない。だが農民の家族形態が他のグループに移植された可能性をミッテラウアーはなぜか検証していない。これは「形態論」の限界ともいうべきものであろう。

五、最後に「父系制」を軸とする非ヨーロッパ社会把握の問題性が指摘されるべきであり、「父系制」と「双系制」との関連がさらに掘り下げられねばならないであろう。

以上の二〜五の問題点は、家族論の限界、いいかえればそれが共同体論へと展開されねばならぬ必要を示している。比較家族論は比較共同体論と結合することによって、より豊かな成果を展望し得るのではあるまいか。そうして同時に、共同体論もまた家族論へと掘り下げられることによって、より大きな索出能力を獲得するであろう。(28)

註

（1）拙著『ドイツ経済政策史序説』（未來社、一九七三年）序言および後篇、『ドイツとロシア』（未來社、一九八六年）序言。当時私はロシア革命を「アジア的生産様式（貢納制）から社会主義への移行」の政治的画期として表現していた。なお拙稿「北西ドイツ農村定住史の特質」東京大学『経済学論集』五七／四、一九九二年［本書Ⅰ、2に収録］、をも参照されたい。エマニュエル・トッド『新ヨーロッパ大全 Ⅰ』石崎晴巳訳（藤原書店、一九九二年）「日本語版への序文」には私に似た発想が認められる。

（2）Michael Mitterauer, Russische und mitteleuropäische Familienstrukturen im Vergleich (Verfaßt gemeinsam mit Alexander Kagan), in: Historisch-Anthropologische Familienforschung. Fragestellungen und Zugangsweisen, Böhlau Verlag, Wien/Köln, 1990, S. 147-190. この論文ははじめ Russian and Central European Family Structures: A Comparative View, in: Journal of Family History, vol. 7, No. 1, 1982, pp. 103-131 として発表されたが、服部良久・若尾祐司他訳『歴史人類学の家族研究――ヨーロッパ比較家族史の課題と方法――』（新曜社、一九九四年）のなかに、拙訳が「ロシアおよび中欧の家族構造の比較」として収録された。

（3）M. Mitterauer, a. a. O., S. 148-150.（拙訳、一五六―一五八ページ）

（4）A. a. O., S. 150-154.（同、一五八―一六三ページ）

（5）A. a. O., S. 154-155.（同、一六三―一六六ページ）

(6) A. a. O., S. 155-158.（同、一六六―一六九ページ）

(7) A. a. O., S. 158-160.（同、一六九―一七二ページ）

(8) A. a. O., S. 161-163.（同、一七二―一七四ページ）

(9) A. a. O., S. 163-167.（同、一七四―一七九ページ）

(10) A. a. O., S. 167-172.（同、一七九―一八四ページ）

(11) A. a. O., S. 172-174.（同、一八四―一八七ページ）

(12) A. a. O., S. 175-178.（同、一八七―一九〇ページ）

(13) A. a. O., S. 178-182.（同、一九〇―一九五ページ）

(14) A. a. O., S. 183-186.（同、一九五―一九八ページ）

(15) 注1の文献のほか、拙稿「フーフェとドヴォル」『未来』二四二号、一九八六年［本書、Iの5に収録］、をも参照されたい。

(16) 高橋幸八郎『市民革命の構造』（御茶の水書房、一九五〇年）七八ページ以下。

(17) 吉岡昭彦『イギリス地主制の研究』（未來社、一九六七年）一一―一二ページ。

(18) シュテファン・ブロイアー『規律の進化』諸田實・吉田隆訳（未來社、一九八六年）、六二―七〇ページ頁を参照。ブロイアーのいう「人間的社会関係から事象的社会関係へ。西洋の合理化の諸端緒」をゲマインデのレヴェルで明示しているのはヴィノグラードフである。彼によれば「(土地の新規配分に当たって) 耕地片は単なる所有者にではなく、標準的な所有単位であるハイド (＝フーフェ) に対して割り当てられたのであり、現実の所有者はハイドのなかに彼らがもっている権利の数に比例して耕地片を受け取ることとなっていた。この点はきわめて重要である。これがイギリスの村落共同体に特徴的な刻印を押している。イギリスの村落共同体は単なるメンバーたちもしくはそのつどの諸世帯の間の共同体ではなく、比例的尺度の上に組み立てられた確定的な所有諸単位の間の共同体なのである。」(Paul Vinogradov, Village communities, in: Encyclopedia Britannica, vol. 23, 1963, p. 156.)「この点はきわめて重要である」といった、事典の項目には異例の情熱的な筆致に、「ドヴォール原理」の祖国ロシアに育って、イギリスに「フーフェ原理」を発見（ミール共同体を発見したドイツ人ハックストハウゼンとはまさに逆の「発見」！）したヴィノグラードフの驚きを感得するのは私だけであろうか。ハックストハウゼンとヴィノグラードフとの関係についてはさらに本書IIの1、註18を見ていただきたい。なお前掲拙稿「北西ドイツ農村定住史の特質」註158における、ブレンターノのメーザー批判をも参照されたい。

(19) 拙著『ドイツとロシア』序言。

(20) Mitterauer/Sieder, Vom Patriarchat zur Partnerschaft. Zum Strukturwandel der Familie. 4. Aufl. 1991, S. 60-62, 64. 若尾祐司／若

尾典子訳『ヨーロッパ家族社会史——家父長制からパートナー関係へ——』(名古屋大学出版会、一九九三年)、四〇—四二、四四ページ。もちろん、このことによって、若尾夫妻の訳業のすぐれた学問的意義は損なわれるものではない。その後の誤解の事例として住谷一彦「比較家族史から見た日本と西欧の家と家族」(川田順造編『ヨーロッパの基層文化』岩波書店、一九九五年、所収)および同「五、西ヨーロッパ」(事典『家族』弘文堂、一九九六年、一四三ページ)がある。ヘイナル＝ミッテラウアーの「ヨーロッパ的」を「西欧的」と訳してはならない、もう一つの、さらに積極的な理由がある。それは、この結婚パターンが、西欧＝イギリスでは産業革命後崩壊して、均質化した社会経済構造のなかでのプロレタリア的早婚を引き起こしたのに対して、中欧＝ドイツ・オーストリアでは十九世紀に至っても根強く存続したことである (Vgl. Josef Ehmer, Heiratsverhalten und sozialökonomische Strukturen: England und Mitteleuropa im Vergleich. In: Geschichte und Vergleich. Ansätze und Ergebnisse international vergleichender Geschichtsschreibung. hrsg. von Heinz-Gerhard Haupt und Jürgen Kocka, 1996, S. 181-206.)。つまり、「ヨーロッパ的結婚パターン」はすぐれて中欧的であって、東欧＝ロシアでは未成立であり、西欧＝イギリスでは成立したがいちはやく崩れているのである。

(21)『ヨーロッパ家族社会史』一八、三六、五四ページ。

(22) 拙稿「帝政ロシアの農民世帯の一側面——女性の財産的地位をめぐって——」『広島大学経済論叢』第一五巻第三・四号、一九九二年、〔本書、Iの3に所収〕一八ページおよび注五四。

(23) 高木正道「ロシアの農民と中欧の農民——家族形態の比較——」静岡大学『法経研究』第四二巻第一号、一九九三年、一七ページ。

(24) 松井憲明「改革後ロシアの農民家族分割——その政策と論争——」椎名重明編著『土地公有の史的研究』(御茶の水書房、一九七八年)所収、同「一九二〇年代ソビエト農村社会の一特質について——農家不分割政策の問題を通して——」『北海道大学経済学研究』第二六巻第四号、一九七六年。それへの批判として、拙著『ドイツとロシア』六〇ページ注91および四〇八ページ注15を見られたい。

(25) すでにエフィメンコの研究にこうした理解が示されていた(前掲拙稿「帝政ロシアの農民世帯の一側面」一五ページ以下)。

(26) これは拙著『ドイツとロシア』の基本テーマのひとつである。

(27) 前掲拙稿「北西ドイツ農村定住史の特質」を見られたい。北西ドイツでは「間借り小作」はホイアーリングと呼ばれる。

(28) 拙著『ドイツとロシア』三二ページ注34における小谷汪之への批判および拙稿「帝政ロシアの農民世帯の一側面」一〇ページの「ネオ・ナロードニキによる第三の学説」への言及を見られたい。

5 フーフェとドヴォール——比較経済史の現代的可能性——

ウォラーステイン流の世界システム論が流行し始めて以来、在来の比較経済史は、克服されるべき「戦後史学」の負の遺産として、次第に消極的に取り扱われてきているように思われる。世界経済の資本主義的一体性を一面的に強調し、世界経済の構成要素がはらむ先資本主義的な諸契機の独自の比重を測定しようとする比較経済史を否定することは、対象認識の不当な単純化におちいることによって、現代史の発展方向を見失う、誤った態度だといわねばならない。しかしながら、ひるがえって考えれば、在来の比較経済史の側にも問題があったのではなかろうか。すなわち、旧来のパラダイムの枠組の中に安住して、現代的な諸問題を見る眼を失ってはいないであろうか。例えばかの資本主義発展の「二つの途」論は、かつて巨大な影響力をもった比較経済史の基礎理論であったが、それは、一つにはドイツ、イタリア、日本のような国々での「移行」とソ連型社会主義からの圧力のもとでの先進資本主義経済への統合とが完了したことによって、また二つには、そこではドイツとロシアという異質の国が「プロシア型」の類型に一括されることによって、先資本主義的な契機の測定装置としても不充分なものになることによってもまた、現代的意義を喪失したと思われる。けだし、「社会主義的原蓄」を内発的に経験したロシア＝ソ連をはじめ、今日の発展途上国の直面する経済史的課題は、封建制から資本主義への移行ではなくて、もっと別個の移行論的枠組のなかでしか、学問的に正当に取り扱い得ないように思われるからである。

たまたま、私は一九八六年に、未來社から『ドイツとロシア――比較社会経済史の一領域――』と題する小著を出版し、それに先立つ一〇余年にたずさわってきたドイツとロシアとの社会経済史的比較というささやかな研究に一つの区切りをつけることができた。そこで本章では、この研究の経過をふり返りつつ、自己反省の意味をこめて、比較史的方法の自己変革の課題並びに現代的可能性に言及してみたいと思う。

さて、右の小著で私が解明しようとしたことは、次の二点に要約することができる。(一)中・近世ドイツと十八・九世紀ロシアとの土地制度を比較し、それぞれに見られる農民の土地配分原理を「フーフェ原理」並びに「世帯《ドヴォール》原理」として対置すること、(二)世帯原理から出発しつつ、ロシア革命に対して比較人口史的に接近すること、これである。

(一)について。これは、私の旧著『ドイツ経済政策史序説――プロイセン的進化の史的構造――』(未來社、一九七三年)の「後篇」の論点にかかわる。そこでは私は、資本主義的近代化前のドイツの封建的社会構造との対比において、マルクスのアジア的生産様式論によりつつ、ロシアの伝統社会の構造的特質を貢納制的と規定する仮説を提示しておいた。

だがこの仮説は、ロシアの伝統社会を封建的と規定するわが国在来の比較経済史学やソ連史学の通念に反するがゆえに、容易に専門家の賛同を得ることができなかった。私の右の仮説そのものにも弱点があった。というのも、ドイツの村落ゲマインデに対応するロシアのミール共同体においては、私が旧著で「アジア的」と規定しうる決め手として強調した定期的土地割替え制が、いわゆる連続性論者の想定とは異なって、太古的なものではなく、逆に近世的起源のものにすぎず、またとりわけ、マルクスがアジア的共同体の基本的属性として強調した血縁共同体なるものが、ロシアの農村社会の裡に検出し難かったからである。(また私の仮説では、日本経済史の位置づけもあいまいであった。)そこで例えば雀部幸隆は正統的立場からロシアの農奴を、ドイツと同様のフーフェ側に立脚する封建的自営農民と規定した（同著『レーニンのロシア革命像』未來社、一九八〇年、第二章）。

ミール共同体の本質を規定する、定期的土地割替え制に代わる、時代貫通的でより根源的な別個の理念型が探し求められねばならなかった。私は重苦しい気持を抱きつつ、今ではかえり見られることの少なくなった独露比較の古典ともいうべきハックストハウゼンの『ロシア社会の研究』にとりかかった。ハックストハウゼンは、ドイツのゲマインデが閉鎖的なコルポラツィオンであるのに対し、ロシアのミール共同体が開放的で流動的なアソツィアツィオンであり、ロシアでは土地割替え慣行によって全員が土地配分にあずかりうるがゆえに、ロシアにはドイツや西欧を脅かしているプロレタリアートが発生しえないと論じていた。これはきわめて示唆的な見解であったが、かの血縁原理とのかかわりは依然として明確でなかった。共同体レヴェルではなくて、その基礎単位である家族レヴェルに問題解決のカギが潜んでいるらしいと考えられた。十九世紀中葉のロシアの農民家族がいわゆる傍系的な拡大家族と単婚小家族とを支配的形態としていることは知られていた。けれども、それが、かのアジア的共同体における血縁原理の優位なるものとどのようにかかわっているのかは、依然として不明瞭であった。

狭義の社会経済史から逸脱して、家族史の分野にわけいることが必要であった。江守五夫の擬制的血縁関係についての所説は、ロシアの農業養子《プリマーク》の意義を示唆していた。中根千枝の家族論は「継承線を基盤とする家族」と「兄弟の連帯を基礎とする家族」という重要な二分法を提示していた。さらに仁井田陞の古典的労作は、中世ヨーロッパの一子相続制（Anerbenrecht）との対比において、中国農村家族における徹底した均分相続慣行について詳述していた。――ロシア農民における傍系大家族の検出といった単なる家族形態論にとどまらず、さらにすすんで、相続制度にかかわらしめつつ、家族制度と土地制度との動的な相互関連（規定・被規定関係）を問うことが必要であると思われた。

結局のところ、突破口は、解決ずみであると思っていた中・近世ドイツのフーフェ制度をこうした観点から再吟味することによって、開けてきた。藤田幸一郎や若尾祐司ら若い世代の農村下層労働者＝奉公人史研究は、そうした農村下層民が古い起源のものであり、おそらくは中・近世にさかのぼるものであることを示唆していた。彼等の研究の背景には多くの批判をあびた椽川一朗の中・近世ドイツ奴隷制説があった。フーフェ制↓農民家族の分裂という因果連関が浮かび上がってきた。すなわち、これらの「奴隷」的な奉公人たちは、フーフェ制度と一子相続制とに規定された、「継承線を基盤とする」農民家族の、相続権者たる長男と奉公人化する次三男とへの、内部分裂に由来しているのである。ドイツの農村社会は農民のみからなる均質な社会なのではなく、富農つまりフーフェ所有農民を中核としつつ、さまざまな下層農や奉公人等を包摂した本来的にヒエラルヒッシュな社会であった。ユストゥス・メーザーが「農民株式」と呼んだフーフェを所有することが、ドイツ農村共同体の正規のメンバーたりうるための根本条件であり、地縁的共同体つまりメーザーの後継者ハックストハウゼンの言う閉鎖的コルポラツィオンはこうしたフーフェ原理に立脚していたのである（フーフェの集合体としての村落共同体）。

それではドイツのコルポラツィオンにおけるフーフェ原理に対応するロシアのアソツィアツィオンの基本原理は何であろうか。ロシアではドイツ的な農民家族の分裂はなかった。逆に、「兄弟の連帯を基盤とする」農民世帯《ドヴォール》（そこには他人労働もまた農業養子として血縁者に擬制されてとりこまれている）を基準として、用益地が「村落氏族《ジッペ》」たるミール共同体から世帯構成員たるすべての兄弟に対して均等に配分されているの（もしくは配分されるべきなの）である。これはドイツにおけるフーフェ原理に対応する、土地配分の世帯原理と呼ぶべきものであった。この原理は土地配分と利用とにおける世帯という人的要素の優位の原理であり、かかる意味において土地配分における血縁原理の支配を示すものである。この原理を支えているのは、土地共有の主体たる人間集団（「村落の成人男性の総体」、「家長たちの総体」（プライアー））、としてのミールであり、そこには養子慣行における「勤労の原理」に媒介された、擬制的血縁集団たるアルテリと同一の流動性・開放性が支配している（コルポラツィオンの閉鎖性と対照的なアソツィアツィオンの開放性！）。そうして、かの定期的土地割替え制は、人口増加による相対的土地不足という条件のもとでこの世帯原理が貫徹する形態である。――ちなみに、かのチャヤーノフの「農民経済」論はこの世帯原理もしくは「家族原理」(マカーロフ。小島修一による)の理論化に他ならない。けだし、チャヤーノフにあっては、周知のとおり家族規模を独立変数とし経営土地面積を函数として農民経済の変動モデルが構成され、『「弾力性」』に富んだ農業制度」が実現されているからである。それはまさしくロシア＝アジア的な「非資本主義的」農民経済の理論である。一方、フーフェ原理に立脚するドイツ農民経済は、奉公人雇用を本質的契機とするがゆえに、「資本主義的」な属性をすでに潜在させているのである。

このように、土地配分におけるフーフェ原理(土地→家族)とドヴォール原理(家族→土地)との対立的意義は、それぞれを、孤立的にではなく、相互比較のなかで相手の鏡に映すことによって、はじめて正確に把握しうるように思われる。そうして、それが比較史的方法の固有の強味なのである。

(二)について。フーフェ原理とドヴォール原理との対比という比較史的作業の延長線上に、体制間移行についての新たな仮説を提示することが課題となった。旧著では、私は、アジア的生産様式から社会主義への直接的移行が、現代における体制間移行の基本線をなすと言及しておいた。このテーゼを具体化せねばならなかった。

十九世紀末ドイツのユンカー経営の危機における人手不足現象は、マックス・ヴェーバーの有名な調査以来、ドイツ経済史研究者には以前から周知であった。一方、ロシア革命前のロシア農民における土地不足現象も同様に周知であった。このパラドキシカルな両現象を右の対立的な土地配分原理と関連させつつ、比較史的に考察するという着想が浮かんだ。ここで、比較人口史的な問題領域が意識された。斎藤修のプロト工業化研究のなかで紹介されたヘイナルの人口の「相続モデル」は、農業奉公人の意義にからめて、西欧中・近世における人口抑制のメカニズムを解明していた(「ヨーロッパ的結婚パターン」)。一方、ロシアについては、農民の土地不足は割替え共同体が生み出す農村過剰人口の帰結であると、きわめて多くの古い文献が、研究者の無視をいきどおるかのように、示唆していた。土地配分における世帯原理が人口増加と土地不足との悪循環を生むメカニズムが明らかになった。これに対してレーニンは新しい解釈を打ち出し、ポストニコフを批判しつつ農民層分解論を提起し、またストルーヴェの「現物経済的な過剰人口」論を「マルサス主義」として批判しつつロシア農村過剰人口の資本主義的・農奴制的性格を強調した。けれども農村過剰人口はロシア革命によって資本主義と農奴制とが一掃された後の一九二〇年代に、むしろ加速的に進行していることが分かった。しかも、ドイツでは十八世紀末いらいの「相続モデル」の解体とともに急増した農村下層民が、ドイツ村落のコルポラティフな封鎖性のゆえに、十九世紀中葉以降、都市へすみやかに流出したのに対し、ロシアのミール共同体は、定期的土地割替えによる農業の低生産性を生み出しつつ、そのアソツィアツィオンたる性格のゆえに、海綿が水を一杯にふくんだように、農村過剰人口をいつまでもかかえこんだままであることが分かった。フーフェ原理に立脚するコルポラツィオンと世帯原理に立脚するアソツィアツィオンとの過剰人口にかかわる機能上の相違が鮮明となった。レーニンの批判にもかかわらず、ロシアの農村過剰人口を土地配分における世帯原理ないし定期的土地割替えから説明することが必要かつ可能であった。後年、チャヤーノフは、「資本主義的分化という動態的過程は、ソ連では、十九世紀末に期待されたほどの速度では少しも進展していない」と述べて、かの「家族の生物学的成長に依存する人口学的分化」を提唱した。

結局ロシアでは、フーフェ原理の存在を前提としてのみ可能なはずのストルィピンの富農育成的なプロシア型原蓄政策が世帯原理を押し出す共同体農民の反対運動の前にいわば挫折するべくして挫折し、続くレーニン主導のロシア革命＝地主制一掃によっては、農村過剰人口＝農民の土地不足は解決されず、問題解決はスターリンの貧農主導の全面的集団化＝ドヴォール原理の暴力的破壊によるロシア型の社会主義的原蓄の強行にまで持ち越されたのであった(アメリカ型展望の本来的な欠如)。——十九世紀末いらいのロシア経済史に底流しているのは「プロシア型」と「アメリカ型」との対立ではなく、「プロシア型」と「ロシア型」との対立と後者の圧勝の過程である。

ところで、ロシア＝ソ連史の底流にある農村過剰人口問題を考察する過程で、今日の第三世界における人口急増による生態学的危機の問題が私の念頭に浮かんできた。例えば東南アジア農村の低所得者層にかんする研究者は、日本には存在しない「農業労働者世帯」が現代の東南アジア諸国に広汎に存在しているという重要な事実に着目して、日本と東南アジア諸国との相違を次の三点に要約している。①日本では農民層分解が不徹底であったのに対し、東南アジア諸国は植民地として世界経済システムのもとに貨幣経済にまきこまれて「一種の早発的『原始的蓄積』」を経験した結果、農村過剰人口が発生したこと。②日本の長子相続制に対する東南アジア諸国の均分相続制。③日本近世封建村落の閉鎖的性格に対する東南アジア村落の開放的性格（滝川勉編『東南アジア農村の低所得階層』アジア経済研究所、一九八二年、一四―一九ページ）。

このうち②と③とは拙著の独露比較の観点を裏づけてくれるきわめて示唆的な見解であるが、①については、旧ロシアのような植民地ならぬ帝国主義国にも同様の農村過剰人口が発生しているがゆえに、疑問である。土地配分の世帯原理に由来する農村過剰人口は、たとえ「賃労働」化的現象をともなっていようとも、原蓄前的な事態として、チャヤーノフの「人口学的分化」論の延長線上に把握さるべきではなかろうか。先述のとおり、ドイツでは、中・近世の人口抑制メカニズムが十八世紀末いらいの「プロト工業化」のなかで破壊され、農村に急増した窮民化《パウペリスムス》現象が、十九世紀中葉以降の農村下層民の急激な都市流出＝工業労働者化によって克服される過程が、プロシア型原蓄の完了過程であった。ソ連ではこれに反して、スターリンが農村過剰人口問題に直面して、貧農に依拠しつつ、暴力的に富農を追い立てて労働者化したのが社会主義的原蓄過程であった。いずれにしても農村過剰人口問題の解決過程が原蓄完了過程だったのであり、土地配分の世帯主義と世界経済との二重の圧力下に農村過剰人口をかかえた第三世界の多くの部分は、たとえ伝統社会の変容をこうむったとはいえ、ごく最近に至るまでなお原蓄完了前の段階にあったと見るべきではなかろうか。

さて、以上の貧しい研究過程をふり返って、私は、ヨーロッパ中・近世の封建的経済システムと近・現代のロシアないし発展途上国のそれとの経済史的比較が、後者における変革の課題の重層性を認識するうえでみのり多いものでありうるとの感想を抱いている。別言するならば、比較経済史は現代認識を深めるために、従来の「二つの途」論よりももっと遠い過去への理論的関心を深めなければならないというパラドックスに直面していると言えるのかもしれない。私が本書冒頭に掲げたミシェル・フーコーのエピグラムに共感するゆえんである。

6 封建的伝統の負の遺産――「新プロイセン新聞（十字新聞）」について――

東大経済学部図書館は、昭和六一年度特別図書として、「新プロイセン新聞（十字新聞）」の完全なマイクロ・フィルム版（一八四八―一九三九年）を購入したので、以下にその輪郭について紹介する。

ドイツ保守党（Deutschkonservative Partei）は一八七六年に、さまざまな保守主義グループを統合して成立し、東エルベの大土地所有者をはじめ軍人、プロテスタント牧師や官僚などの主張を代弁しつつ、ビスマルクの与党として重きをなした。そうしてビスマルクの「ボナパルティズム的独裁統治」（H-U・ヴェーラー）は、ドイツ社会のさまざまな分野における保守主義的発展を促進し、その「重い負荷」は二十世紀前半のナチス独裁を呼び起こすはるかな歴史的前提を形づくったのであった。

ところで、このドイツ保守党内部にあって最右翼を形成したのが、プロイセンの保守主義者たちからなるいわゆる「十字新聞派」（Kreuzzeitungspartei）であった。この名称は、この派の機関紙というべき「新プロイセン新聞」（Neue Preußische Zeitung, Berlin, 1848-1939）が別称で「十字新聞」（Kreuzzeitung）とも呼ばれたことに由来している。

この「十字新聞派」の形成は一八四八年にさかのぼる。それは十九世紀はじめのアダム・ミュラーやカール・ルートヴィヒ・フォン・ハラーの保守主義思想を受けつぎ、一八四八年の三月革命の危機に対応して形成されたのである。

この派の自己主張の場である「新プロイセン新聞」は、レオポルト・フォン・ゲルラッハ、エルンスト・ルートヴィヒ・フォン・ゲルラッハ、ヘルマン・ヴァーゲナーらによって、「ピエティスト的・封建主義的理想を代弁するための一大日刊新聞」(E・ヨルダン)として、一八四八年七月一日に創刊され、ヴァーゲナーが編集主幹をつとめた。はじめルートヴィヒ・フォン・ゲルラッハは紙名として「鉄十字」(Das eiserne Kreuz)を提案したが、派手すぎるとしてしりぞけられ、「新プロイセン新聞」が採用された。しかしその代りにヴィネットとして鉄十字が用いられた。「十字新聞」という別称はこうした事情に由来しているのである。

当初の発行部数は三〇〇〇であったが、一八五二年には五〇〇〇、一八六三年には八五〇〇に成長し、この期の他の保守系新聞、Preußisches Volksblatt (3000-5000), Der kleino Reaktionär (2000), Volksblatt für Stadt und Land (1600) とくらべて最大規模を誇るに至った。しかし進歩党の民主派系の機関誌 Volkszeitung (36000) や大ブルジョアジーの Vossische Zeitung (16000-20000) には及ばなかった。

ゲルラッハやヴァーゲナーのほか、寄稿者として有力であったのは、フリードリヒ・ユリウス・シュタール並びに若き日のオットー・フォン・ビスマルクであった。特にビスマルクは一八四八年から五一年までの間に五〇〇以上もの論文・記事を無償で寄稿したといわれている。

同紙の基本的主張として、①コルポラツィオン制度並びに貴族的身分制度に立脚する立憲制、②古プロイセン的伝統の維持、③ツァーリ・ロシアとの共同行動、④農民層の結集がうたわれ、自由主義的経済政策を遂行しようとする蔵相ダーヴィト・ハンゼマンをはじめとする自由主義者に対する執拗な保守主義的攻撃がくり返された。

一八八〇年代に入って、帝国宰相ビスマルクが多数派形成のために保守党・自由保守党・国民自由党を結合するいわゆる「カルテル政策」を展開すると、「十字新聞派」は、教会の政治的影響力を維持強化するためにドイツ保守党をむしろ中央党と結びつけようとして、右側からビスマルクに反対して党内でたたかうに至った。このたたかいを主導したのは一八八一年から九五年まで「新プロイセン新聞」の編集主幹であったヴィルヘルム・フォン・ハマーシュタイン並びにキリスト教社会党から保守党に接近した牧師アドルフ・シュテッカーであった。ビスマルクの退陣後の一八九二年には保守党の「ティヴォリ綱領」が採択されるが、そこには「十字新聞派」の反セム主義が導入されていた。「新プロイセン新聞」は一八九九年以後、騎士領所有者オットー・フォン・ロールの所有する有限会社に属し、さらに一九一八年のドイツ革命により保守党が消滅したのち、一九二五年には新たに設立された株式会社に引き取られる。この時期にも同紙はひきつづき保守主義者の機関紙として機能し、プロイセン貴族や重工業者に密着していたが、全国紙的性格を明確にするために、新たに役員会に二名のバイエルン人を就任させた。そのうちのひとりがかのオズヴァルト・シュペングラーである。

同紙は一九三九年にナチスの圧力によって廃刊されるが、その一〇〇年に近い歴史のなかでは、すでに名前をあげた寄稿者のほか、ハインリヒ・レオ、ゲオルク・ルートヴィヒ・ヘゼキール、テオドール・フォンターネ、クーノー・フォン・ヴェスタルプ、オットー・ヘッチュ、オットー・シュペングラーなどが寄稿している。

プロイセン保守主義の思想と運動の軌跡をたどり、ドイツ社会のコルポラティーフな特質を把握するための重要な基礎資料であるといえよう。

7　ラーン河の流れと野うさぎ料理——史料との出会い——

一九八四年四月から九月まで、文部省在外研究員として旧西ドイツのマールブルクに滞在する機会を与えられた。一九七九—八一年いらい二度めのドイツである。

マールブルクはヘッセン州の人口一〇万に満たぬ、童話的に美しい、いかにもドイツ的な小都会で、テュービンゲンやゲッティンゲンと並ぶ大学都市である。私は研究室から見えるラーン河の豊かな眺望をたのしみながら準備をすすめ、六月に歴史学部のハンス・レムベルク教授の主宰する東欧史ゼミナールのコロキウムにおいて「日本におけるロシア史研究の歴史」について報告した。一般市民の出席もあり、公開的な雰囲気である。準備したペーパーを読むのは簡単であるが、それに続く質疑応答は、私のドイツ語聞き取り能力の至らなさのゆえに、骨の折れるものであった。後で、たまたま同席された大阪市大の石部雅亮教授からは、良く答えていたとなぐさめていただいたが、内心忸怩たるものがあった。学生時代いらい三〇年間も勉強を続けてきたはずのドイツ語のこの能力の程に悲哀を覚えつつ、レムベルクさんたちとワインのグラスを合わせた。——

八月に入って、アウグスト・フォン・ハックストハウゼンの資料を求めて、ハックストハウゼン家の一群の農場のある東部ヴェストファーレンを訪ねた。パーダーボルンの東南のブラーケルから入った奥地に、当主エルマール・フォン・ハックストハウゼン氏の住むアベンブルク農場があり、その近くのフェルデン農場に、現在は無人となっているハックストハウゼン家の古文書館《アルヒーフ》がある。やや山地がちのマールブルク近郊と異なり、このあたりのゆるやかに起伏する平原は、あくまで広びろと豊かで、まどろんでいるように静かである。グリム兄弟や女流詩人アネッテ・フォン・ドロステ＝ヒュルスホフがしばしば訪れたベーケンドルフ農場、またアウグスト・フォン・ハックストハウゼンが晩年を送ったティーンハウゼン農場もこの近くにある。ヴェストファーレン古文書館協力局（アルヒーフ・アムト）のヴォルフガンク・ボックホルスト氏が、私の世話人《ベトロイアー》として、はるばるミュンスターから来て下さった。

ハックストハウゼン家では野うさぎ料理と上等のワインとの昼食で歓待され、ただちにボックホルスト氏の自動車でフェルデンのアルヒーフに案内された。このアルヒーフは、チューリッヒのカルステン・ゲールケ教授も指摘しているとおり、ある事情で戦後ながらく研究者が利用できず、最近ようやくその事情が改善されて、私は、おそらくバムベルクのギュンター・ティッゲスボイムカー氏に続く二番目の研究者として、ここに立ち入ることができたのである。ボックホルスト氏はアウグスト個人の資料について説明してくれたあとアベンブルクに戻ってしまい、私は無人の古文書館にひとり残された。私はあわただしく作業をした。そうして棚のホコリだらけの包みのなかから、ハックストハウゼンの農政史にかんするまぼろしの処女作ともいうべき『ベーケンドルフとベーカーホーフ』（一八二八）のきれいな手書き草稿を発見した。またハックストハウゼンが後年ロシア旅行のさいに作成したメモ片も相当多数見つかった。資料収集者にとっての充実したひとときが私に流れた。――ボックホルスト氏の自動車の音に気がついたら、たそがれ時であった。私たちは暮れなずむ林を抜けてアベンブルクに戻った。――

私の見つけた資料はボックホルスト氏がハックストハウゼン氏の許しを得てミュンスターに持ち帰り、コピーして、一部分をマールブルクに、その他の部分を東大あてに、郵送して下さった。ヴェストファーレン古文書館協力局という、地味だが真に文化的な地方小官庁の活動について、ここで記述する余裕のないのが残念である。――

ドイツはこのたびも私に喜ばしい贈り物を与えてくれた。

Ⅱ

ハックストハウゼン、マルクス、ヴェーバー

——独露比較の視点から——

1　農政史家としてのアウグスト・フォン・ハックストハウゼン

一

アウグスト・フォン・ハックストハウゼン生誕二〇〇周年を記念した展覧会の開会式にさいして、ささやかな講演を行う機会を与えられましたことは、私にとり大きな喜びであり、また光栄でもあります。

アウグスト・フォン・ハックストハウゼンは、一七九二年二月三日にヴェストファーレンのベーケンドルフ（Bökendorf）に生まれ、一八六六年一二月三一日にハノーヴァーで亡くなりました。(1)

彼は多面的な興味の持ち主でした。兄のヴェルナー・フォン・ハックストハウゼンと同様、グリム兄弟の年若い友人として、その民話（Märchen）収集に協力するとともに、とりわけヴェストファーレン地方の民謡（Volkslieder）収集に力を注ぎました。その成果は、聖俗二冊のヴェストファーレン民謡集として残されています。(2)そこに納められた珠玉の民謡のなかには、例えばパーダーボルンの「王子と王女」（Et wasen twei Kunnigeskinner）やアイヒスフェルトの「マリアは茨の森を行く」（Maria durch'nen Dornenwald ging）のように今日なお全ドイツで広く愛唱されている有名なものが含まれています。また彼はロマン主義的な雑誌『占い棒』（Wünschelruthe）を編集し、自らこの雑誌に小説「あるアルジェリア奴隷の物語」（Geschichte eines Algierer-Sklaven）を発表しました。彼の姪でもあり、十九世紀ドイツ屈指の詩人であったアネッテ・フォン・ドロステ＝ヒュルスホフが、若い日にこの小説から霊感を得て、後にその代表的な小説である『ユダヤ人のブナの木』をものしたことは、知られています。(3) また彼は歴史家パウル・ヴィーガントと協力して、「ヴェストファーレン歴史学＝考古学協会設立計画（一八二〇年六月）」(Plan der Gesellschaft für Geschichte und Altertumskunde Westfalens, Juni 1820) を作成ました。後に設立されたこの協会は、今日なお『ヴェストファーレン雑誌』(Westfälische Zeitschrift. Zeitschrift für Vaterländische Geschichte und Altertumskunde) を刊行して、健在です。ずっと後年になって、彼はまた「ギリシャ‐ロシア教会」と「ローマ‐カトリック教会」との再統合のために、多大の努力を払っています。彼がいわゆる「万能人」(esprit universel) のタイプの人間であったことがお分かりいただけるでしょう。(4)

けれども、このような彼の多面的な活動の中心に位置していたのは、農政史家ないし農政論者としての彼の業績であると、私は考えます。(5) ほかでもなく農政史家ないし農政論者として、彼は世界的な存在となったのです。初期のプロイセン農政史研究と後期のロシア農村社会論とを通じて、われわれはドイツとロシアとの、さらにはヨーロッパと非ヨーロッパとの雄大な比較の世界へと導かれます。かかる者として、彼は極東の一研究者である私にまで影響を及ぼしたのであり、その結果として、こうして今夕、私が皆さんに「農政史家としてのハックストハウゼン」についてお話をすることとなったのです。

ハックストハウゼンはゲッティンゲン大学で法学を学んだのち、一八一九年から一八二五年まで、家産である領地の経営を引き受けることとなります。そして、この活動を通じて、次第にその郷土であるパーダーボルン地方の農民の法的‐経済的諸事情に精通するようになります。一八二九年に彼は最初の著書である『パーダーボルン‐コルヴァイ侯国の農業制度について』(Ueber die Agrarverfassung in den Fürstenthümern Paderborn und Corvey und deren Conflicte in der gegenwärtigen Zeit nebst Vorschlägen, die den Grund und Boden belastenden Rechte und Verbindlichkeiten daselbst aufzulösen, Berlin) を刊行しました。(6) この作品は、彼の郷土の土地制度の歴史と現状とに関する詳細な叙述です。そのなかでハックストハウゼンは、「フーフェ［フーベ］制度は太古的である」という観点を打ち出し、フランス革命の結果として彼の郷里の農業‐土地事情をも解体させ始めた、かの近代的な諸傾向に対立いたします。彼は農民身分の解放は世界史の流れに沿うものであるが、フランスのような革命方式には反対するといいます。とりわけ回避すべきは土地の商品化であり、それはフランスですでに始まっているように、単にユダヤ人と富裕化した投機屋とを土地所有者へと高め、農民を全体として惨めな日雇い人に陥らせるだけに終わるといいます。「土地の本性は持続と安定とにあり、交替と転変という貨幣の本性と永遠の対極に立つものである。そしてこの両極の固持と相互規定と力の均衡とのなかにまさしく世界の平穏が存在する。だが農民身分が他の諸身分に比肩する教養を身につける時には、あらゆる従属関係は熟れた果実のようにおのずから適時に崩れるであろう。――従属関係は解消されなければならないが、土地とその直接的耕作者との確固たる自然必然の絆は決してなくなってはならないのだ。」「農業は各国の土台である。いなその本来の端緒である。それは営業――浮き沈みし、時と場合によってはなしで済ませられる――では決してない。」そして彼の農政上の諸提案は、フーフェ制度（＝国家株式 Staatsactie としての農民地）を基礎とする古ヴェストファーレンの諸制度の存続を企図したものでありました。(7) のちにリストはハックストハウゼンにおける「すべての歴史的なものに対するやや過度の偏愛」を指摘しましたが、(8) 本書は保守主義陣営から高い評価を得ます。兄ヴェルナー並びに友人にパウル・ヴィーガントは彼を「ユストゥス・メーザーの再来」と見ました。(9)

すでに一七七四年にドイツ歴史主義の始祖メーザーは小論説集『郷土愛の夢』に収められた論説「農民農場を株式として考察する」のなかで、啓蒙主義の人間一般に妥当する普遍的な社会的権利義務の思想（＝人権思想）を退け、「理想社会［＝市民社会］を一定の株式制度の上に打ち立て、その制度を詳細に規定することから構成員すべての権利義務を」導き出しました。それによれば「土地という株式」（＝マンズス、フーフェ、ヴェーアグート）をもつ者のみが市民権を獲得し、それをもたない者は下僕となります。「土地所有者は結合して会社を形成する。」この思想はさらに一七八〇年の『オスナブリュック史』第二部序言で繰り返されています。「一国の歴史は人類の歴史ではなく、商事会社の歴史であらねばならないというのが、私の変わることなく確信する真理である。」第一に、一国の歴史は土地所有者の結合体としての会社の発生史であり、この結合体は、あたかも数学者が曲線を測定するために理念的な直線を仮定するように、ひとつの理念的な線 (eine ideale Linie) として構想されている。第二にそれは「実用的な歴史」として構想されており、市民すなわち株主としての農民はまた「歴史を利用するべきであり、政治制度が彼に対して正義をなしているか不正義をなしているか、またそれはどこにおいてであるかを、歴史を通じて見抜くことができねばならない。」(10)

若きハックストハウゼンはこのようなメーザーの農民観から大きな影響を受けたと思われます。農民地株式論をのみならず、農民身分に対して「他の身分に比肩する教養」を要求するハックストハウゼンは、啓蒙主義の要素をもメーザーと共有するといって良いでしょう。ところで、その成果である前掲書の保守主義内部における評価は以下の通りです。まず、カール・アルバート・フォン・カムプツは書評を書いて、本書をオストファーレン、ヴェストファーレン、エンゲルンの農民の法事情の相異を解明した「制度史の模範」として高く評価しました。(11) シュタイン (Heinrich Friedrich Karl Freiherr vom Stein) やフィンケ (Friedrich Ludwig Freiherr von Vincke) も本書を高く評価しました。他方ヤーコプ・グリムやヨーゼフ・フォン・ラスベルクは彼の著書の政治的動機に批判的であったといわれています。(12) プロイセン皇太子 (のちの国王フリードリッヒ・ヴィルヘルム四世) もまた本書から深い印象を受けました。その計らいにより、ハックストハウゼンは、プロイセンの国家勤務に就くこととなり、プロイセン王国の各地の農民の法的 - 経済的諸事情を調査するようにという委嘱を受けます。(13)

『パーダーボルン――コルヴァイ侯国の農業制度について』は長らく彼の「学問上の処女作」であると考えられてきました。(14) しかし本当のことを申しますと、彼はすでに一年前の一八二八年に「ベーケンドルフとベーカーホーフ」という題の、別の作品を書いていたのです。ベーカーホーフというのは彼の生まれたハックストハウゼン家の館であり、ベーケンドルフというのはその館を取り囲む村落です。すなわち本論文は『パーダーボルン＝コルヴァイ』よりもはるかに狭い空間を取り扱った、文字通り、彼の郷土の農業制度史でありました。本論文のなかで彼は「マイアー地制度」(Die meyerstättische Verfaßung) を分析し、ベーケンドルフにおける畜耕役を負担するマイアー、半マイアー、手耕役を負担するケッター、ブリンクジッツァーという四階級を析出しています。共同体制度のなかでは「マイアー衆」(Meyerleute) を構成するこの四階級はそれぞれ通婚圏を異にする独自の身分を形作っていました。ハックストハウゼン家はパーダーボルン司教領を支える四大支柱＝四大マイアーの一つであり、一四六五年には二九フーベを所有していたといわれます。本論文は後年ハックストハウゼン自身が書きとめた「備忘録《メモワーレン》」のなかで言及し、またヴェストファーレン知事フォン・フィンケが本論文について高く評価した読後感をハックストハウゼンに書き送った一八二八年一〇月二九日付の手紙が残されているにもかかわらず、所在不明の未発表の草稿にとどまっていました。ようやく一九八四年に至って、その草稿はハックストハウゼン家のフェルデン（現在はアベンブルク）文書館において演者により発見され、ハックストハウゼン自身がそれの創設者であったヴェストファーレン歴史家協会の『ヴェストファーレン雑誌』に発表されました。後年彼がロシア人の「種族愛」(Stammesfeühl) との対比でドイツ人の特徴とした「郷土愛」(Heymathsgefühl) の表現として、本論文を彼の処女作とすることが許されるでしょう。[15]

　ハックストハウゼンはその後、政府の委嘱を受けて、枢密顧問官 (Geheimer Regierungsrat) に任命され、一八二九年から一八三八年に至る時期に、プロイセン王国の諸州を調査旅行し、各地の土地制度を調査いたします。そしてその結果として一八三九年に『東西プロイセン両州の土地制度』(Die ländliche Verfassung in den Provinzen Ost-und West-Preußen, Königsberg) を著します。本書は今日なおプロイセン東部における農民の歴史と現状とについて最良の叙述の一つとして評価され得るものです。ハックストハウゼンは当地の農村共同体が、西エルベのそれに較べて、（おそらくそのスラヴ的起源に由来する）あるルースで、平等主義的な性格を帯びていることに注目しています。

二

ハックストハウゼンのプロイセン農村事情の調査を評価したロシア政府が、ロシア帝国の農村事情の調査を依頼したことにより、彼の活動は新しい局面を迎えます。すなわち、一八四三〜一八四四年にハックストハウゼンは、ロシア帝国の各地を旅行して、その土地制度を調査します。彼に同行したのは、博士ヴィルヘルム・コーゼガルテン（研究仲間）、フォン・アーダーカス（ロシア政府から派遣された同行者、通訳兼監視者）、フォン・シュヴァルツ（医師）、侯爵パウル・フォン・リーヴェン（スケッチ担当の若い画家）でありました。

一八四三年五月一二日に、彼らは二台の旅行用馬車（タランタス）に分乗してモスクワを出発し、ヤロスラヴリ、ヴォロクダ、ヴェリーキー＝ウスチュク、ニジニ＝ノヴゴロト、カザン、シムビルスク、サマラ、サラトフ、ペンザ、タムボフ、リペーツク、ヴォロネジ、ハリコフ、フェオドーシア、ケルチ、（トランスコーカサス地方、）ケルチ、シムフェローポリ、オデッサ、キエフ、オリョールを通過して、一〇月二九日にようやく再びモスクワに帰ります。そして一八四四年四月までモスクワおよびサンクト・ペテルブルクに滞在します。この越冬期間にハックストハウゼンはスラヴ派の思想家たち、大学教授たち、政府の高官たちと交際しました。そして後述するような土地の定期的割替え慣行をもつミール＝オプシチーナの「発見」について彼らに伝えたのです。そして帰国の後に、この研究旅行の成果として、ハックストハウゼンは、その主著『ロシア国内事情、民衆生活およびとりわけ土地制度に関する研究』全三巻(Studien über die innern Zustände, das Volksleben und insbesondere die ländlichen Einrichtungen Russlands, Erster Theil und Zweiter

Theil, Hannover 1847, Dritter Theil, Berlin 1852. 以下『ロシア社会研究』と略記）並びにトランスコーカサス地方の調査旅行の記録である『トランスカウカジア。黒海とカスピ海とにはさまれた地帯に生活する若干の諸部族の家族‐共同体生活と社会事情のスケッチ。旅行の記録およびノート集』全二巻（Transkaukasia. Andeutungen über das Familien-und Gemeindeleben und die socialen Verhältnisse einger Völker zwischen dem Schwarzen und Kaspischen Meere. Reiseerinnerungen und gesammelte Notizen, 2 Bde., Leipzig 1856）を完成させます。(16)

ところで『ロシア社会研究』の主題について、アメリカの研究者フレデリック・スターは、やや不正確ながら、次のように指摘しています。「『研究』には三つの主題があるといえる。第一に、ロシアにおける家父長制的な家族の位置、オプシチーナやアルテリへのそれの影響、さらにこれらの諸制度の貴族に対する関係。第二に、諸地域や諸地方ごとの相違の性格とその程度、国民的統一に及ぼすその影響並びに植民がそれらに及ぼす影響。第三に、諸宗派並びに分離派の共同体および正教教会の状態、それらの相互関係。以上がそれである。『研究』ではその他にも実に多様な諸問題が扱われており、それらはしばしばきわめて興味深いけれども、ロシア研究の歴史のなかで本書に称賛に値する地位を与えているのは、ハックストハウゼンが右の三主題に対して与えた結論なのである。」(17)

だがそのさい、都市に住むロシア人がそれまで知らなかった土地の定期的割替え慣行を伴うミールないしオプシチーナの「発見」こそが、何と言っても、農政史家としてのハックストハウゼンの功績のエッセンスでありました。(18) ミールについてハックストハウゼンは三つの命題を立てています。第一に、地球上のすべての国民は原初いらいその国民に固有の農業＝土地制度をもつ。そしてドイツのフーフェ制が、ドイツにおいて太古的であると同様、ミールはまさしくロシア人の国民性を反映した、ロシアに太古から存在する農業制度である（ミール共同体成立に関するいわゆる「連続性説」）。第二に、土地割替えを伴うオプシチーナは、すべての構成員が平等に、必要な土地割当を受けることのできる、サン‐シモン流の一種の「組合（アソツィアツィオン）」であるが、これに対してドイツの農村共同体は、フーフェ（＝株式）所有農民のみを正規の構成員とする閉鎖的な「株式会社（コルポラツィオン）」である。これに対応するのが、ドイツ民衆の「郷土愛」と対比できるロシア民衆の「種族愛」である（独露比較の基礎視点）。第三に、フーフェ制に対するミールの優位について。「この家父長制的制度（ミール）は純農業的な観点から見れば（土地の定期的な割替え慣行を通じて、農業生産力を停滞させるという）重大な欠陥をもっているかもしれないが、しかしそれにもかかわらずそれは、国民的・道徳的・政治的な観点から見ればその欠陥を補って余りある長所を持ち合わせている。」すなわち、ミールはロシア人の国民精神を表現する「組合」であって、その平等主義的な性格のゆえに、農村プロレタリアートを生まない。しかるにドイツの「株式会社」は土地の私的所有を保証することによって農業生産力を高める反面、株式をもち得ない農村下層民を、さらには農村プロレタリアート（ペーベル）と危険な大衆貧困（パウペリスムス）を生み、それが今やドイツや西欧の社会制度全般を脅かしている（プロレタリアート論）[19]。

ハックストハウゼンのこの見解は大きな学問的、イデオロギー的、政治的な影響を及ぼしました。とりわけアレクサンドル・イヴァノヴィッチ、ゲルツェンとかニコライ・ガヴリロヴィッチ・チェルヌィシェフスキーといった、ロシア人民主義者たち（いわゆるナロードニキ）は、こうした見解から霊感を得て、ロシア社会主義（ナロードニキ主義）を創設したのです[20]。カール・マルクスでさえ、少なからずハックストハウゼンから学んでいます。彼のアジア的生産様式の理論には、ハックストハウゼンの見解のいくつかの要素が認められます[21]。

ハックストハウゼンは、ロシアの土地制度に関するその知識を評価されて、一八六一年のロシア農奴解放事業にも参加します[22]。この活動を通じて、彼の農政史の最後の重要な作品である『ロシアの土地制度。その発展と、一八六一年立法におけるその確立』(Die ländiche Verfassung Rußlands. Ihre Entwicklungen und ihre Feststellung in der Gesetzgebung von 1861. Leipzig 1866) が現われました。

もちろん彼の諸テーゼはまた、激しい批判にもさらされました。例えばボリス・ニコラエヴィッチ・チチェーリンは実証的にハックストハウゼンの連続性説を批判し、土地割替えを伴うオプシチーナは決して太古的ではなく、ようやく十八世紀に成立したにすぎないことを、説得的に論証しました（いわゆる「断絶説」[23]）。後年まさしく当地ヴェストファーレンについてヴィルヘルム・ミュラー＝ヴィレが、農民定住史におけるハックストハウゼンの後継者であり大成者であるアウグスト・マイツェンのいわゆる「ケルト説」を批判して述べたように、ハックストハウゼンの見解は余りにも「静態的－形態論的」(statisch-formal) であったのです[24]。さらに、チチェーリンによれば、人頭税制度を通じてロシア経済の近代化のための財政的基礎を確保しようとするロシア国家が、ピョートル大帝以降、オプシチーナを上から導入したというのです（いわゆる「国家学説」）。チチェーリンの説のこの側面は、後に「ネオ・ナロードニキ」の側から反批判されます。

同様に問題であったのは、ハックストハウゼンがミール共同体を、特殊ロシア的な発展の前提として賛美したことでした。実際にはミール共同体はロシア社会の発展に対して本質的に有害な、阻止的な役割を演じたのです。一方では土地割替えの慣行のゆえに、農民の経営者としての資質の陶冶が行なわれず、農業生産性が相対的に停滞します。他方では若者は早婚で、結婚率も高いままでした。「ネオ－ロカリテート」が不在で、若者は結婚後も両親の世帯にとどまって、いわゆる傍系家族を形成します。農業奉公人制度が存在せず、ジョン・ヘイナルのいう「ヨーロッパ的結婚パターン」がロシアでは未成立でした。こうして十九世紀末には、医療の改善と乳幼児死亡率の低下に伴って、「人口爆発」が起こり、ロシア社会を特徴づけるあの農村過剰人口と、農村の社会的危機が発生しました。東エルベ・ドイツのユンカー経営が人手不足に悩んでいた十九世紀末に、ロシアの農民が土地不足に悩んでいたことは、両国の土地制度の相違の表現として注目すべきであります。そしてドイツの農民の政治的保守性とは対照的な、革命へと向かうロシア農民の土地要求の激しさは印象的です。

さらに旧ソヴェト共和国のアクチュアルな危機との目に見えるつながりも存在します。一九三〇年代の農業集団化の歴史的な根は、オプシチーナにあったのです。このようにして、この伝統的な農業制度の諸要素が近代ソヴェト社会へ持ち込まれて、その挫折にも貢献したのです。[25]「男爵。ご意見は?」と聞いてみたくなります。

だが、それにもかかわらず、彼の誤りでさえ、つねに学問的に生産的であり、索出的に見て有意義でした。例えば、「株式会社(コルポラツィオン)」と「組合(アソツィアツィオン)」という二分法は、土地制度の比較史にとって、きわめて重要な意義をもつと思われます。それは「地縁的共同体」と「血縁的共同体」とを分かつ基準を与えてくれるのです。ミール共同体成立に関するあの「連続性説」でさえ、いまだに生きています。もちろん修正された形態においてではありますが。十九世紀末いらい台頭してきたいわゆる「ネオ-ナロードニキ」は、シベリア定住史研究等を通じて、農民世帯(ドヴォール)の太古性および、人口増加=耕地の相対的不足に伴うドヴォールのミールへの成長転化を主張しました(いわゆる「経済学説」[26])。こうして、カール・アヴグスト・ロマノヴィッチ・カチョロフスキーやアレクサンドル・ヴァシリエヴィッチ・チャヤーノフといったこの学派の代表者たちにとっては、ミールは国家学説が主張するような、財政政策の産物といったものではなく、農民のドヴォールの拡大形態であり、したがってやはりロシア人の民衆的な制度なのです。チャヤーノフは『小農経済の原理』を著して、ヨーロッパの「資本主義経済」と対立するロシアの「小農経済」を分析しましたが、それはハックストハウゼンの制度史的接近をミクロ経済学的に補完するものであったといえます。[27]

最後に、それではドイツ的(ヨーロッパ的)形態とロシア的形態との境界線はどこにあるでしょうか。この点についてハックストハウゼンは素朴に、だが適切に次のように述べています。「旅行者がロンドン、パリあるいはライン地方のようなヨーロッパ文化の中心地から東に向かって出発すると、彼らは民衆の間で次第にヨーロッパ文化が鄙びてくるのを感じるであろう。そしてついに白ロシア、リトアニアに至ってヨーロッパ文化が最終的に消滅し、そこからはそれに代わって別個の文化が現われる。そしてその文化はモスクワ、ヤロスラヴリ、ヴラジーミルへと進むにつれて強化されるのである。」[28]ここから分かるように、ハックストハウゼンは、のちにジョン・ヘイナルによって提唱された、ヨーロッパとロシアとを分かつ「聖ペテルブルク―トリエステ線」[29]の先駆的発見者でもあったのです。ハックストハウゼンの雄大な独露農業制度の史的比較論は、ドイツ・ロマン主義の農業論のもちえた射程距離の大きさを、争う余地なく示しています。

もちろん反面において、その共同体論の「連続性説」のもつ静態的性格、ユストゥス・メーザーから継承したフーフェ＝株式説の「苛酷な」反人権的性格、[30]ドイツ農業論に随伴する反ユダヤ主義、ミールを賛美することに伴うロシア農業の生産力構造の問題点の看過、などに対する批判を忘れてはならないでしょう。

それでも私は今日なおハックストハウゼンを通じて、ロシア社会を正しく理解するための最良の手がかりが得られると確信しています。ハックストハウゼンは偉大な農政史家でありましたし、今日なおその地位を維持しています。だからこそ、皆さんがこの展覧会を通じて彼の記憶を新たにしようとされることを、喜ばしく思うのであります。

ご清聴を感謝します。

註

(1) Peter Heßelmann, August Freiherr von Haxthausen (1792-1866). Sammler von Märchen, Sagen und Volksliedern, Agrarhistoriker und Rußlandreisender aus Westfalen, Münster 1992, S. 13 und 143.

(2) Geistliche Volkslieder mit ihren ursprünglichen Weisen gesammelt aus mündlicher Tradition und seltenen alten Gesangbüchern, Paderborn 1850.; Alexander Reifferscheid (Hrsg.), Westfälische Volkslieder in Wort und Weise mit Klavierbegleitung und liedervergleichenden Anmerkungen, Heilbronn 1879. ルース・ミハエリス・ジェイナ『グリム兄弟とロマン派の人々』川端豊彦訳、国書刊行会、一九八五年、七四―八〇ページ。ガブリエーレ・ザイツ『グリム兄弟――生涯・作品・時代――』高木昌史・高木万里子訳、青土社、一九九九年、一五〇―一五六ページ。

(3)『ユダヤ人のブナの木』番匠谷英一訳、岩波文庫、一九五三年。なお「占い棒」とは、水脈や鉱脈を探す秘術に用いる棒を指す。

前川道介『愉しいビーダーマイヤー』国書刊行会、一九九三年、三〇四ページ。

（4） Peter Heßelmann, a. a. O., Kap. III.

（5） 肥前榮一「ハクストハウゼン研究序説——文献と史料——」、川本和良・高橋哲雄他編著『比較社会史の諸問題』未來社、一九八四年、二八六ページ。

（6） Vgl. Reprint der Ausgabe Berlin 1829, hrsg. von Günter Tiggesbäumker mit einem Nachwort von Bertram Haller, Böckendorf 1992.

（7） A. a. O. S. 150, 169-170, 187, 235, 248.

（8） フリードリッヒ・リスト『農地制度論』小林昇訳、岩波文庫、一九七三年、七六ページ。

（9） Memoiren, im Nachlaß August von Haxthausen in der Universitätsbibliothek Münster.

（10） Justus Möser, Der Bauerhof als eine Aktie betrachtet (1774), in: Patriotische Phantasien III, 1778 (Justus Mösers Sämmtliche Werke, Bd. 6, Oldenburg 1945, S. 255-270.); Ders., Vorrede zu: Osnabrückische Geschichte, Zweiter Teil, 1780 (Sämmtliche Werke, Bd. 13, S. 45-46.) さらに小林昇「リストの生産力論」（『小林昇経済学史著作集』第Ⅵ巻、未來社、一九七八年）、二五七—二六七ページ、並びに原田哲史「F・リスト——温帯の大国民のための保護貿易論——」八木紀一郎編『経済思想のドイツ的伝統』（『経済思想』第七巻）、日本経済評論社、二〇〇六年、四一—五六ページ、また坂井榮八郎『ユストゥス・メーザーの世界』刀水書房、二〇〇四年、を参照。

（11） Jahrbücher für die preußische Gesetzgebung, Rechtswissenschaft und Rechtsverwaltung, Bd. 34, 1829, S. 192-198.

（12） Bertram Haller, Haxthausens Schrift “über die Agrarverfassung in den Fürstenthümern Paderborn und Corvey” in Urteil einiger Zeitgenossen, vornehmlich der Freiherrn von Vincke und vom Stein, in: Westfälische Forschungen, Bd. 31, 1981, S. 169-171.

（13） Wolfgang Bobke, August von Haxthausen. Eine Studie zur Ideengeschichte der politischen Romantik. Diss. München 1954, S. 39-65.; Bettina K. Beer, August von Haxthausen. A conservative Reformer: Proposals for administrative and social Reform in Russia and Prussia 1829-1866. Diss. Nashville,Tennesee, USA, 1976, pp. 105-121.; B. Haller/Günter Tiggesbäumker, Die Kartensammlung des Freiherrn August von Haxthausen in der Universitätsbibliothek Münster, Beihefte zu Westfälische Geographische Studien, 2, Münster 1978, S. 9-20.

（14） Hartmut Harnisch, August Freiherr von Haxthausen. Zum Standort eines Wegbereiters der Agrargeschichte und der Volkskunde, in: Jahrbuch für Volkskunde und Kulturgeschichte, Bd. 27, 1984, S. 34.

(15) August Freiherr von Haxthausen, Böckendorf und Böckerhoff. Monographie des Dorfes Böckendorf und des Gutes Böckerhoff, 1828, herausgegeben von Eiichi Hizen, in: Westfälische Zeitschrift, Bd. 137, 1987, S. 273-330, bes. S. 283, 285, 301 f. 307, 314. ハンセン、ハックストハウゼン、マイツェンらのロマン主義的郷土愛について Vgl. G. v. Below, Die deutsche wirtschaftsgeschichtliche Literatur und der Ursprung des Marxismus, in: Jahrbücher für Nationalökonomie und Statistik, III. Folge, Bd. 43, 1912, S. 576. ヤーコプ・グリムによれば郷土愛は少年期を過ごした土地に対する信頼性や安全の感覚と結びついており、そうした安らぎのなかからまた「新たな仕事や計画への意欲がわいてくる」のです（ヤーコプ・グリム『郷土愛について――埋もれた法の探訪者の生涯――』稲福日出夫編訳、編集工房　東洋企画、二〇〇六年、一五〇ページ、一七六ページ）。

(16) Bettina K. Beer, op. cit., Chap. IV.; August von Haxthausen/Editha von Rahden. Ein Briefwechsel im Hintergrund der russischen Bauernbefreiung 1861. Mit einer Einführung herausgegeben von Alfred Cohausz, Paderborn 1975, S. 9-50.; Friehelm B. Kaiser, August Freiherr von Haxthausen in Rußland, in: Reiseberichte von Deutschen über Russland und von Russen über Deutschland hrsg. von F. B. Kaiser und B. Stasiewski, Köln 1980, S. 95-120.; V. I. Semevskij, Krest'janskij Vopros v Rossii v XVIII i pervoi polovine XIX veka, S. -Petersburg 1888, Tom II, str. 429-443.; Günter Tiggesbäumker, Zur Agrargeographie Russlands im 19. Jahrhundert. Auf der Grundlage der Reiseberichte des Freiherrn August von Haxthausen, Diplomarbeit, Münster 1976, S. 22-32.; Ders., Die Rußlandsreise des Freiherrn August von Haxthausen (1843/44), in: Westfälische Forschungen, Bd. 33, 1983, S. 116-119.

(17) Frederick Starr, August von Haxthausen and Russia, in: The Slavonic and East European Review, vol. XLVI, No. 107, 1968, p. 471.

(18) Carsten Goehrke, Die Theorien über Entstehung und Entwicklung des, 'Mir', Wiesbaden 1964, S. 14-41. 鈴木健夫『帝政ロシアの共同体と農民』早稲田大学出版部、一九九〇年、第Ⅰ部付論。ハックストハウゼンによるミールの「発見」に関する新文献として、Vgl. Christoph Schmidt, Ein deutscher Slawophile? August von Haxthausen und die Wiederentdeckung der russischen Bauerngemeinde 1843/44. In: Lew Kopelew (Hrsg.), Russen und Rußland aus deutscher Sicht 3. Mechthild Keller (Hrsg.), Russen und Rußland aus deutscher Sicht. 19. Jahrhundert: Von der Jahrhundertwende bis zur Reichsgründung (1800-1871), München 1991, S. 196-219. ちなみに、ハックストハウゼンのミールの発見と、後年のヴィノグラードフのフーフェの発見とは、きわめて興味深い対極をなしています。すなわちハックストハウゼンにとって、フーフェ制の支配的なドイツから見た、土地の定期的割替え制をもつロシアのミール共同体が新鮮な驚きであったように、ロシア人ヴィノグラードフにとって、ミール共同体が支配的なロシアと比較して、フーフェ制（ハイド）の支配的な中世イギリスの村落共同体は新鮮な驚きであったのです（Cf. Peter Gatrell, Historians and peasants: Studies of medieval English society in a Russian context, In: T. H. Aston (ed.), Landlords, Peasants and Politics in Medieval England, Cambridge, p.

396, p. 404 f.)。ロシアとヨーロッパとの土地制度の歴史的な相違は、この二人によって双方から確認されたといっていいでしょう（本書Iの4、註18並びにヴィノグラードフ『イギリス荘園の成立』富沢霊岸・鈴木利章訳、創文社、一九七二年、第二篇第三章をも参照)。

（19） 肥前榮一『ドイツとロシア——比較社会経済史の一領域——』未來社、一九八六年、Ⅲ、8。

（20） N. M. Druzinin, A. von Haxthausen und die russischen revolutionären Demokraten, in: Ost und West in der Geschichte des Denkens und der kulturellen Beziehungen. Festschrift für Eduard Winter zum. 70. Geburtstag, Berlin 1966, S. 642-658.

（21） 肥前榮一、前掲書、一五ページ以下。

（22） A. Cohausz (Hrsg.), op. cit.; Martina Stoyanoff-Odoy, Die Großfürstin Helene von Rußland und August Freiherr von Haxthausen. Zwei konservative Reformer im Zeitalter der russischen Bauernbefreiung, Wiesbaden 1991.

（23） C. Goehrke, a. a. O., 5. Kapitel. とくに杉浦秀一『ロシア自由主義の政治思想』未來社、一九九九年、第4章。

（24） Wilhelm Müller-Wille, Langstreifenflur und Drubbel. Ein Beitrag zur Siedlungsgeographie Westgermaniens (1944), in: Hans-Jürgen Nitz (Hrsg.), Historisch-genetische Siedlungsforschung, Darmstadt 1974, S. 255.

（25） 肥前榮一、前掲書、Ⅲ、8。ミヒャエル・ミッテラウアー／アレクサンダー・カガン「ロシアおよび中欧の家族構造の比較」（肥前榮一訳）（ミッテラウアー『歴史人類学の家族研究——ヨーロッパ比較家族史の課題と方法——』若尾祐司他訳、新曜社、一九九四年、所収)。マックス・ウェーバー『東エルベ・ドイツにおける農業労働者の状態』肥前榮一訳、未來社、二〇〇三年。J. Blum, Agricultural History and Nineteenth-Century European Ideologies. In: Agricultural History, Vol. 56, Nr. 4, 1982, p. 631 にはナロードニキに影響を与えたハックストハウゼンの「最悪の予言」について語られています。ちなみに、この点に関連してわが福沢諭吉が、バルト系ドイツ人ユリウス・エッカルトによる批判の対象としてのハックストハウゼンの説に注目していることが印象的です（樋口辰雄「『農産平均の説』の世界——福沢諭吉とハクストハウゼン——」『明星大学社会学研究紀要』No. 27、二〇〇七年)。

（26） C. Goehrke, a. a. O., Kap. 8.; 小島修一『ロシア農業思想史の研究』ミネルヴァ書房、一九八七年。

（27） Eiichi Hizen, August von Haxthausen: His Comparison of German Land Community and Russian Mir in its Meaning for Alexander Tschajanow's Theory of Peasant Economy, in: Success and Failures of Transition-The Russian Agriculture between Fall and Resurrection. (22-24, Sept. 2002, IAMO, Halle/Saale), pp. 1-9. ニコラス・ジョージェスク＝レーゲン「経済的要因と制度的要因との相互作用」小出厚之助訳『経済評論』第三五巻第九号、一九八六年、および小島修一、前掲書、を見よ。

（28） Studien, Teil 3, S. 5.

(29) 拙稿「エルベ河から『聖ペテルブルク―トリエステ線』へ――比較経済史の視点移動――」『学士会会報』二〇〇三―Ⅳ、No. 843.〔本書、序に収録〕

(30) F・マイネッケ『歴史主義の成立』菊森英夫・麻生建訳、筑摩書房、一九六八年、下巻、三四、五七、六一―二ページ。

追記。なおこの展覧会はその後コルヴァイ城のカイザー広間でも開催され、その初日（一九九二年九月十九日）に、亡命文学者レフ・コペレフが同様の記念講演を行なっています（Vgl. Lew Kopelew, August von Haxthausen und die deutschen Russlandbilder im 19. Jahrhundert, hrsg. von Günter Tiggesbäumker, 2003, S. 1-12, Bökerhof-Gesellschaft e. V. Haus Bökerhof, Brakel-Bökendorf)。

2 ハックストハウゼンのドイツ農政論——農民身分の定住様式把握を中心として——

一、プロイセンの農政論者ハックストハウゼン

ハックストハウゼン（August Freiherr von Haxthausen, 1792-1866）は、ミール共同体の実態を詳述した主著『ロシアの国内事情、民衆生活とりわけ土地制度にかんする研究』（一八四七—五二）をはじめ、大ロシアとザカフカスとの社会事情を比較研究した『トランスカウカジア』（一八五六）、一八六一年の農奴解放史を分析した『ロシアの土地制度』（一八六六）など、広義におけるロシアの土地制度史にかんする後期の諸著作によって世に知られている。[1] 古くゲルツェンやチェルヌィシェフスキーなどナロードニキ主義の創始者たちは、彼のミール共同体論をひとつの想源としてそのロシア社会主義論を構築したといわれ、[2] また近年には、ミール共同体研究史を整理したゲールケは、彼をその起源にかんするいわゆる「連続説」の創始者として位置づけているのである。[3] さらに最近にはジョージェスク＝レーゲンは先述の主著をあげつつ、彼をかのモーガンとともに、人類学からの経済学への貢献者として評価した。[4]

だがハックストハウゼンは、がんらいは、フランス革命の理念に対立した中欧の封建的後進国プロイセンのロマン主義的農政論者なのであった。若年期にグリム兄弟に協力して民話、民謡の収集に従事し、またその後ヴィーガントとともに『ヴェストファーレン雑誌』を創刊した後、[5] シュタインやフィンケの支援のもとにあらわした処女作『パー

ダーボルン＝コルヴァイ侯国の農業制度』（一八二九）によって世間の注目を集めるに至った。(6) 同書はとりわけプロイセン政府内の保守派において高い評価を獲得した。(7) こうしてハックストハウゼンは一八三〇年以降、プロイセン政府からの委嘱をうけて、枢密政府顧問官（Geheimer Regierungsrat）の地位をえ、プロイセン各地の農民身分の諸事情の調査を行なった。そうしてカムプツ（のちの法律修正大臣）やプロイセン皇太子（のちのプロイセン国王フリードリヒ・ヴィルヘルム四世）の援助のもと、プロイセンの農政や地方行政をフランス革命の影響に対して防衛し、プロイセン農村において伝統的な農民身分を維持しようとの意図に発する一連の有力な著作（『アルトマルクの家産制的立法』（一八三二）、「キリスト教的ゲルマン的王国の有機体的諸身分。ドイツの農民身分について」（一八三二）、「プロイセン王国の郡長と郡等族議会」（一八三二―三三）、『ヴェストファーレン＝ラインラントの農村共同体条令案にかんする所見』（一八三四）、同『補遺』（一八三五）、『東西プロイセンの土地制度』（一八三九）、「テムポリス・シグナトゥーラ」（一八四五）、その他）をあらわした。(8)

農政論者としてのハックストハウゼンは、前述の処女作『パーダーボルン＝コルヴァイ侯国の農業制度』によって、同時代の彼の支持者から「ユストゥス・メーザーの再来」として評価されたが、(9)『農地制度論』（一八四二）におけるリストは、彼の「すべての歴史的なものに対するやや過度の偏愛」を批判した。(10) その後の研究史のなかでは、彼はミュラーやハラーと並ぶ「歴史的＝政治的傾向を示す旧派」として位置づけられ、(11) またとりわけその定住様式史の研究によってメーザーとマイツェンとの中間項を形づくるものとされ、(12) さらに最近はマルクス主義の立場からも「農業史並びに民俗学の先駆者」として新たに評価されている。(13)

ドイツの現実はリストを自殺へと追いやったが、それとはまったく逆の意味でハックストハウゼンも、自由主義官僚の作為による共同体的身分制的社会の変質という十九世紀前半のプロイセンの現実に失望するところがあり、それが四〇年代以降、彼をロシアへとおもむかしめたのであった。(14)

本章では彼の諸著作のうち、主として前記の「キリスト教的ゲルマン的王国の有機体的諸身分」、『ヴェストファーレン＝ラインラントの農村共同体条令案にかんする所見』並びに「テムポリス・シグナトゥーラ」について、その内容を紹介しつつ、農民身分の定住様式把握をふまえた彼のドイツ農政論の骨子を明らかにしたい。

二、革命理論の農業観の批判——イタリア、イギリス、フランス農業史の教訓——

ハックストハウゼンの著作活動の基調をなすものは、反近代の志向であり、フランス革命の解体的影響に対抗しつつ、ドイツに封建的な身分制社会を再建しようとする意図であった。そのさい、とりわけ重視されたのが農民身分である。けだし「農民身分の性格、習慣、生活様式、共同体＝家族制度が……民族の力また民族が他民族に伍して占める政治的地位と順位とを規定する」[15]からである。こうして、再建さるべき身分制社会の土台となるべき、身分としてのドイツ農民の、具体的な存在形態とその歴史的由来を探るべく、先述の一連の定住様式史的・農政論的研究があらわされたのであった。それらの作品のなかでも一八三二年に「ベルリン政治週報」に連載された大論説「キリスト教的ゲルマン的王国の有機体的諸身分。ドイツの農民身分について[16]」にはこの基調がもっとも鮮明かつ包括的にあらわれているので、以下ではまずもってその論旨を詳細に紹介することとしたい。

さて、イギリスで成立しフランス革命の理念となった自由主義的な経済学の農業観によれば、土地ができうるかぎり細分化され流動化されて商品化し、そのうえで農業が自由な営業となることによって、農業はもっとも繁栄するという。そのさい農業の目的は「土地生産物の産出の最大化」である。けだし、この見地では生産物の量が国土の富を規定するからである。[17]したがって、農民は「一定の完結した生活様式とそれに由来する鮮明な性格とに立脚する」身分ではなく、他の営業者と同質な営業者となるべきであり、彼の営業者としての有能さを示す富の大小がその政治的・社会的地位を規定すべきであるというのである。(18)

この理論に対してハックストハウゼンはイタリア、イギリス、フランス農業史の教訓によって反論する。(19) イタリアでは十三世紀以降、都市の強化と土地の流動化との結果、農民身分が没落し、投機的な営業者たる近隣都市市民の支配のもと、「土地、故郷、祖国をもたない」小作人に、営業化した農業がゆだねられるに至った。その結果として、農業の長期停滞、民衆のモラルの退廃、軍事的弱体がもたらされた。「イタリアの弱点は、イタリアがその有機体的諸身分を失ったこと、あるいはむしろ市民身分のみが残存したこと、貴族が都市貴族化し都市市民へと没落したこと、農民身分が消滅したこと、にある。」イギリスはそのノルウェー農民に通ずる農場制的な農民身分を喪失した結果として、都市人口の過大という大きな困難をかかえるに至っている。反面、農業生産性は高く農業者は富裕であるが、それは封建貴族が維持され、土地の細分化が起こっていないからである。フランスでは事態はもっとも劣悪である。すなわち革命により共同体並びに領主＝農民関係が暴力的に解体され、土地の細分化と流動化との進行のもと、零細農と貧困とが一般化するに至った。「かくも多数の勤勉な人びとが、狭小な土地を自分と家族との〔畜産＝家畜の欠如のゆえの〕手労働によって耕作しているような、はなはだしい土地細分のもとでは、繁栄せる農耕、真の園芸農耕をよび起こすことは期待できないのである。」――このように、農民身分の没落＝土地細分がいずれの国にあっても農業没落の根本的原因なのであった。

三、ドイツの農民身分の定住様式とドイツの土地制度の特徴

それでは事態はドイツではどうであろうか。定住様式からみて、十九世紀初頭にいたるドイツの農民身分は、次のような三つの形態において存在していた。

［一］純ゲルマン的な散居農場《ホーフ》制度。(20) リューベック→リューネブルク→ハノーヴァー→ミンデン→デットモルト→リップシュタツト→リッペ河→ライン河→ユーリッヒ→リュティッヒを通って走る「ひとつの鋭い線」がある。(21) メーザーによって発見されたこの線は、ドイツの散居農場制度地帯と閉鎖的村落制度地帯とを分かつ境界線なのである。すなわちこの線の北側の地帯したがっておおむね北西ドイツが散居農場制度の支配する地域である。(22) しかもこの境界線はさらにネーデルラント、北部フランス、東部イングランド、スコットランド低地、ノルウェー、スウェーデン、デンマークを通ってリューベックに戻るという国際的な拡がりを示しており、おおむね北海を囲んで走るかの境界線の内側が国際的な散居農場制地帯なのである。そうしてその散居農場制度は原始ゲルマン人の太古からの散居農場的定住に由来するものである。「その結果、例えばノルウェーにおける生活＝法関係、家族法並びに農業＝牧畜法はこんにちにいたるまでフリースラントのそれと驚くほどよく似ているのであって、そうした相似性はフリースラントとドイツの他地方との間には存在しないほどなのである。」

各農場《ホーフ》は庭畑、耕地、採草地、茂み、林を備えて、完結した自立的なテリトリウムを形成している。非定住地である荒地《ハイデ》は各農場に属するかあるいは多数の農場からなるマルクゲノッセンシャフトの総有のもとに立っている。したがって、このマルクゲノッセンシャフトを別とすれば、ゲマインデ的結合は経済的な意味では存在せず、教会的・行政的・司法的意味で存在するにとどまる。教区共同体（Kirchspiel）、行政区（Bauernschaft）および裁判区（Amt）がそれで

ある。

「キルヒシュピールの区分がおそらくは太古の異教的＝祭司的区分に由来するとすれば、バウエルンシャフトの区分はたぶんヘールバン等の軍事的区分の残存物であろう。」またアムトでは「通常ひとつの農場すなわち上位農場《オーバーホーフ》、裁判農場《リヒトホーフ》、村長農場《シュルツェンホーフ》等が裁判制度の頂点に立っている。」

「農場制のもとに生活する諸民族の性格は自立的で慎重、まじめでメランコリックである。」そうして「伝統的生活関係の強固な維持」が特徴的で、「きわめて深い郷土愛」(ein sehr tiefes Heimathsgefühl) がみとめられる。[23]「彼らの祖国は荒涼として一部は沈鬱であるが、彼らはそこから移住したがらない。彼らは一般に粘液質的で革新欲に欠けた種族であるが、一点だけ詩的な側面をもっている。つまり海上に出て幸運と冒険とを求めようとする欲求をである。そして歴史を通じて、ノルマン人、デーン人、アンゲルン人、ザクセン人、フリースラント人、オランダ人、イギリス人は四海を駆け巡るもっとも勇敢で企業心のある航海者であった。」

ドイツの農場《ホーフ》農民はヨーロッパ大陸でもっとも富裕な農民であって、①フリースラントに典型的にみられる自由農民と②ヴェストファーレンに典型的にみられる上位者に従属する農民との二類型が存在する。このうち①自由農民は、「強固に規制された家族法のもとに生活し、世襲財産《フィデイコムミス》的関係もしくは長子相続的関係のもとにその農場を所有している。」そうして独立農民として教区共同体、行政区、裁判区に、平等の権利をもって関与する。つぎに②従属農民のばあい、一八〇六年以前にはアイゲンベヘーリヒカイト (Eigenbehörigkeit) と呼ばれる、特定の上位農場に対するゆるやかな従属関係に立っていた。しかしその関係は痕跡的なものにすぎず、農場は「長子相続権もしくは末子相続権に従って」農民とその子孫に所属した。

かくて「ここでは自由か不自由かは農村民の性格にまったく影響を及ぼさなかった。アイゲンベヘーリッヒな関係にあるラーフェンスベルクやオスナブリュックの農民は自由なフリースラントの農民と同様つねに有能、強力、名誉心つよく、誇り高く、祖国や王侯に対して忠誠であった。」

総じて農場制度地帯における貴族の地位は低く、ノルウェーでは農民身分と一体化し、フリースラントでも上位者ではあっても支配者ではない。すなわち、法の源泉は民衆の裁判共同体にあって、貴族にあるのではない。この点ではイギリスも同様である。

要するに農場《ホーフ》は私有財産＝農民の私有農場であって、高権（領主ないし上位者の）にも民衆の共同体にも属しておらず、農民はそれを「バウエルンシャフトというゲマインデのなかの株式である農民農場の私的所有者として所有する」のである。

〔二〕ゲルマン的＝ケルト的な自由村落制度。(24) 散居農場制度地帯の南側、後述のスラヴ的村落制度地帯の西側にあたる、テューリンゲン、フランケンにはじまる地帯に支配的に分布する。そうしてそれはフランスにも分布している。この定住様式はローマ時代以前に、南下するゲルマン人と村落的定住をおこなっていた原住ケルト人との混交によって成立した。

ここではスラヴ的村落とくらべて村落の平均規模が大きく、特に肥沃な平野部では、しばしば二〇〇戸以上に達する。村落の組み立ては不規則であり、そのことはスラヴ的村落と対照的な自由村落の自然発生的成立を物語っている。

さて、この地帯にあってはフーフェ制度が「農地制度（Ackerverfassung）全体の土台」をなす。(25) フーフェはある農民家族の資産でありかつゲマインデ内でその家族の権利を保証するゲマインデ株式（Gemeindeaktie）である。

フーフェ制度の始源をみると、フーフェがすでにまとまった統一体をなすに至った後にも、まだ特定の農家との結びつきをもたず、「村落コルポラツィオンに属するどの家族でも、フーフェを取得」できた。こうした始源的フーフェ制は、ヴェストファーレン南部やヘッセンでは十九世紀に至るまで維持されたが、ドイツの他の地方ではその後、二つの方向へと変化した。第一に、ニーダーザクセンやテューリンゲン北部ではフーフェは特定の農家と永続的に結びつき、「フーフェと農家とが一体となって耕地財産を形づくる」に至った。第二に、テューリンゲン南部以南では、フーフェは二分の一、四分の一、八分の一フーフェへと分裂した。

こうした二通りの変化により、共同体制度は大きな影響をこうむった。「第一の変化により、ゲマインデはさらに厳格な、まったく閉鎖的なコルポラツィオンになった。第二の変化により、個人にはより大きな自由が許容され、ゲマインデはコルポラティーフな組合《ゾツィエテート》という性格をより色濃く帯びるに至った。」

とはいえ、こうした変化にもかかわらず、①始源的フーフェ制村落、②完成されたフーフェ制村落、③分裂フーフェ制村落という右の三類型をつうじて、村落マルクの所有主体であるゲマインデのコルポラツィオンとしての根本性格は変わることなく存続した。[26] そうして、そこにおいて「メンバーたる資格には二つの土台があった。ひとつは出生もしくは村民としての受容によって獲得される人的な土台であり、いまひとつはゲマインデ株式の所有という物的な土台である。ゲマインデ株式の所有によって人的な土台ははじめて有効となりうる。」（傍点は引用者による）すなわち、ゲマインデ株式であるフーフェの所有によってはじめて、物的権利やゲマインデ財産への参加権が与えられるのである。

そうしてこの株式の大きさに応じて村内に二つの階級が形成される。①フーフェ農民《ヘーフナー》（畜耕に立脚する狭義の農民。マイヤーなど）。農産物を自己消費するとともに販売をもおこなう。②小農民《コッセーテン》（下層農民。ケッターなど）。農産物はもっぱら自己消費にあてられる。農村手工業（鍛冶屋、車大工）、農村商業（家畜商、穀物商）を兼営する。コッセーテンは村落の営業者である。[27] 時にはまた、各階級はゲマインデ財産の持ち分のほかに、特別の階級財産（例えばヘーフナーは連畜のための特別の放牧地を、コッセーテンは特別の木材を）をもっていることがある。

領主はここでは散居農場制度の地方におけるようなゲマインデの世襲の長ではなくそれ以上の存在であるが、逆にスラヴ的な従属村落制度におけるような世襲的ヘルシャフトではなく、世襲的な高権（政治的・裁判的な）である。

領主の館はスラヴ地方におけるように村落ごとにあるのではなく、領主館のない村落が多い。また領主館は村落マルクの内部にではなく、やや離れたところに位置している。領主地は村落地の半分ないし三分の一にすぎず、かつ両者は混在していない。要するに「村落はスラヴ地方では領主地《ドミニウム》の有機体的な一部……としてあらわれるが、当地では領主館と並ぶ自立的な統一体としてあらわれる」のである。

［三］ ゲルマン的＝ケルト的＝スラヴ的な従属村落制度。[28] ドイツ人入植者によってゲルマン化されたスラヴ地方の定住様式である。ゲルマン諸民族のかの大移動期に、その放棄したドイツ東部地方へスラヴ（ハックストハウゼンの表現では「サルマート」[29]）諸民族が進出して、「村落制度のなかに消しがたく存続している諸要素」を持ち込み、その後の長期にわたるドイツ人の入植過程のなかで、この第三の類型が形成されたのである。それはリューネブルクを通るかの境界線の東側にひろがり、ベーメンやポーランドにまで分布している。

村落の規模は西部ドイツとくらべて小さく、五―七戸のものが多く、せいぜい三〇―四〇戸にとどまる。ここにも村内に階級分化があり、①フーフェ農民《ヒューフナー》と②小農民《コッセーテン》とが存在し、それぞれの階級が西部ドイツの場合と同様、特別の階級財産を有して、ゲマインデ内部にさらに小さなゲマインデを形づくっている。村落はこの二つの構成部分からなるコルポラツィオンである。こうした二階級へのゲマインデの分割はドイツ的であって、スラヴ諸民族の場合には存在しない。そこではふつう単一の階級が存在するのみである。

さて従属村落制度の本質は、領主の農民に対する支配的な地位に見出される。すなわち、領主地は農民地＝村落マルクの二―三倍、ときには六倍もの広さを有し、かつ領主地と村落地とは混在（Gemengelage）化して一体化しており、その全体が領主によって支配されているのである。つまり領主地が本源的なものであって、村落はそれの付属物としてそれに従属しているにすぎないのである。「村落は領主地《ドミニウム》のために存在するのであって、領主地が村落のなかから徐々に成立したのではない。」その場合、ヒューフナーが畜耕役を、コッセーテンが手賦役を担当する。領主裁判所は、西部ドイツでは民衆の高権＝民衆裁判所に発するものであったが、東部ドイツでは領主の領民に対する家産権に発するものであった。それは村落裁判所の組織（シュルツェとシェッペン）がドイツ的であるのとは対照的である。こうした構造はゲルマン騎士団の入植というその成立史に由来するものであり、村落の組み立てが西部ドイツのように自然発生的で不規則ではなく、計画的で規則的であることにも、そうした事情が反映している。また各村落は完結し孤立していて、西部ドイツにみられる村落間の利害のもつれ合いや広域的な協力関係は存在しない。

要するに「村落のドミニウムに対する関係において、スラヴ的諸形態とドイツ的諸形態とがおそらく融合したのであろう。その土台したがってまた全村落制度の土台は厳格な対物的奉仕関係であって、それによればドミニウムの耕作全体が村落の負担であるだけではなくその目的なのである。この根本観念はあきらかにゲルマン的であるよりもむしろスラヴ的である。だが奉仕関係の様式と形態、限定と取扱いとはどこまでもドイツ的である。」

またこの地帯においては農民の領主に対する個人的関係においても、同様の二面性がみとめられる。すなわち人格的従属関係の強固さが特徴的である。たしかに一面では、中央アジアにみられるような奴隷制はここには存在せず、その奉仕関係にはゲルマン・ケルト・スラヴ諸民族に共通するキリスト教的北ヨーロッパ的な性格がみとめられる。けれども他面では、スラヴ的体僕制は苛酷であって、農民は領主に対して無権利である。しかるにゲルマン人のもとではすでにタキトゥス時代に農民の領主に対する権利関係が発生し、それが封建制へと発展したのであった。したがって、従属民相互間にのみならず領主＝農民間にも法的関係を規定するゲルマン的な封建制は、そうした法的関係をみとめないスラヴ的従属関係とは本質的に異なるものである。例えばラッシーテン関係は本質的にスラヴ的であるが、ただしドイツ的な仕方で規制されているのである。——

このように、ハックストハウゼンによれば、十九世紀初頭に至る時期に、ドイツの農民身分は、［一］北西部ドイツの散居農場制度、［二］中南部ドイツの自由村落制度、［三］東部ドイツの従属村落制度、という三類型に示される定住様式において存在していたのである。そうして、ドイツの土地制度のヨーロッパの他の諸大国のそれと比較した特徴は、このような多様な農民身分の存続にある。そこには所有の安定、エゴイズムの欠如、相互扶助、郷土愛、営利の制限といった伝統がなお活きており、したがってこの農民身分を再建することによって、解体的な革命理論に対してもっとも強力に対抗することができるのである。(30)

ドイツの土地制度のいまひとつの特徴は、(31)フランスのような土地細分やイギリス、イタリアのような中規模の農地の偏在が起こらず、土地所有のバランスのとれた分布が実現され、大中小規模の所有の間に「適切な数的関係」が存在していることである。そのことによって、それぞれのカテゴリーがその固有の任務を担当しえているのである。すなわち、①大土地所有＝大農場は農業を改善し、その実験の成果を待つことができる経済力を備えている。また農産物輸出に従事することができる。②中土地所有＝中規模の農場は「国の安定的原理」を体現している。新しい実験の能力はないけれども、歴史的な活きた経済体制をしっかりと維持する。そうして国内市場向けに販売する。③小土地所有＝小さな生計は、大・中農場における奉公人《ゲジンデ》の季節的不足に対応した日雇いや補助労働力に、ゲマインデ内での地位と独立の生計とをあたえる。(32)そのことによって危険なよそ者のプロレタリアートのゲマインデへの流入が阻止される。これは社会安定化の拠点となるものである。――このように土地所有の各カテゴリーはそれぞれに固有の経済的社会的任務をおびており、そのバランスのとれた分布はドイツの土地制度の特徴なのである。

四、政策提言――「有機体的な農民解放」論について(33)――

しかるに「プロイセン一般国法」並びにとりわけ一八〇六年のライン連邦成立いらい、ドイツ諸政府の農政は多かれ少なかれフランス革命の理念を導入し、いわゆる「時代の要請」に従いつつ、法関係を「恣意的に変更」して、旧来の農村制度に打撃を与えるに至った。

そのさい、諸立法が対象とした農村制度は、①グーツヘル＝ゲリヒツヘル関係の解消、②すべての地益権並びに現物的権利の償却並びに共有地分割、③農民身分の家族法とりわけ相続法の廃棄、であった。そこで以下、これらについて検討を加えておく。

まず①グーツヘル関係の解消は「両当事者つまりグーツヘル並びに農民の双方にとって有益でなければならない。」ゲリヒツヘル関係は多様であるが、農村事情＝地域法を熟知している農民身分による民衆裁判所の再興が望まれる。つぎに②村落と領主地との間での、さまざまな村落共有地の間での、また多くの散居農場の間での、休閑地や放牧地の権利関係を整理することは、農業の改良のために望ましいことである。これに対して、村落共同体構成員が共同体内部で行なう共有地分割は、農村制度の土台をなすコルポラツィオンを破壊する革命的自由主義である。さらに③家族法、特に農民身分の相続法の撤廃もまた、土地と家族との結びつきをたち切り、土地の流動化＝零細化を通じて身分としての農民を絶滅させようとするジャコバン主義のあらわれである。

最後に、こうした動向に対抗してドイツの農民身分を再建するための政策提言（「有機体的立法のための基本」、「全ドイツに妥当する最高の一般原則」）が以下の一一点について提示される。

①農民身分を国制における有機体的な一身分としてみとめるべきこと。

②農民身分に身分としての確かな土台をあたえるために、現在その手中にあるすべての土地所有がこの身分に固定されるという根本原則が確立されなければならない。貴族も市民も農民の土地を入手することができない。ある者が他の身分から転じて本当に農民になろうとし、農民の共同体制度に従う意志をもつ場合にのみ、彼は農民的土地所有を入手することができる。

③現存するゲマインデ・コルポラツィオンを政治機関として承認する。それが破壊されているところでは、農民身分はふたたびゲマインデに結合されなければならない。すべてのコルポラツィオンの財産はゲマインデのために維持される。ゲマインデ員でない者はゲマインデ内に土地財産を所有することができない。

④このコルポラツィオンに身分制的国制において代表権をあたえる。

⑤これらコルポラツィオンの制度は一般的立法によって上から下へと形成されるべきではなく、さまざまな地域法(Statute)によってゲマインデの決議を通じて、下から上へと形成されるべきである。

⑥この地域法は三通りの土台をもたねばならない。第一に、散居農場制度・自由村落制度・従属村落制度というドイツの土地制度のかの三大地帯に共通する一般的な地域法、第二に、それぞれの内部の諸地方の諸事情に対応した特殊的な地域法、第三に、個々のゲマインデの特別の事情に対応した個別的な地域法、これである。

⑦グーツヘル的賦役・貢租の償却、ゲマインデ相互の、またゲマインデと旧領主との間での諸権利並びに共同財産の規制や分離は遂行されるべきである。

⑧右の償却並びに分離の遂行によって共同体制度もまた規定される。すなわち、散居農場制度地帯では政治的・裁判的ゲマインデが、ドイツ的村落制度地帯ではコルポラツィオンの財産に立脚する自由なゲマインデが、スラヴ的村落制度地帯ではグーツヘルシャフトから解放された自由なゲマインデが、形成されるべきである。

⑨専門家である法律家が裁判官に任命されるが、農民がとりわけ村法や家族法にかんする諸問題について判決に参加するようなゲマインデ裁判所を設けること。この裁判所は地域法をよりどころとする。

⑩地域法は農民身分の、とりわけ一八〇六年以前から存続している家族法を維持すること。それの変更にはゲマインデの決議を要する。

⑪ゲマインデ制度のなかに、共同保証に立脚する信用制度を導入すること。

以上のごとき提案によって、ハックストハウゼンは、相続法によって守られた家父長制的な農民身分と地域法によって守られた閉鎖的なコルポラツィオン＝共同体との再建をめざしていたことが明らかである。

ハルニッシュによれば、ハックストハウゼンは保守主義のイデオローグとしては格別に独創的ではなかったが、彼の業績の最良の部分は農業の歴史的把握にあるという。特にその民族による定住様式把握の方法はマイツェンによって受け継がれて、アーベルの批判にいたるまで研究史の巨流をなしたのであった。(34)

五、広域共同体（Sammtgemeinde）の批判——西欧型近代化の批判——

すでに見たように、ハックストハウゼンのロマン主義的な共同体擁護論は、伝統的なドイツ農民身分の多様な土地制度についての具体的な知識によって支えられていた。反面、彼は家父長制的なフーフェ制農民家族における一子相続制度と閉鎖的なコルポラツィオンとが生み出す抑圧的な奉公人制度《ゲジンデ》、またそれに立脚するヒエラルヒッシュな労働組織の問題的性格については黙して語らなかったのである。(35)したがってまた彼は、そうした農村事情の近代的変化のもつ積極的意義について認識するところがなく、フランス的な「革命理論の農業観」に対する彼の反感がそうした変化の現実的な認識を妨げていたことが無視しえない。以下ではその点を、ラインラント＝ヴェストファーレンの広域共同体（Sammtgemeinde）の問題にかかわらしめつつ解明しておきたい。(36)

一八三四年にプロイセン法相カムプツはハックストハウゼンに対し、ヴェストファーレンのゲマインデ事情を調査し、所見を提出するよう委嘱した。その背景には以下のような広域共同体の形成とそれをめぐる官庁内部の対立が存在したのである。

十八世紀末いらいプロイセン王国の先進地帯であるラインラント並びにヴェストファーレンにおける経済発展は新たな局面を迎えつつあった。ヴェストファーレンは①北・西部（散居農場制の普及した先進地帯。ミンデン、ラーフェンスベルク、ミュンスター、マルクをふくむ）と②東・南部（村落制的な後進地帯。パーダーボルン、ヴェストファーレン公国、ヴィトゲンシュタイン伯領、ジーゲン侯国）とで異質の地帯構造が成立していたが、とりわけラインラント並びにヴェストファーレン北・西部では、十八世紀に農村工業が発達し、ゲマインデが変容をとげつつあった。つまり複数の行政区（Bauernschaft）が教区共同体（Kirchspiel）へと結合し、いわゆる広域共同体（＝町村連合）が形成され、そのなかでは都市と農村との旧来の区別または農民・ケッター・ホイアーリング・アインリーガーの伝統的な身分差が事実上解消しつつあった。

ついでフランス支配下に広域的なメリー（Mairie）制度が導入されるが、その特徴は以上の傾向の法認という点にあった。すなわち、そこでは、①コムーネの自治の制限と国家への従属、②都市と農村との区別の撤廃、③政治上の平等化と身分差の撤廃つまり公民権における平等化＝ゲマインデ加入の自由（だれでも政府の許可により加入でき、一年たてば正規のメンバーとなる）、が実現されたのである。

そこで、この広域共同体（Mairie, Bürgermeisterei）をめぐって、フランスの撤退とプロイセンの再進出ののちに、中央官庁＝内務省とヴェストファーレン地方官庁＝住民との間に対立が発生した。すなわち、中央官庁は封鎖的で自立的な、旧プロイセン諸州に特徴的なゲマインデをこの地方に再導入しようとした。これに対してヴェストファーレン州知事フィンケ主導の地方官庁＝住民は広域共同体を擁護して、それがフランスによって導入されたものではなく、すでにそれ以前より西部諸州に自生的に発展していたものであると主張した。ハックストハウゼンに見解が求められたのは、こうした背景のもとにおいてであった。

さて、こうした対立のなかでハックストハウゼンの『所見』は地方官庁を批判し、中央官庁を支持するものであった。すなわちハックストハウゼンは広域共同体をフランス的制度であるメリー制度と同一視し、「近代自由主義国家のミクロコスモス」であるとしてこれを批判し、あわせてこれを擁護している地方官庁の自由主義を批判した。そうして①レアルゲマインデの復興・都市と農村との分離・土地所有者の身分的優遇、②騎士領のゲマインデからの分離＝グーツベチルクの形成、を提唱した。(37)

ハックストハウゼンの保守的主張は当初はヴェストファーレンの後進地帯であるパーダーボルンの貴族層に支持されたにとどまり、地方官庁では激しく批判された。特に従来ハックストハウゼンの著作活動に理解と支援とをあたえてきたフィンケの批判は厳しかったといわれる。さらに中央官庁の内部においてさえ、ハックストハウゼンの支持者である保守派のカムプツへの批判が強かった。

けれども反動の時代のなかにあってハックストハウゼンの主張は持続的な影響力を獲得した。そうして一八四一年一〇月三一日のラントゲマインデ条令においては騎士領のゲマインデからの分離が規定された。もっとも西部諸州では地方官庁による法の弾力的運用によって広域共同体は地域差を含みつつも維持されてゆく。

しかし以上によって、ハックストハウゼンには、ドイツ農村の伝統的な農民身分＝共同体の閉鎖的な構造とその歴史的形成過程が鮮明かつ適確に把握されていた反面、西部諸州における農村社会の近代的変容すなわち農村工業の発達と共同体の変貌、つまり都市と農村との区別の解消、フーフェ農民（マイヤー、エルベ）とケッター・ホイアーリング・アインリーガーの身分差の解消を意味する広域共同体の形成の積極的な歴史的意義が把握されておらず、ひたすらフランスの立法の悪しき影響の所産として否定的に把えられていることが特徴的である。ハックストハウゼンの歴史的なものの偏愛に対するリストの先述の批判をこうした脈絡のなかに位置づけ、評価すべきであろう。(38)

六、近代社会の批判——プロイセン型近代化の批判——

プロイセンでは、その後、西部諸州特にラインラントにおけるような農村社会の内部からの自生的かつ漸次的な近代的変化をおしとどめつつ、上からのかつ農村外部からの解体作用の所産としての「近代化」が急激に進行する。一八四〇年代に入り、ハックストハウゼンは彼の防衛しようとした身分制的社会のそうした「近代的」解体が阻止すべくもないことを認識してそのペシミスムスをさらに深くした。「近代文化、近代的生活観の浸透はとどまるところを知らず、いかなる制度や慣習も、その解体力には結局はさからいえないのである。」変貌をとげたのは社会の表層のみで、民衆のなかには古い慣習の土台がいまだに存続しているといった見方は自己欺瞞である。一八四五年の論文「テムポリス・シグナトゥーラ」はハックストハウゼンの近代社会批判であり、ここにはロマン主義の近代社会観が典型的に示されている。(39)

ハックストハウゼンは近代化を中世的諸身分（自然的諸身分たる貴族、市民、農民並びに人為的諸身分たる聖職者、官僚、軍人）の解体過程（大衆化、非国民化、画一化）とみる。そうしてそのさい、解体は特殊近代的な階級対立すなわち貨幣的富者（Geldreichen）とプロレタリアとの対立を生んだとみるのである。

貨幣は中世には土地に従属していた。土地は売買されず、貨幣はたんなる動産取引の媒体であるにとどまった。そうしてそれが貨幣の自然的地位であった。しかるにその後、貨幣の力はますます強力となり、有機体的諸身分＝制度の解体と画一化とを促進するにいたった。すべてのものが商品化するにつれて、一方の極における富と教養との過多を体現する貨幣的富者、他方の極における貧困と粗野とを体現するプロレタリア、という階級分裂が起こった。

貨幣的富者について。彼は出生と国籍とに規定された土地を所有しない。その代わりに彼は貨幣的富と教養とをもちあわせている。彼らはその生活事情のゆえに祖国をもたない。「幸福のあるところに祖国がある」というのが彼らのモットーである。したがって、もしある国が気に入らなければ、貨幣をたずさえて他の国へ移住してしまう。なるほどある者は土地を抵当によって入手している。けれども彼らはいつでもそこから貨幣を引き上げる用意をしている。また他の者は国債に貨幣を投下している。けれども祖国をもたないため、その国が危うくなると貨幣を引き上げて他の国へ移ってしまう。——このような階級が全ヨーロッパに増大しつつある。

プロレタリアについて。近代社会において貨幣的富者に対応し、その対極に立つ者がプロレタリアである。彼は社会の近代化の所産であり、無知、粗野、無所有を特徴とする。中世には各人は生まれつきいずれかのヘルシャフト、コルポラツィオン、ゲマインデに所属していたから、プロレタリアは存在しえなかった。だがいまや人口増加とともにそれは激増しつつある。一八四〇年にプロイセンの人口一五〇〇万人のうち二五〇万人が無産者であったし、イギリスではその比率は人口の十分の九に達する。プロレタリアの成長は近代国家にとり最大のかつさしせまった脅威である。プロレタリアはたんなる貧民ではない。もし宗教心、心情や慣習の単純さが支配しているならば、貧困それ自体は個人にとっても国民にとっても不幸ではない。だが近代文化の影響により、貧困は悲惨事となり、粗野は動物的野蛮に転じた。人びとは充足しえない欲望を覚え、より高次の生活についての考えが目覚め、従来の生活を嫌悪しはじめた。つまり堕落した天使の地位に立つにいたった。そうして世界秩序に対して反抗するにいたった。これがかの賤民（Pöbel）であって、それは貧困と近代文化との所産なのである。

ところで、以上のごとき貨幣的富者と賤民とは対応関係に立っており、相互に対立しつつも以下のごとき共通性をもっている。すなわち①ともに近代文化の所産である。②ともに民衆（Volk）の外に立っている。③ともに土地や祖国に対して無関心である。つまり富者はコスモポリタン的教養＝生活関心のゆえに、賤民は居住する土地に利害をもちえないがゆえに、そうなのであって、彼らは動物的に昂進した欲望にかられつつ、土地を掠奪の対象と見、定住民に対して永遠の戦争を遂行しつつある。

これが近代ヨーロッパ諸国を脅かしつつある事態である。したがって、これに対して有機体的に統合された諸階級の力によって対決するとともに、これを可能なかぎり社会の有機体的編成のなかに再統合するべく努力することが、最大の時代的課題なのである。

こうしてハックストハウゼンは、いまや人為的諸身分の意義を前面におし出し、とりわけ郡長（Landräthe）制を軸とする農村社会の再編成の方途を模索するのであった。ハルニッシュは彼の所論のなかに「農業進化のプロイセン型の道」の帰結についての「リアルな表象」を見出している。(40)

ところで『東西プロイセンの土地制度』に対する書評論文のなかで、ハンセンはハックストハウゼンの研究の農業史としての価値を充分に評価しつつも、立法にとって有効という意味での政策論としての意義に疑問をさしはさんだ。(41)こうした疑念は当時プロイセン政府内部においても次第に強まり、一八四二年二月に法律修正大臣としてカムプツにかわり、ハックストハウゼンに批判的なかのサヴィニーが登場するにいたって、彼に対する政府の委嘱は事実上終了する。ハルニッシュはその根拠として、ハックストハウゼンの悲観的見とおしとは逆に、プロイセン農業改革の進展にともない、次第に保守的な中・上層農の中核が形成され、それが相続法等の再編によるその政策的維持を不必要とするにいたったという事情を指摘している。(42)

ともあれこうしてハックストハウゼンにとってプロイセン時代が終わり、ロシア時代が始まるのであるが、かの中・上層農はその閉鎖的なコルポラツィオンによって、当時農村社会を脅かしていたプロレタリア的過剰人口を都市へと排除し、十九世紀中葉以降、プロイセン型原蓄の最終局面が急激に展開する。(43)ロマン主義者が維持した農村の封建的伝統がかえって大都市の工場労働者の一挙的形成を促進したという逆説をここに見出すことができる。

註

（1） Studien über die innern Zustände, Volksleben und insbesondere die ländlichen Einrichtungen Rußlands, Erster und Zweiter Theil (Hannover, 1847), Dritter Theil (Berlin 1852); Transkaukasia. Andeutungen über das Familien-und Gemeindeleben und die socialen Verhältnisse einiger Völker zwischen dem Schwarzen und Kaspischen Meere. Reiseerinnerungen und gesammelte Notizen, 2 Bde. (Leipzig, 1856); Die ländliche Verfassung Rußlands. Ihre Entwickelungen und ihre Feststellung in der Gesetzgebung von 1861 (Leipzig, 1866).

（2） N. M. Družinin, A. v. Haxthausen und die russischen revolutionären Demokraten. In: Ost und West in der Geschichte des Denkens und der kulturellen Beziehungen. Festschrift für Eduard Winter zum 70. Geburtstag (Berlin, 1966), S. 642-658. 鈴木健夫「ハクストハウゼンのロシア農村共同体論」早大大学院『経済学研究年報』No. 9（早大大学院経済学研究会、一九六八年一〇月）、四九―五〇ページ並びに肥前榮一「ハクストハウゼンの見た十九世紀中葉大ロシアの農民家族」『比較家族史研究』No. 1（比較家族史学会、一九八六年九月）四五ページ［本書Ⅱの3に収録］を参照。

（3） C. Goehrke, Die Theorien über Entstehung und Entwicklung des „MIR“ (Wiesbaden, 1964), S. 14-28. 並びに小島修一『ロシア農業思想史の研究』（ミネルヴァ書房、一九八七年）一九ページ。

（4） ニコラス・ジョージェスク＝レーゲン、小出厚之助訳「経済的要因と制度的要因との相互作用」『経済評論』Vol. 35, No. 9（日本評論社、一九八六年九月）一五ページ。Cf. also Nicholas Georgescu-Roegen, The Institutional Aspects of Peasant Communities: An Analytical View. In: Clifton R. Wharton, Jr. (ed.), Subsistence Agriculture and Economic Development, Chicago 1965, p. 64. 彼は「農民共同体に固有の諸制度という基本問題の重要性を明らかにした。」

（5） 肥前榮一「ハクストハウゼン研究序説――文献と資料――」、川本和良他編『比較社会史の諸問題』（未來社、一九八四年）二八六ページ。

（6） Ueber die Agrarverfassung in den Fürstenthümern Paderborn und Corvey und deren Conflicte in der gegenwärtigen Zeit nebst Vorschlägen, die den Grund und Boden belastenden Rechte und Verbindlichkeiten daselbst aufzulösen, Ueber die Agrarverfassung in Norddeutschland. Ersten Theiles erster Band (Berlin, 1829)（以下では Paderborn と略記する。）なお末尾の〔補註〕を参照。

（7） 「本書は真の制度史の模範である」というカムプツの評言はその代表例である（Vgl. Jahrbücher für die Preußische Gesetzgebung, Rechtswissenschaft und Rechtsverwaltung, hrsg. von K. A. von Kamptz, Bd. 34, 1829, S. 192.）。

（8） Die Patrimoniale Gesetzgebung in der Altmark. Ein Beitrag zum Provinzialrecht (Berlin, 1832); “Die organische Stände der christlich-germanischen Monarchie. Vom deutschen Bauernstande", Berliner Politisches Wochenblatt（以下ではBPWと略記）, 1832, Nr. 3 (21. Jan.) S. 16-18, Nr. 5 (4. Feb.) S. 29-30 u. Beilage S. 31, Nr. 7 (18. Feb.) Beilage S. 41 u. S. 42-44, Nr. 45 (10. Nov.) S. 286 u. Beilage S. 287 u. S. 288, Nr. 46 (17. Nov.) S. 291-292 u. Beilage S. 293 u. S. 294, Nr. 47 (24. Nov.) S. 296-298, Nr. 48 (1. Dez.) S. 301-304, Nr. 49 (8. Dez.) S. 309（以下Bauernstandeと略記）; "Die Landräthe und Kreisstände der preußischen Monarchie", BPW, 1832, Nr. 51 (22. Dez.) S. 321-322 u. Beilage S. 323, Nr. 52 (29. Dez.) S. 329-330, 1833, Nr. 2 (12. Jan.) S. 10 u. Beilage S. 11, Nr. 4 (26. Jan.) S. 24 u. Beilage S. 25, Nr. 6 (9. Feb.) S. 35-36 u. Beilage S. 37, Nr. 7 (16. Feb.) S. 40-42; Gutachten über den nach den Beschlüssen eines Königlichen Hohen Staatsraths redigirten Entwurf einer ländlichen Gemeinde-Ordnung für die Provinzen Westphalen und Rheinland (Berlin, 1834).（以下Gutachtenと略記）; Nachtrag zu dem Gutachten usw., (Berlin, 1835); Die ländliche Verfassung in den Provinzen Ost-und West-Preußen, Die ländliche Verfassung in den einzelnen Provinzen der preußischen Monarchie, Bd. 1 (Königsberg, 1839); "Temporis signatura", Jahrbücher deustcher Gesinnung, Bildung und That hrsg. von V. A. Huber, H. 19 u. 20, 1845, S. 393-468. その他の著作については肥前「研究序説」を参照されたい。

（9） Memoiren, im Nachlaß A. von Haxthausen in der Universitätsbibliothek Münster; B. Haller, Haxthausens Schrift „über die Agrarverfassung in den Fürstenthümern Paderborn und Corvey" im Urteil einiger Zeitgenossen, vornehmlich der Freiherrn von Vincke und vom Stein. In: Westfälische Forschungen, Bd. 31 (1981), S. 169-171.

（10） フリードリッヒ・リスト著、小林昇訳『農地制度論』（岩波書店、一九七四年）七六ページの註。『小林昇経済学史著作集Ⅵ』（未來社、一九七八年）二一二ページにはリストとハックストハウゼンとの近代社会観における対立的意義についての端的な指摘がある。ハックストハウゼンの農政論の基盤となった三月前期ドイツの農民身分の根本的に保守的な性格については、近年、農村共同体と労働者との構造連関把握の観点から（藤田幸一郎『近代ドイツ農村社会経済史』未來社、一九八四年）、奉公人史研究の観点から（若尾祐司『ドイツ奉公人の社会史――近代家族の成立――』ミネルヴァ書房、一九八六年）、さらに独露比較の観点から（肥前榮一『ドイツとロシア――比較社会経済史の一領域――』未來社、一九八六年）、解明がすすみ、いま「わが国のドイツ史研究における家父長的農民身分論」は「学説として体系化されつつあり」、「ドイツの農民的土地所有および経営の両極分解論的把握方法にたいする批判潮流を」形成しつつある（若尾の前掲書に対する藤田の書評『社会経済史学』vol. 53, No. 1、社会経済史学会、一九八七年四月、一〇五―一〇六ページ、を参照。傍点は引用者による）。この点で寺田光雄のリール研究も注目さるべきである（同著『内面形成の思想史――マルクスの思想性――』未來社、一九八六年、第四章）。

（11） E. Cronbach, Das landwirtschaftliche Betriebsproblem in der deutschen Nationalökonomie bis zur Mitte des XIX. Jahrhunderts

（Wien, 1907), S. 195-204. ミュラーについては原田哲史『アダム・ミュラー研究』ミネルヴァ書房、二〇〇二年、を参照。

（12） C. Goehrke, a. a. O., S. 23; H. Harnisch, August Meitzen und seine Bedeutung für die Agrar-und Siedlungsgeschichte. In: Jahrbuch für Wirtschaftsgeschichte,1975/I, S. 109-111.

（13） H. Harnisch, August Freiherr von Haxthausen. Zum Standort eines Wegbereiters der Agrargeschichte und der Volkskunde. In: Jahrbuch für Volkskunde und Kulturgeschichte, Bd. 27 (1984), S. 27-67. Vgl. auch B. G. Weber, Karl Marx, Friedrich Engels und das Problem der germanischen Agrarverhältnisse als Frühetappe der gesellschaftlichen Beziehungen in der deutschen Historiographie (Möser, Hanssen, Haxthausen, Maurer). In: Jahrbuch für Geschichte, Bd. 19 (1979), S. 349-365. ソ連史家のこの論文は、メーザーの古ゲルマンにおける始源的土地私有説に対する批判史＝始源的土地共有説のなかにハックストハウゼンを位置づけている。

（14） A. Cohausz, August Freiherr von Haxthausen. In: Mitteilungen des Kulturausschusses der Stadt Steinheim, Heft 30 (1982), S. 4; G. Tiggesbäumker, Die Rußlandreise des Freiherrn August von Haxthausen (1843/44). In: Westfälische Forschungen, Bd. 33 (1983), S. 116-119.

（15） Bauernstande, BPW, Nr. 3, S. 18.

（16） 原題は註8に掲げておいた。

（17） Bauernstande, BPW Nr. 3, S. 16.

（18） Vgl. auch Paderborn, VII-VIII, S. 187-188; W. Bobke, August von Haxthausen. Eine Studie zur Ideengeschichte der politischen Romantik (München, 1954), S. 107. B・ヒルデブラント『実物経済、貨幣経済および信用経済』橋本昭一訳、未來社、一九七二年、三六―三七ページに同様の認識がある。ヒルデブラントの場合、それを克服するのが信用経済である。四五ページ。

（19） 以下、Bauernstande, BPW, Nr. 3. S. 16-18, Nr. 5, S. 29-30, Beilage S. 31, Nr. 7, Beilage S. 41 u. S. 42-44 による。「合理的農業はたしかにあらゆる土地の生産性を無限に高める手段をあたえる。けれども日々の経験はまた、この手段がそれによって高められる生産性の果実よりも高価なものにつくことを、われわれに示している」という、（エコロジカルな含意をもつ）合理的農業の批判があわせて提起されている。

（20） 以下、Bauernstande, BPW Nr. 45, S. 286 u. Beilage S. 287 u. S. 288, Nr. 46, S. 291 による。

（21） Vgl. Ueber den Ursprung und die Grundlagen der Verfassung in den ehemals slavischen Ländern Deutschlands im Allgemeinen und des Herzogthums Pommern im Besonderen (Berlin, 1842) S. 33.（以下 Ursprung と略記。）

（22） 「すでに、すべての土地制度＝事情にかんするメーザーの鋭い観察は、土地の外的相貌を通じて頑強に維持されているこの対照を見落とさなかった。彼はそのなかに諸民族を分かつ境界線を予感し、農場《ホーフ》制度をその不変性、まったく破壊されることのない安定性のゆえにザクセン的制度と呼び、村落《ドルフ》制度をどちらかといえば変化する、動きやすい原理をふくんでいるがゆえにスエヴィー的制度と名づけた。」(Bauernstande, BPW, Nr. 45, Beilage S. 287; Ursprung, S. 28)

(23) この論点は後年、ドイツ人の Heimatsgefühl とロシア人の Stammesgefühl との対比として深められることとなる（肥前『ドイツとロシア』六七―六八ページ）。

(24) 以下、Bauernstande, BPW, Nr. 47, S. 296-297. による。

(25) Vgl. auch Paderborn, S. 28.

(26) この論点は後年、ドイツの共同体＝コルポラツィオンとロシアの共同体＝アソツィアツィオンとの対比として深められることとなる（肥前『ドイツとロシア』六八ページ、註一一〇）。フーフェが解体している第三類型の村落においてもコルポラツィオンの基本性格は変わらなかった。すなわち近隣の村落共同体のメンバーである耕地片の所有者はよそ者《フォレンゼ》と呼ばれて、ゲマインデ財産から排除されていた。

(27) したがって、マイヤーは畜耕役を、ケッターは手耕役を負担する（Paderborn, S. 41）。

(28) 以上、Bauernstande, BPW, Nr. 46, S. 292 u. Beilage S. 293 u. 294 による。

(29) 「サルマート」については Ursprung, S. 52 ff. に説明がある。

(30) Paderborn, S. 192-193.

(31) 以下、Bauernstande, BPW, Nr. 47, S. 297-298, Nr. 48, S. 301-302. による。

(32) Ebenda, S. 298. ハックストハウゼンがゲジンデに言及しているのは、この個所だけである。ちなみに、ここに示された大中小土地所有の幸福な結合というのは十九世紀ドイツ農政思想の基本的な観念であり、十九世紀末の初期マックス・ヴェーバーの内地植民論にも再出する（Vgl. Max Weber, „Privatenquêten“ über die Lage der Landarbeiter. MWG, I/4, S. 84; Ders., Die Erhebung des Vereins für Sozialpolitik. MWG, I/4, S. 152.『東エルベ・ドイツにおける農業労働者の状態』肥前榮一訳、未來社、二〇〇三年、二二六ページ、註12）。

(33) 以下、Bauernstande, BPW, Nr. 48, S. 302-304, Nr. 49, S. 309. による。

(34) H. Harnisch, Haxthausen, S. 39; Ders., Meitzen, S. 115-117.

(35) この点では、椽川一朗『西欧封建社会の比較史的研究〔増補改訂〕』（青木書店、一九八四年）におけるドイツ史学批判が、そのままハックストハウゼンにも妥当するというべきである。

(36) 以下、Ruth Meyer zum Gottesberge, Die geschichtlichen Grundlagen der westfälischen Landgemeindeordnung vom Jahre 1841 (Bielefeld, 1933), S. 10-17, 22-23, 48-50, 73,76, 96-97, 117-118, 128-130, 135-143, 151, 159, 163-172; W. Bobke, a. a. O., S. 58-59, 104-5; B. K. Beer, August von Haxthausen, A Conservative Reformer: Proposals for Administrative and Social Reform in Russia and Prussia, 1829-1866 (Nashville, 1976), pp. 138-142. による。なお岡本明「ナポレオン支配下のヴェストファーレン王国――官僚制度と隷農身分の廃止をめぐって――」服部春彦・谷川稔編『フランス史からの問い』山川出版社、二〇〇〇年、所収、同「ナポレオン支配期衛星国家のプロイセン官僚の群像」『西洋史研究』新輯第三〇号、二〇〇一年、を参照。

(37) Gutachten, S. 50, 62-64, 113-117, 141-157.

(38) 注10とも関連して、メーザー受容における、いわば正嫡ともいうべきハックストハウゼンとリストとの相違について新たな示唆を与えるのが諸田實の労作『晩年のフリードリッヒ・リスト――ドイツ関税同盟の進路――』有斐閣、二〇〇七年、である。メーザーの株式説は非平等主義的＝身分制的な社会契約説であるが、それが啓蒙の言葉で表現されたことが、リストやロテック、ヴェルカーらリベラルによって受容された原因であると、クヌーセンは指摘している（Cf. Jonathan B. Knudsen, Justus Möser & the German Enlightenment, 1986, p. 150）。なおこの点に関連して『経済学史学会年報』第一八号、一九八〇年、六四―五ページにおける、田中真晴と小林昇との質疑応答が注目される。

(39) 以下、Temporis signatura, S. 393-468. による。

(40) H. Harnisch, Haxthausen, S. 39. なお、前述の貨幣的富者（Geldreichen）なる用語もメーザーに由来する。いわく「農民の穀物を買い叩き、貯蔵して、投機を行なう貨幣的富者たち」と（Justus Möser, Gedanken über die Getreidesperre, an den Deutschen, in: Patriotische Phantasien II. In: Sämtliche Werke, Bd. 5, 1945, S. 48）。なおこの時期に南ドイツからはバーダーのプロレタリア統合論が現われている（木村周市朗『ドイツ福祉国家思想史』未來社、二〇〇〇年、第五章）。

(41) Rau's Archiv der politischen Ökonomie und Polizeiwissenschaft, Bd. 4 (1840), S. 445.

(42) H. Harnisch, a. a. O., S. 52.

(43) 肥前『ドイツとロシア』三九〇―三九三ページ。

〔補註〕ハックストハウゼンの真の処女作は次のものである。Böckendorf und Böckerhof, 1828, hrsg. von E. Hizen. 本論文は筆者によって発見され、筆者の作成したビブリオグラフィー（註5に示した）と併せて Westfälische Zeitschrift, Bd. 137 (1987), S. 273-330, 331-346 に発表された。

3　ハックストハウゼンの見た十九世紀中葉大ロシアの農民家族

一、まえおき

ドイツの農政学者ハックストハウゼン（August Freiherr von Haxthausen, 1792-1866）はロシア政府の委嘱により、一八四三―四年にロシア各地を旅行して農民事情をはじめとするロシアの社会事情を視察し、その結果を主著『ロシア社会の研究』（三巻、一八四七―五二年）並びに『トランスカウカジア』（二巻、一八五六年）として公表した。(1) 彼の研究は、一方ではロシアの農民生活とりわけミール共同体の実態をはじめて西欧に紹介するとともに、他方ではミール共同体の太古性、またそのアソツィアツィオンとしての性格を強調することによって、ナロードニキの共同体社会主義に影響を及ぼしたのであった。以下では主として『ロシア社会の研究』に見られるハックストハウゼンの農民家族＝ロシア社会観を紹介したい。

ハックストハウゼンによれば、ドイツの伝統的な国家が「封建国家」（Feudalstaat）であるのに対して、ロシアのそれは「家父長制国家」（Patriarchalstaat）であって、(2) 農民家族（ドヴォール）→村落共同体（ミール、オプシチナ）→国家（ツァーリズム）という、いわば家族的構成の上に立脚し、農民家族はその基礎単位をなしている。農民家族は、擬制的血縁関係の支配と私的土地所有の欠如とによって特徴づけられるロシア社会のミクロコスモスである。かつてロシア建国期にヴァリャーグ人はゲルマン的な封建制の原理をロシアに導入したが、それは民衆の間に定着せず、それに代わって発達したこうした家父長制原理は、ヨーロッパに類を見ないものであり、最古のオリエント諸民族の社会原理に近いものであった。ロシア人はきわめて社会的《ソツィアル》であるとともに、血縁関係（本来的並びに擬制的な）を重視する。(3)

二、農民家族の構造

ロシアの農民世帯《ドヴォール》においては、財産共有と家父長のもとでの家族員の平等とが特徴的であった。フーフェ制と長子相続制との条件のもとで、フーフェの相続権者たる長男のみが家父長として共同体員たりえたドイツの農民家族と異なり、ロシアのドヴォールにあっては、すべての兄弟が成人して結婚しても、平等に同一世帯内にとどまり拡大家族を形成する。(4)土地は新夫婦に対して村落共同体から割り当てられ、用益権がみとめられる。「〔土地〕所有権の主体は……共同体という不滅の道徳的な人格であって、その構成員はかかるものとして共同体財産のすべての比例配分を受けて用益すべきものなのである。」(5)すなわち、フーフェ所有権者であることが共同体員たりうるための条件であったドイツとは逆に、ロシアでは「不滅の道徳的な人格」たるミール共同体ないしはその基本単位であるドヴォールの構成員であることによって、おのずと用益地が全員に配分されるのである。このような土地配分原則が行なわれているがゆえに、ロシアのドヴォールは西欧的なプロレタリアートを産み出さず、アソツィアツィオンとして機能しているのである。

ところでロシアの農民世帯は擬制的血縁集団という性格を帯びている。すなわち、世帯から長期にわたって離脱すると血縁者であっても土地用益権を失うし、逆に非血縁者が養子として血縁者に擬せられて、家族のなかにとり込まれている。「ロシア人は強い家族の絆なしには生きられない。もし家族のない時には、擬制的な家族をつくる。例えば実の父がなければ、誰かを父に選び出して、実の父同様にこれを敬愛する。同様に、子供のない者は養子をとる。」例えば、ヤロスラヴリ県ゴラピヤトニツカヤ領では、老人、遠縁の老女とその末娘（一四歳）、死んだ姉娘の夫とその後妻と五人の子供、つまり血のつながらない人びとの構成する農民家族が見出されたが、こうしたケースは少くなかった。このようにドヴォールはルーズな、開放的で流動的な性格を備えていた。(7)

ドヴォールにおいては、早婚が慣行化していた。すなわち、私領地では、若い農民は結婚によって村落共同体から土地割当てを受け、自立した地位を獲得しうるために、早婚を有利とし、農場領主もまたチャグロとそのオブロクないし賦役をより多く獲得するために、これを奨励した。また王領地でも、人口調査に先立って新世帯は共同体から土地配分を受け、かつ働き手としての嫁を迎え入れることが農民世帯にとって有利であったがゆえに、早婚が行なわれていた。村落共同体にとっても、チャグロの増加は賦役負担の軽減を意味した。(8)

家父長の地位につくのは原則として父親であり、ついで長男、伯父等で、他人であるばあいさえあった。家父長制原理にかかわらず、家父長の地位は村落共同体から配分された共有財産の管理者としてのそれに限定されており、逆に女性の地位は高くて、「ヨーロッパの家庭では夫が君臨し妻が統治するのに、ロシアの家庭では妻が君臨し夫が統治する」といわれた。(9) そのさい、ロシアの家父長はやさしく、養子を実子同様に可愛がり、決して抑圧しないが、一方、民謡には悪い継母がしばしば出てくるのである。(10) 財産共有制のゆえに、結婚によって家族の外に出る娘は、嫁資以外には何ももらえなかった。(11) 極端な早婚＝児童婚（児童と年長の娘との結婚）にともなうスノハーチェストヴォ（舅と嫁との性的関係）のポリガミー的慣行がみとめられた。(12)

一方、ノガイ・タタール人、チェレミス人、チュヴァシュ人といった少数民族においては、購買婚とポリガミーとがみとめられた。(13)

三、村落共同体の構造

「家族の観念がロシア人にあってはゲマインデにも転用されている。」[14] 農民家族の拡大形態が村落共同体であり、ミール共同体は擬制的な拡大された農民世帯であって、そこでは、スタロスタ（長老）の家父長的支配のもとで土地共有と農民世帯の間での定期的割替え＝個別的用益とが行なわれている。[15]

そもそも村落共同体は農民家族の拡大を通じて形成された。すなわち家族構成員が増加すると世帯が分裂するが、しかし依然として複数の家族が土地を共有し、共同耕作を行ない、共通の家父長（長老）を維持しつづけたのである。[16]

こうした土地制度のもとでは、父親の持ち分地に対する子供の相続権は成立しえず、かえって息子たちは共同体メンバーとしての自分自身の権利にもとづいて、共同体に対して持ち分地を要求することができる。スタロスタは擬制的な父親であり、村民は擬制的な家族員である。

ミール共同体は、ドイツの封建的な村落共同体のようなフーフェの相続権者のみからなる封鎖的で特権的なコルポラツィオンではなく、すべてのドヴォール成員からなる民主的で開放的で流動的なアソツィアツィオンである。よそ者も共同体集会の決定にもとづいて兄弟として迎えいれられ、土地を配分される。[17] 全員が土地配分を受け、共同体員資格を獲得するから、ロシアには西欧のようなプロレタリアートの成立する余地がない。

村落のなかでは、洗礼のさいに与えられて胸につけている十字架を交換して成立する、いわゆる十字架兄弟＝義兄弟の関係がとり結ばれることもあった。[18]

村落が相当に大規模であるばあいには、農民家族と村落共同体との間に、中間的な労働＝相互扶助組織が形成されることがあった。四五八人の成人男性からなるカザン県クラスナヤ・スロヴォーダ農場では、こうした労働組織は血縁関係の土台の上に編成されていた。同様の親族的な中間労働組織はトリオフェロ農場やベニェヴァ村にも存在した。[19]

四、国家の構造

村落共同体の拡大が国家であり、民衆の首長にして父親なるツァーリのもとに平等に共同体に分かれて住む一大家族がロシアである。[20]

ロシア人を特徴づける郷土愛の欠如と祖国愛の強さとは、こうした血縁意識（Stammesgefühl）に由来するのであり、それがまたロシア史の土台をなす巨大な内地植民を促進した。「ロシア人の植民熱はロシア人の国民性に深く根差している。……ドイツ人はその故郷をこよなく愛する。生まれた場所、幼時を過ごした村、遊んだ森や牧場や山、父親の家、父祖伝来の耕地は、彼を分かち難く故郷につなぎとめる絆である。ロシア人はそうではない！　彼はあまり郷土愛をもたない。その代りに強い祖国愛をもっている。またすべての親近者、同胞に対する愛着がある。彼を最も強くしばりつけるのは、故郷の村でも額に汗して耕やした耕地でもなく、人間であり、同胞、隣人、親族なのである。彼がこれらの人びとの間に居るならば、たとえ故郷からはるかにへだたっていても、彼は平安なのである。」[21]

民衆はツァーリに対して、奴隷的な畏怖心ではなく、子供のような畏敬の念を抱いている。彼は献身的なやさしさでツァーリを愛する。皇室財産への崇敬はこのことと結びついているのであり、徴税人が襲われたためしがない。ヴォロクダ県では、徴税人は村で徴収した貢納金の袋をたずさえて、村一番の農家に宿泊するが、部屋の聖画のもとに

袋を置き、別室で熟睡しても、盗難のおそれはないという。(22)

ちなみに、ロシアの貴族はプロイセンのユンカーのような土地貴族ではなく、官僚＝軍人たる資格を前提とする奉仕貴族であった。つまり、一等の将校位かもしくは一四等以上の文官の官職を得なかった貴族は一人前でなく（nedorosl'）、その状態が三代続くと貴族たる権利を失ってアドノドヴォルツィの階級に移行し、逆にそうしたアドノドヴォルツィがその家系を証明しつつ自由意志で国家奉仕に復帰したばあいには、再び貴族にとり立てられる。(23) ロシアの貴族は、ヨーロッパの土地貴族に特徴的な郷土愛と相続財産への執着との欠如から、容易に土地財産を売却し、その結果、土地貴族を特徴づける土地所有の安定性を欠いている。「ロシアでは富豪はめったに三代とは続かない。」(24) またプロイセンの郡長《ラントラート》が地方名望家であったのに対し、ロシアの郡警察署長《イスプラヴニク》はその苛斂誅求と知事に対する卑屈さとによって、「ロシアでもっとも憎まれ、軽蔑されている役職」であった。(25)

こうして要するに、領主－農民関係は国家－村落共同体関係を補完する契機でしかなかった。「土地はツァーリ＝国民のものであり、地主はそれの一時的用益者にすぎぬ、というロシア農民の観念はまったく正しい。」(26)

五、西欧社会に対するロシア社会の優位

ハックストハウゼンによれば、ロシアの共同体制度はロシアにとって多大の利益を意味した。けだし「家父長制国家」ロシアでは民衆がアソツィアツィオンとしての農民家族－村落共同体のなかで平等の土地用益権をもつがゆえに、西欧社会を危機におとしいれているペーベル＝プロレタリアートが存在せず、近代の社会問題が発生しえないからである。(27) たしかに土地割替え制度は農業の進歩を妨げるが、共同体制度がもつ社会安定化機能の政治的価値は右のマイ

ナスをカバーして余りある。しかもこのマイナスも、小共同体や大共同体におけるかの中間的労働組織やを基本とする共同耕作を復活させ、土地割替え制度を廃絶することによって除去しうるのである。[28]――

このようにハックストハウゼンは、土地共有＝共同耕作という共同体の「始源の状態」を賛美することによって、ナロードニキの共同体社会主義に霊感を吹き込んだのであった。

しかしながらそのさい、彼は生産力向上の阻害と並ぶミール共同体のいま一つの弊害、すなわち、世帯《ドヴォール》への所属を条件として全員に土地が配分されるという土地配分様式が早婚を促進することによって人口増加をもたらし、かつ共同体の非コルポラティフな性格のゆえにその人口を農村内部に滞留させることによって農村過剰人口を生み出すという機能を見落としていた。[29] ハックストハウゼンの予想に反して、十九世紀の八〇年代以降、農村過剰人口＝土地不足現象の顕在化とともに、保守的なはずのロシア農民が全般的に急進化し、その土地要求運動はロシア革命へとつながるのである。[30]

註

（1） Studien über die innern Zustände, das Volksleben und insbesondere die ländichen Einrichtungen Rußlands, Erster und Zweiter Theil, Hannover 1847, Dritter Theil, Berlin 1852.（以下では Studien と略記）; Transkaukasia. Andeutungen über das Familien-und Gemeindeleben und die socialen Verhältnisse einiger Völker zwischen dem Schwarzen und Kaspischen Meere. Reiseerinnerungen und gesammelte Notizen, Erster Theil und Zweiter Theil, Leipzig 1856. なお拙著『ドイツとロシア――比較社会経済史の一領域――』（未來社、一九八六年）、一六三―一六七ページを参照されたい。

（2） Studien, T. 1, S. XI.

（3） Studien, T. 3, S. 123-126, 198-200.

（4） Studien, T. 1, S. 128.

（5） 前掲拙著、一八九―一九〇ページ所収の覚書。

(6) Studien, T. 1, S. 109, 145-6.
(7) Studien, T. 3, S. 145-6.
(8) Studien, T. 1, S. 128-9, 前掲拙著、一七九ページ所収の覚書。
(9) Studien, T. 1, S. 56-58, 214. 前掲拙著、二七五ページ所収の覚書。
(10) Studien, T. 1, S. 233.
(11) Studien, T. 2, S. 164. 前掲拙著、一七六ページ所収の覚書。
(12) Studien, T. 1, S. 128-9. 前掲拙著、六二―三ページ。
(13) Studien, T. 1, S. 442, 459-60, 492, T. 2, S. 371-4
(14) 前掲拙著、一七六ページ所収の覚書。
(15) Studien, T. 1, S. XI, T. 3, S. 198-200.
(16) Studien, T. 3, S. 124-125.
(17) Studien, T. 1, S. 155-6, T. 3, S. 64. 前掲拙著、一七四―五ページ所収の覚書。
(18) Studien, T. 3, S. 146.
(19) Studien, T. 2, S. 5, 9, T. 3, S. 152, 485.
(20) Studien, T. 1, S. XI, T. 3, S. 198-200.
(21) Studien, T. 2, S. 5-6, T. 3, S. 137-9, 145.
(22) Studien, T. 3, S. 131-2.
(23) Studien, T. 3, S. 307-8, 519. 前掲拙著、二二五―六、二三九ページ所収の覚書。
(24) Studien, T. 3, S. 48, 148. ロシアの農奴は、「自分は領主のものだが、土地は自分のものだ」と考え、貴族の上級所有権＝土地相続権を認めない（Studien, T. 1, S. 154)。
(25) Studien, T. 3, S. 52 ff.
(26) Studien, T. 3, S. 138, 46.
(27) Studien, T. 3, S. 151.
(28) Studien, T. 3, S. 152.
(29) 前掲拙著、九二ページ註148並びにⅢの8。

(30) 前掲拙著、四〇九ページ並びに四一四ページ註1。

4 マルクスのロシア共同体論

一、テキスト

A「所有とは本源的には、自分に属するものとしての、自分のものとしての、人間固有の定在とともに前提されたものとしての自然的生産諸条件に対する人間の関係行為のことにほかならない。」（『経済学批判要綱』『資本論草稿集』大月書店、2、一四三―四ページ）

B「歴史は、共同所有を〔所有の〕本源的な形態として示しているのであって、この形態は、共同体所有という姿でなお長いあいだ重要な役割を演じているのである。」（同上「序説」1、三二ページ）

C「社会的分業は商品生産の存在条件である。といっても、商品生産が逆に社会的分業の存在条件であるのではない。古代インドの共同体では、労働は社会的に分割されているが、生産物が商品になるということはない。」（『資本論』第一部、『マルクス＝エンゲルス全集』大月書店、23a、五七ページ）

D「ちょうど労働の分割のさまざまな発展段階の数だけ所有のさまざまな形態がある。……所有の最初の形態は部族所有である。……第二の形態は古代的共同体所有および国家所有である。……第三の形態は封建的または身分的所有である。」（『ドイツ・イデオロギー』廣松渉編、河出書房新社、八二―五ページ）

E「絶えず同じ形態で再生産され、たまたま破壊されてもまた同じ場所に同じ名称で再建される自給自足的な共同体の簡単な生産体制は、アジア諸国家の不断の興亡や王朝の無休の交替とは著しい対照をなしているアジア的諸社会の不変性の秘密を解く鍵を与えるものである。社会の経済的基本要素の構造が、政治的雲上界のあらしに揺るがされることなく保たれているのである。」（『資本論』第一部、『全集』23 a、四六九―七〇ページ）

F「われわれの地球の原古紀〔古生代〕すなわち第一紀の地層は、それ自体、つぎつぎに累積してきた、さまざまな時代に属する一系列の単層をふくんでいる。それと同じく、社会の原古的構成は、前進的諸時期を画する〔相互に一つの上昇系列を構成する〕さまざまな型の一系列をわれわれに啓示している。ロシアの農村共同体は、この連鎖の最も新しい型に属している。」（『ヴェ・イ・ザスーリチの手紙への回答の下書き』『全集』19、四〇一―二ページ）

G「ロシアの農民共同体《オプシチナ》は、ひどくくずれてはいても、太古の土地共有制の一形態であるが、これから直接に、共産主義的な共同所有という、より高度の形態に移行できるであろうか？」（『共産党宣言』ロシア語第二版序文、『全集』19、二八八ページ）

二、資本主義に先行する諸社会と共同体

（1）共同体の基本規定　マルクスは『経済学批判要綱』所収の『資本主義的生産に先行する諸形態』を始めとする多くの著作において、共同体について考察している。共同体とは、世界史において原始共産制が崩壊してのち、資本主義的生産様式が成立するまでの、資本主義に先行する（アジア的、古典古代的、封建的）諸生産様式の基礎をなす土地所有の形態をいう。資本主義的生産様式における「商品」と同様、資本主義に先行する諸生産様式においては、「土

地」が富の基本形態（「天与の」宝庫）をなす。したがって、共同体関係は資本主義的生産様式において商品生産が占める論理的地位を、資本主義に先行する諸生産様式において占めている（テキストC）。しかしながら、共同体は資本主義的商品生産のような社会的拡がりを示しえず、多かれ少なかれ孤立した「局地的小宇宙」として現われる。共同体は所有の本源的形態（テキストA、B）であって、その第二次的形態である階級関係（貢納制、奴隷制、封建制）の基礎をなすものである。しかし共同体を基盤とする階級関係は、商品生産を基盤とする近代的階級関係とは異なり、共同体規制に立脚する「経済外強制」という支配関係をともなう。ところで、共同体の歴史的諸形態（テキストD）を分析するにあたっては、次の二つの観点を堅持することが必要である。第一に、原始共産制から受け継いだ血縁関係の弛緩度。第二に、原始共産制における集団所有の原理を突き崩しつつ出現する私的所有の展開がもたらす、共同体に「固有の二元性」（集団所有と私的所有との）における私的所有（したがってまた社会的分業）の進展度。その具体的様相は、以下のとおりである。

（2）アジア的形態　典型的には、ユーラシア大陸および北アフリカの大河（ナイル、チグリス＝ユーフラテス、インダス、黄河）流域に発展した、世界最古の高度文明の経済的基礎をなすアジア的生産様式を支える形態として成立した。第一に、そこでは血縁関係はなお濃密であって、共同体は傍系家族の拡大形態たる種族〔部族〕共同体として現われる。第二に、家父長制の基礎をなす私的所有はわずかに宅地および庭畑地（ヘレディウム）に現われるにすぎず、耕地、森林等、その他すべての土地は「本来の現実的所有者」たる共同体の集団所有に属し、共同体から定期的割替え等を通じて個々の農家に割り当てられて、一時的用役に供せられる。こうして、ここでは集団所有の原理が私的所有の原理に優越している。第三に、種族共同体は農業と小工業とを結合している。第四に、それはもっとも粗野な国家形態である東洋的専制政治（＝「全般的奴隷制」）の基礎をなす。貢納もしくは専制政府のための共同労働が余剰労働の基本形態である。第五に、「個々人が共同体に対して自立していないこと、生産の自給自足性＝農業と手工業との一体性等」のゆえに、それは強靱な持続性を示す（テキストE）。

（3）古典古代的形態　古代地中海世界（ギリシャ、ローマ）に発展した奴隷制的生産様式の基礎をなす形態である。第一に、アジア的形態にくらべ血縁関係は弛緩し、集住の所産である都市共同体（中心部の手工業と周辺農村部の農業との分業関係に立脚）として現われる。第二に、市民にはヘレディウムの私有のほか、公有地の先占による私有地化（フンドゥスの形成）が認められ、私的所有の原理はアジア的形態にくらべ格段に進歩している。第三に、しかしながら対内的に先占によって消滅する公有地は対外的に、征服戦争によって回復されねばならない。こうして戦争が「重大な共同労働」となり、都市共同体は「軍事的に編成」されている。このように、古典古代的形態にあっては、集団的原理と私的原理とが、いわば均衡を保っている（「国家的土地所有と私的土地所有との対立的形態」）。第三に、被征服民は奴隷化され、市民である奴隷主と奴隷との階級関係が、古典古代的生産様式の基礎となる。

（4）封建的形態　典型的にはアルプス以北の北ヨーロッパ中世に展開した封建的生産様式の基礎をなす形態である。第一に、共同体は完全に地縁的な、端緒的に物象化さえされた、村落共同体である。第二に、私的原理はさらに発展をとげ、宅地＝庭畑地はもとより、耕地自体もまたすべて私有地化され、わずかに放牧地＝森林のみが「個人的所有の補充」として共有されているにすぎない（フーフェの形成）。共同体は「自立した主体（＝経済整体）相互の関係」として現われる。第三に、土地の上級所有権者としての領主と下級所有権者（＝用役権者）としての農民との階級関係が、封建的生産様式の基礎をなす。第四に、社会的分業はさらに発展をとげ、村落共同体と並んで独立の都市共同体が成立し、農村と都市との分業関係が成立する。資本主義的生産様式の成立過程である資本の本源的蓄積は、この封建的形態のなかから、それを掘り崩しつつ始まるのである。

三、ロシア革命と共同体の問題

(1) **ミール共同体** マルクスの共同体論のアクチュアルな意義は、とりわけそのロシア共同体論に認めることができる。すなわち、かつて「マルクス＝レーニン主義」に導かれたソ連史学が、基本的にレーニンによりつつ、革命前のロシア社会が西欧やドイツと同様、封建的発展をとげたことを強調し、十九世紀末のロシアの経済的発展を封建制から資本主義への移行過程としてとらえたのに対し、マルクス自身は中央部ロシア農村に普及していたミール共同体を、明確に共同体のアジア的形態としてとらえ、ツァーリズムをその上に展開するアジア的生産様式＝東洋的専制政治として把握していた。例えばマルクスは「ヴェ・イ・ザスーリチの手紙への回答の下書き」のなかで、ミール共同体を「農耕共同体」として分析し、そのアジア的形態としての特徴を明確に析出している。特に地質学的な比喩を借りた「社会の原古的構成の――連鎖の最も新しい型」という把握（テキストF）は、アジア的形態に関するマルクスの認識の深まり（共同体の太古的起源に関する古典学説的ないわゆる「連続性説」克服の第一歩）を示しているように思われる。

(2) **ロシア革命観** 総じて共同体を克服さるべき過去の遺産としてとらえていたマルクスにとって、資本主義的世界市場の支配的存在という条件のもとでの、ミール共同体を基礎としたロシアの共産主義的発展の可能性についてのザスーリチの質問は、新たな難問を意味したに相違ない（テキストG）。共同体のアジア的形態は、「近代の歴史的環境」（＝資本主義的な世界市場との結びつき）のなかに置かれることによって、はたして新しい生命力ないし史的可能性を獲得しうるであろうか。ザスーリチの手紙に対する返書のための下書きの繰り返しには、晩年のマルクスの苦悩が示されている。結局のところマルクスは、第一に、ロシアを『資本論』の本源的蓄積論の適用範囲からはずし、第二に、国際労働運動の支援を、ロシアの共産主義的発展の可能性の不可欠の要素として強調するにとどまった。

（3）第三世界観へ　マルクスにあっては、前述の共同体の三形態のうち過去に属する古典古代的形態はもとより、封建的形態も歴史的に見て過去のものとなりつつあったのに対して、アジア的形態はその強靱な持続性のゆえに、最古の形態でありながらかえってもっとも大きな現代的意義をもつものであった。すなわち、欧米諸国による世界の植民地的支配は、おおむね資本主義的生産様式による、生きのびてきたアジア的生産様式の征服を意味した。しかも初期マルクスにあっては、そうした征服がすみやかに資本主義的生産様式の単一支配に帰着すると楽観的に予測されたのに対し、晩年のマルクスにあっては、資本主義的生産様式とアジア的生産様式との接合による新たな形態の生成が、意識されるに至ったと思われるのである。

四、晩年のマルクスのノート類の意義

コヴァレフスキー、モーガン、メーン、ラボックらの著作について晩年のマルクスが作成したノート類（『全集』補四所収）は、資本主義的生産様式とアジア的生産様式との接合がもたらす新たな形態、あるいはそこから生まれる発展途上国における非資本主義的な発展の道の可能性いかんに関するマルクスの、新たな問題意識に支えられた、『資本論』の外側の世界に対する人類学的関心の高まりを示している。

マックス・ヴェーバーがのちにロシアの一九〇五年革命の分析において、明瞭にカデットの自由主義に共感を寄せたのとは異なり、マルクスの思想的立場は広義のナロードニキのそれにより深く内在しようとするものであった。

とりわけコヴァレフスキー・ノートの作成を通じて得られた、「農耕共同体」成立に関する地質学的イメージは、す

でに述べたように、ザスーリチあての手紙の下書きに活かされている。それはミール共同体成立に関するハックストハウゼンの「連続性説」から出発したマルクスが、それを克服し、さらに政策的契機を強調するチェーリンの「国家説」をも批判して、カチョロフスキーら新ナロードニキのいわゆる「経済学説」に接近していることを示しており、この不世出の学者が、晩年にこの分野においても到達した境地の高さを、断片的ながら、示しているように思われる。

【参考文献】

田中真晴『ロシア経済思想史の研究』ミネルヴァ書房、一九六七年
大塚久雄『大塚久雄著作集第七巻　共同体の基礎理論』岩波書店、一九六九年
山之内靖『マルクス・エンゲルスの世界史像』未來社、一九六九年
保田孝一『ロシア革命とミール共同体』御茶の水書房、一九七一年
松尾太郎『経済史と資本論』論創社、一九八六年
中村勝己『世界経済史』講談社、一九九四年
肥前榮一『ドイツとロシア——比較社会経済史の一領域』未來社、一九八六年、新装版、一九九七年

5 マックス・ヴェーバーの農業労働者調査報告＝『東エルベ・ドイツにおける農業労働者の状態』（一八九二年）について

一 成立事情

若い日のマックス・ヴェーバーは農業労働者問題の研究者として学界にデビューしたのであり、この分野における彼の一連の作品の中心をなしたのが『東エルベ・ドイツにおける農業労働者の状態』と題する調査報告書であった。まず始めに、社会政策学会の農業労働者調査を組織したフーゴー・ティールによりつつ、本調査報告書の成立事情について述べておこう。(1)

一八九〇年九月二六日、社会政策学会委員会は、一八九二年度の総会で取り上げるべきテーマを、マックス・ゼーリングの提案に基づき、農業労働者問題と決定し、その具体的な取扱いについてティール、ヨハネス・コンラート、ゼーリングの三名に検討を委嘱した。

ゴルツの指摘するように、学会は年来農村事情を多岐にわたって取り上げており、(2) 農業労働者問題というテーマはそうした伝統の上に、ビスマルクの失脚とカプリヴィの「新航路」政策の始まりという転換期におけるアクチュアルな、「大きな政治的爆発力」をもつ新問題として設定されたのである。

当時東エルベの領主農場は、低廉な外国穀物の大量流入による穀物価格の下落とともに、とりわけ労働者の激しい流出とそれによる労働力不足（「ロイテノート」）に悩んでおり、ポーランド人移動労働者の大量導入に活路を見い出していた。しかし後者は「ドイツ東部のポーランド化」を引き起こし、とりわけ国民自由党の「文化ナショナリズム」がそれによって刺激された。これに対応してビスマルク＝プロイセン政府は一八八五年以降、三万三〇〇〇人ものポーランド人を国外へ追放し、同時に内地植民の構想を実現した。すなわち、一八八六年四月二六日の植民法によって、ポーゼン＝西プロイセン両州の植民委員会が設置され、一億マルクの公的資金を得て、ポーランド人地主の土地を買い上げてこれを細分し、ドイツ人の農民、労働者に売却しようとした。ところが輸出工業国家をめざすカプリヴィの開放政策のもとで、一八九〇年六月二七日の地代農場法によって、植民事業は民間事業として、ポーランド人を差別することなく全プロイセンに拡大され、また東部国境もポーランド人移動労働者に対して再び開かれようとしていた。一方、社会民主党は一八九〇年一〇月のハレ党大会で、農村活動の強化を決議した(3)。

こうした背景のもと、一八九一年初頭、ティール以下の三名は協議して農業者＝雇用主を対象とする全国規模の農業労働者の調査をおこなうこととし、できる限り多方面の農業者に配布する質問表を作成すること、しかも統計資料だけでなく、農業労働者事情についてのまとまった記述をも得ることを決定した。この目的のために個別質問表（Ｉ）および総合質問表（Ⅱ）という二種類の質問表が作成されることとなった。作成者はゼーリングであった(4)。この決定は回状を通じて各委員に通知された。

同年七月、ティールは学会の名においてドイツ農業中央協会に回状を送り、質問表Ｉを送付すべき農業者のリスト並びに質問表Ⅱを配布すべき地区の構成、さらにその地区の農業労働事情の総合的説明をおこないうる人物の紹介を求めた。約四〇〇〇名のリストが得られた。その間にゼーリングが作成した質問表の原案は、コンラートおよびティールによって修正されて完成された。同年一二月に質問表Ｉ（個別質問表）三一八〇通が、翌九二年二月に質問表Ⅱ

（総合質問表）五六二通が、それぞれ学会の名において農業者に発送され、前者については二二七七通の、また後者については二九一通の回答報告が得られた。

収集された回答報告資料の多さと九月末にポーゼンで予定された総会に間に合わせねばならないという時間的な制約とのゆえに、資料の整理＝総括と記述とを地域の事情に通暁した回答者自身に依頼するという当初の計画は破棄され、カール・ケルガー、マックス・ヴェーバー、ヘルマン・ロッシュ、クノー・フランケンシュタイン、フリードリヒ・グロースマン、オットー・アウハーゲンという六名の若手研究者にこれを委嘱することとなった。彼ら報告資料整理＝総括者たちは数次にわたる会合を開き、以下の観点を定めた。回答報告に盛られた事実資料をできる限り忠実に総括すること、回答者の主観的な判断はできうる限りその旨明記すること、因果連関や史的発展の叙述およびその他の批判的性格をもつ記述は、総括者各人の自由に委ねること。

こうして全三巻からなる農業労働者調査報告書『ドイツにおける農業労働者の諸事情』（Die Verhältnisse der Landarbeiter in Deutschland, Schriften des Vereins für Socialpolitik（以下SVSと略記）, Bd. 53-55, 1892）が短時間のうちに完成した。地域別分担関係は以下のとおりである。第一巻。ケルガー＝北西ドイツ／ロッシュ＝西南ドイツ（H・グローマン＝追加された付録の統計小論文）。第二巻。フランケンシュタイン＝ホーエンツォレルン、ヴィースバーデン、テューリンゲン、バイエルン、ヘッセン、カッセル、ザクセン王国／グロースマン＝シュレスヴィッヒ－ホルシュタイン、ザクセン州、ハノーヴァー、ブラウンシュヴァイク、アンハルト／アウハーゲン＝ライン州、ビルケンフェルト（オルデンブルク）。第三巻。ヴェーバー＝東エルベ。

二八歳のベルリン大学商法私講師マックス・ヴェーバーは、前年に著した教授資格論文『ローマ農業史』（Max Weber, Die römische Agrargeschichte in ihrer Bedeutung für das Staats-und Privatrecht, 1891, MWG, I/2, 1986）に対するグスタフ・シュモラー、アウグスト・マイツェンの高い評価により、またゼーリングとの交友関係のゆえに抜擢されて、ユンカー経営の危機の基礎をなす農業労働者問題が集中的に表われていた、東エルベというもっとも重要な地方を担当したと言われている。彼はまた一八八八年夏、兵役中にポーゼンでの植民委員会の事業を見聞してもいた。(5)

二　内容の骨子と初期論稿中に占める位置

さてヴェーバーの『東エルベ・ドイツにおける農業労働者の状態』は、膨大な調査報告資料を提示しつつ、エルベ河以東における農業労働制度の変化と農業における資本主義の発展傾向を分析した。きわめて大づかみに言うならば、ヴェーバーは本報告書の第Ⅱ章において、伝統的な労働制度を解説し、第Ⅳ章においてその解体過程を明らかにしていると言える。第Ⅲ章はその両方の要素を含む各州の具体像である。

出発点をなすのは十九世紀初頭のシュタイン－ハルデンベルクの改革の後に確立した、伝統的なユンカー－インストロイテの家父長制的な関係である。

インストロイテの経営の第一の特徴は自給生産がきわめて多岐にわたっていたことである。自己の畜舎での雌牛、羊、豚、家禽の飼育、菜園地での野菜、亜麻、果物の栽培、冬畑地と夏畑地それぞれ通常一モルゲンの耕地での穀物栽培、庭畑地もしくは耕地での馬鈴薯栽培がそれである。そのさいその経営はつねに領主経営と至るところで絡み合っていた。住宅である小屋《カーテ》――領主館の近くに一〇―一二戸くらいずつ存在する――も畜舎も領主のものであった。経営の中核をなす雌牛は夏季には領主の放牧地に放たれ、冬季には領主の支給する飼料で飼育された。領主地の一環をなし、したがって年ごとに移動した耕地(「種子援助地《バイザーテン》」、「モルゲン」)は言うにおよばず、庭畑地も固定した区画地ではあったがやはり領主の土地であり、耕地は領主の連畜で耕作された。領主はまた運搬、医療等について配慮した。

これに加えて、インストロイテの収入の中心をなす冬季の打穀分け前があった。すなわち三—五か月も続く打穀労働に対して、領主の穀物収穫から一定の割合での分け前が支給されたのである。このことからインストロイテはまた打穀人《ドレッシャー》とも呼ばれた。打穀労働は元来、義務ではなく領主家族の従属的な構成員であるインストロイテの権利であったと、ヴェーバーは鋭く指摘している。これに対して貨幣日給はごくわずかなものであり、現金収入は穀物、畜産物その他の余剰の市場での販売によるものであった。

こうしたことから、領主とインストロイテとの間には強固な経済的利害共同体が存在した。すなわちインストロイテは農産物の作柄の良し悪しや家畜の肥育状態、農産物や畜産物の市場での価格の動向に対して領主と共通する利害を有したのである。

インストロイテはまた領主と個人的にではなく家族ぐるみで一年の労働契約を結び、妻の労働のほか、補助労働力《シャルヴェルカー》を低額の貨幣給で雇用してこれを用立てる義務を負っていた。このようにインストロイテは労働者でありながら、同時に小経営者であり小雇用主でもあったのである。

領主経営はこうしたインストロイテと若年の独身奉公人《ゲジンデ》とを基幹労働力として成り立っており、後者から前者への上昇関係が存在した。こうした子飼いの労働者たちは領主を家父長として敬愛した。

こうしてユンカーの貴族としての社会的権威は、インストロイテとの経済的利害共同体に支えられており、ユンカーが領主地区域にもつ行政＝警察権がそれを補っていた。契約を破棄して逃亡したインストロイテに対して、行政的方法による強制連れ戻しがおこなわれ（移動の自由の制限）、また総じて農業労働者には団結権が否認されていた。リベラルな自治体法の適用を受ける農民村落とその多様な住民層から社会的に隔離されて、領主地区域内でユンカーの家父長制的支配に服する点にインストロイテの存在様式の特徴がある。(6)

さて十九世紀中葉以降は、こうした農業労働制度の長期にわたる崩壊過程＝農業における資本主義の発展過程である。

まず、領主経営の集約化に伴って、根菜類（甜菜、馬鈴薯）栽培が普及し、穀作の相対的地位が下落する。それに従いインストロイテの収入の基幹をなす打穀分け前の総量が減少するのみならず、打穀の機械化につれて、分け前比率そのものが減少する。打穀分け前に代わって、穀物ないし馬鈴薯の固定現物給並びに貨幣給が普及し始める。

インストロイテの自給生産が解体する。領主地の休閑地が耕地化されるにつれて、雌牛飼育に欠かせない放牧地が消滅する。雌牛は領主の畜舎に引き取られ、「インストロイテの雌牛」として飼育され、ひいてはミルクの固定給が登場する。インストロイテの耕地も領主経営の集約化の妨げとして廃止され、固定した馬鈴薯やライ麦また貨幣給に取って代わられる。亜麻栽培が消滅し、妻の紡績＝織布労働（衣料の自家生産）も消滅する。

自給生産と打穀分け前とに依拠していたインストロイテに代わって、固定現物給と貨幣給とを受けるデプタントが一般化し、さらに年契約によるデプタントに代わって、短期契約による「自由な」労働者、さらには移動労働者が登場する。彼らにはインストロイテに見られた上昇関係がもはやなく、その子弟にも農業経営者としての能力を体得する機会がない。根菜類栽培の普及に伴う、農繁期（夏季）と農閑期（冬季）との労働力需要の差の増大が、この変化を加速する。かの家父長制的な利害共同体が解体し、いまや領主と利害が対立する、農産物や畜産物の生産や市況には関心のない、もっぱら消費者である農業プロレタリアートが支配的となる。たとえ彼が高額の貨幣給を得て、その経済的状態が向上しようとも、これは旧来の形態の解体を意味する。

労働者の食生活の変化＝劣悪化がそれに伴っていた。すなわち以前には、穀物とミルクとが中心であったのに対して、いまや馬鈴薯と（肉もしくは）火酒とが中心となる。

だがとりわけ問題であるのが、この間に顕在化した労働力不足である。それはインストロイテのもとでは、シャルヴェルカー雇用の困難として表われるが――そして、シャルヴェルカーを立てられないインストロイテは、領主にとって高くつきすぎる——とりわけ領主経営のもとで、「インストロイテ不足」（ロイテノート）、「奉公人不足」（ゲジンデノート）として深刻化した。

　このような農業における資本主義の発展は地域差を伴いつつ進行している。すなわち、その先頭を切っているのがシュレージエン、ポーゼンといった南部諸州であり、逆に北部のメクレンブルク、ポンメルンの大部分、ブランデンブルクの北部、東北部、東西プロイセンの高地地方ではいまなお家父長制的な労働制度が支配している。

　さて資本主義の発展に伴う労働力不足は深刻な随伴現象を呼び起こした。それはロシア領ポーランドやガリシア地方からのスラヴ系移動労働者の大量導入である。彼らは低賃金と劣悪な労働条件とを甘受することによって、領主的集約経営の好むところであり、それによってインストロイテを始め地元のドイツ人労働者が駆逐されつつある。すなわち、彼らはいまや「自由を求めて」アメリカ合衆国、次いで西部ドイツの工業地帯へと、大挙流出しつつある。

　生活の安定を犠牲にしても、家父長制的関係から逃れて、「自由」を求める労働者の心理は注目すべきである。

　ユンカーは身分にふさわしい生活が可能であった土地貴族から、営利をこととする農業資本家（甜菜加工業者、火酒醸造業者）に転化したのであり、過去の貢献はともかく、いまでは国民的・国防的利害に逆らって東部ドイツのポーランド化を推進している。そして、これに対しては東部国境閉鎖や内地植民によって対処しなければならないと、ヴェーバーは主張する。

　見られるように、初期ヴェーバーの農業労働者研究のうち、「国民国家と経済政策」[7]はもとより、「農業労働制度」[8]もまたすぐれて政策論であったのに対して、それらに先行する本調査報告書が、農業労働制度ないし経営そのものの実態分析であるところに、その固有の意義ないし特質が認められるであろう。実態分析として本調査報告書と共通する「東エルベ農業労働者の状態における発展諸傾向」[9]は、ケルガーやクヴァルクからの批判に応えつつ、本調査報告書の「分析の社会政治的帰結を公衆に向けて語った」[10]ものであって、当然本調査報告書（並びに福音社会会議の調査）

に立脚している。ヴェーバーは、これらの作品のほかなお「農業労働者の状態に関する『私的調査』」、「農業労働者の状態に関する社会政策学会の調査」、「ドイツの農業労働者」[11]などの注目すべき作品を論文や講演の形で発表した。それらはいずれも本調査報告書を解説ないし補完するものと言ってよい。[12]こうして、本調査報告書は質量ともに初期ヴェーバーの農業労働者研究全体の中心をなしている。

三　評価と批判

ヴェーバーの作品は大きな評価を得た。

三冊の調査報告書を踏まえて、一八九三年三月ベルリンで開催された社会政策学会総会（前年九月ポーゼンでの開催予定が、同地でのコレラ発生のため順延されたもの、ヴェーバーが基調報告「農業労働制度」をおこなった）の冒頭報告で、プロイセン農業史の権威で学界の長老であるゲオルク・フリードリヒ・クナップは「ヴェーバー博士のモノグラフィーはその思考の豊かさと把握の鋭さとによってすべての読者を驚かせました。この作品はとりわけ、われわれの知識はもう時代遅れであり、一から学びなおさなければならないのだという感じを呼び起こしたのです」と激賞した。[13]プロイセン農業史のもう一人の長老フォン・デア・ゴルツもその書評および新著のなかでヴェーバーの調査報告書をきわめて高く評価した。[14]

評価は学界を越えて拡がり、社会民主党の『ノイエ・ツァイト』もこれに高い評価を与えた。[15]

事実、それは全三冊の調査報告書のなかでも抜群の出来栄えを示していた。例えばゴルツによってヴェーバーに次ぐ評価を与えられたケルガーの作品でさえ、収集した資料を地域別に整理しそれに興味深いが短い結論（Ergebnisse）

を付したにすぎないのに対して、ヴェーバーの作品には以下のような工夫ないし特長が認められる。[16]

一、一八四八年のレンゲルケの調査、一八七三年のゴルツの調査を利用しており、したがって、約四〇～五〇年間の史的発展＝発展傾向をたどっていること。[17]

二、各小地域について詳細な資料を提示したのみならず、大地域（各州）ごとに、「結び」（Schlußbericht）を設けて総括しており、概観が得やすいこと。また総合報告の利用が巧みであり、相対立する見解を併記することによって、雇用主調査の一面性をある程度克服し、学問的信頼性を高めていること。[18]

三、そうした資料整理上の工夫にとどまらず、第Ⅰ、第Ⅳ章で方法論を提示し、次いで第Ⅱ章で伝統的な労働制度を分析し、さらに第Ⅳ章でその崩壊過程を跡づけており、全体として批判的で社会科学的な歴史分析に仕上げていること。[19]

この最後の点は以下のように敷衍できよう。

四、ケルガーその他が現存の農業労働制度を楽観的に所与の前提とし、そのうえで雇用主の利害の立場から彼らにその必要とする労働力を提供する方策を考えていたにすぎないのに対して、ヴェーバーは農業労働制度そのものの崩壊過程を分析し、その主要因であるユンカー的雇用主階級を国民的利害に反する存在として批判していること。[20]

リーゼブロットによれば、この時点ですでにヴェーバーはシュモラーの心理的要因重視論を始め、ロートベルトゥスのオイコス理論（古代社会没落論）、ギールケのゲノッセンシャフト理論（共同体理論）、マルクスの「資本論」第一、二巻（資本主義論）から批判的に学んでおり、マイツェン、クナップ、ゴルツを始め友人ゼーリング、ケルガーらの具体的農業研究に学びつつも、そうした理論的能力によって独自の問題把握に至ったのである。[21]

半面、ヴェーバーの作品は批判を浴びる。第一に、カール・ケルガーはベルリン農業専門学校の私講師で、専門研究『ザクセン渡り』（Karl Kaerger, Die Sachsengängerei, 1890）によって東エルベ農業労働者問題研究で先行しながら、調査にさいしてヴェーバーに、東エルベ担当者としての地位を奪われた人であった。彼はその後の著書『労働者借地』(Die Arbeiterpacht. Ein Mittel zur Lösung der ländlichen Arbeiterfrage, 1893) の主として第一章 (S. 1-40) で、ヴェーバーの「ペシミスティックな見解」(S. 11) とその資料操作とについて詳細な批判を展開している。論点は経営集約化の影響にかかわるものであった。領主農場の経営集約化は契約に縛られた恒常労働者の物質的状態を悪化させてはおらず、農業労働者問題の本質はもっぱら、ヴェーバーも認めるような利害共同体の解体に伴う労働者の愛郷心＝定着性の喪失という心理的側面にあると、ケルガーは言う (S. 33. 39)。これに対してヴェーバーも細部にわたって応酬すると同時に、後述するような北西ドイツのホイアーリング制度を東部ドイツに導入すべしというケルガーの提案をも拒否するに至る。[22] しかしながら、領主農場の経営集約化が労働者の栄養状態の悪化をもたらすとするヴェーバーの見解に対するケルガーの批判を、トライブは、「最強のもの」であるとしている。[23]

第二に、この調査報告全体に対して、調査の開始とともにすでに鋭い方法論的批判を提起したのが、社会民主党系のジャーナリストで、ブルーノ・シェーンランクとともに社会政策学会員であったマックス・クヴァルクである。彼は本調査がもっぱら雇用主のみに回答を求め、「本来の当事者である農業労働者」を度外視していることを不当であるとした。[24] これに対してシュモラーは委員会を代表して応答し、学会には労働者自身に回答を求める調査をおこなうための人員も経済力もなく、学会は実力以上の企画をあえてすべきではないと、自己弁護をおこなった。[25] ティールも同様の弁解をおこない、[26] ヴェーバーもまた本調査報告書の第I章で本調査を擁護しているが、しかしヴェーバーは同時にクヴァルクの批判のなかに正しい核心を認め、それに応えようとした。すなわち、農業労働者を含む農村住民の信頼を得ている在村牧師の協力を求めて、彼らを通じて労働者に質問しようとする、いわゆる「私的調査」の構想である。実際にヴェーバーは福音社会会議において友人パウル・ゲーレと協力して自らこの調査を実施した。[27]

四　政策提言とその問題点

ヴェーバーは「ドイツ東部のポーランド化」に対処して、東部国境の閉鎖と農民植民並びに借地労働者植民の二本立てからなる内地植民とを提唱した。これはこの限りではビスマルク時代の政策への回帰を意味する。しかもヴェーバーはそれらがもう遅すぎるかもしれないという危惧を抱いていた。(28)

［A］内地植民について。借地労働者入植の構想はゴルツによって、またその悲観論はケルガーによって批判されるが、(29)詳細は前掲の田中真晴の考察に譲ることとし、以下では本調査報告書よりのちに展開される彼の内地植民構想の一側面＝クナップの「メクレンブルク・モデル」について言及するにとどめたい。

さて、ヴェーバーの農業労働者調査報告書やゼーリングの専門的研究(30)に先立って、すでに一八八六年度の総会における基調報告で、内地植民政策の理念的考察をおこなっていたのがシュモラー(31)である。彼は一般に中規模の土地所有が支配的で、大小の土地所有がその両側に均等に分布するような土地所有分布を健全なものとし、大土地所有と日雇い労働者の支配する東エルベのそれを不健全なものとする。そしてあたかも往時のフリードリヒ・リストのように「土地所有は（市民のもつ）国家株式である」というユストゥス・メーザーの「古い言葉」を引用しつつ、(32)より多くの東エルベ市民がなんらかの仕方で「国家株式」をもちうるよう、改革＝内地植民政策を提言する。

そして東エルベでは現在約二―三万人の雇用主と一五〇―二〇〇万人の被用者（インストロイテ、自由労働者、移動労働者）とが対立しており、これに対して、六―八万戸の畜耕能力ある農家と併せて、二〇―三〇万戸のホイスラー（自宅と一―二モルゲンの土地とをもつ）を創設するべきであるとする。この措置によって自意識に目覚めた農業労働者の流出や社会主義への傾斜を阻止しうるとされた。しかもこうした成果はすでにメクレンブルクの王領地で実現されているのである。「われわれプロイセン人がメクレンブルクに後れをとって良いものでしょうか」と、シュモラーは言う。[33]

ところでじつは、ヴェーバーの諸作品を通じて特徴的なのが、彼がメクレンブルクの王領地に与える特別の注目である。三〇〇ないし六〇〇ヘクタールの大経営が支配するメクレンブルクの騎士領では、旧い農民地が「相続拒否《アブマイエルン》」あるいは「追放《レーゲン》」によってほとんど完全に消滅し、土地をもたないインストロイテや「農場日雇い」に転化してしまった。ところが王領地では歴史的に植民事業によって、王領地小作人の農場と並んで永小作人（シュトレーリッツでは定期小作人）の豊かな農民村落が生み出され、土地持ちビュードナー、ホイスラーといった労働者層も創出された。そのさい、一、農民村落が近隣に存在しない地域における労働力不足、二、もっとも有能な労働者家族の海外移住は、王領地よりも騎士領においてはるかに甚だしい。これは「旧農業制度の精神に逆らい、時には法に逆らって」遂行された農民追放の悪しき帰結であって、騎士領では労働者はその従属的な労働環境に加えてさらに、土地分割禁止令によって、有能であっても生まれ故郷に土地をもって独立する見通しをもちえないがゆえに流出し、その結果として労働力不足が起こっているのである。

したがってメクレンブルクの王領地の経験をモデルとし、消滅した農民村落を、騎士領の一部の購入とそこでの新たな植民によって再興しなければならない。そしてそれをインストロイテの小借地人への転化と結びつけねばならない。そのことによって、第一に、労働力不足に悩む大領地から過大な土地経営の負担を取り去り、第二に、農民の子弟を夏季の労働力として利用しうるであろう。さらに第三に、労働者の土地もまた村落団体に属し、農民からも尊重され、そのことによって定住労働者に共同体員としての自覚と郷土愛の感情とが芽生え、労働者の土地（土地市場の未発展な東部にあって、自作地ではなく労働者の土地緊縛を生まない小作地でなければならない）――メクレンブルクでは一―六モルゲンのホイスラー＝ビュードナー地――が安定する。またメクレンブルクでは共同放牧地が維持さ

れているために、ホイスラーは経営にとって決定的に重要な豊かな家畜飼育を維持できている。(34)

ところでこのヴェーバーの議論をより広い視野のなかで理解するうえでいまひとつ重要なのが、先に言及した、一八九三年度社会政策学会総会におけるクナップの冒頭報告である。(35) この報告において、クナップは北ドイツの農業労働制度の三類型を提示しつつ、メクレンブルクの事情をそのなかに位置づけている。それは以下のとおりである。

第一は、北西ドイツのヴェストファーレンのホイアーリング制である。領主からではなく散居制的に定住する農民から小経営地を借地し同時に農民に対して労働義務を負うのがホイアーリングであり、ケルガーの報告からも明らかなように、ホイアーリング制（農民－ホイアーリング関係）は北ドイツ、いな全ドイツでも最良の労使関係である。農民はつねに十分な労働力を確保する一方、ホイアーリングは経済的に恵まれており、かつ雇用主である農民との社会的距離が、財産問題と関連する結婚(36)を除いて、おおむね小さい（農民と共に働き、食卓を共にし、子供は農民の子供と肩を並べて登校し、その他方言や風習においても共通するところが大きい）ので、精神的にも満足している。しかしながら、これは散居制農民地帯の労働制度であり、東エルベへ移植するのは困難である。クナップは言う。「ヴェストファーレンの労働制度の法的形態を東部へ導入できても、その社会的背景までをもってくることは不可能です。樹木は移植できても、土壌は移し替えることができません。東部ドイツには散居制的な農民ホーフも、ヴェストファーレンの雇用主の農民的慣習も存在しないのです。ホイアーロイテは騎士領へ移植されたら、たぶん――いやきっと――居心地悪く感じ、急速に枯死することでしょう」と。(37)

第二はニーダーザクセン（ヴェーザー河とエルベ河との間）の労働制度である。ここにはヴェストファーレンと異なり、農民村落があり、完全農民、半農民、四分の一農民の他、時として農業労働者として労働するケッター、ブリンクジッツァー、ホイスリンゲ、アンバウアーといった多様な農村住民が存在している反面、騎士領は数少なく小規模である。ここでもそうした農業労働者は、下層民ながら村落社会のなかで一定の地位を占めており、農民との社会的距離が小さい。
第三は東エルベの農業労働制度である。大騎士領の支配と農民村落の少なさとが当地の特徴であり、インストロイテが基本的な労働力の存在形態である。ホイアーリングと異なり、農民村落社会からの遮断と領主への経済的精神的な従属とがインストロイテの性格を形作っている。もしインストロイテがその経営諸条件を改善させてホイアーリングへと進化するなら、それは進歩であろうが、それは不可能であり、それどころかヴェーバーが明らかにしたとおり、現実にはその逆のプロレタリア化が進行中である。(38)

そしてクナップは、インストロイテのホイアーリング化の提案よりも、そのホイスラー化の提案のほうがより現実的であると考える。そしてその場合に有益なのがメクレンブルクの王領地の経験（「メクレンブルク・モデル」）であるとして、ヴェーバーおよびゼーリングによりつつ、先のヴェーバーと同一の構想を披瀝するのである。騎士領の弊害を是正するためには農民村落建設が不可欠であって、それを前提としない単なる労働者植民は実効を収めえないとする認識においてヴェーバーはシュモラーやクナップと軌を一にすると思われる。大中小の土地所有の有機的な結合の実現・東部農村の漸次的西部化・政治的意義を有する農場領主が存続し、近代的経営をおこなう農民が増加し、農業労働者が人間的な扱いを受け、かつ充分有能であれば農民へと上昇しうるようになること、このことが、彼らにとって、共通する内地植民の目標であった。そして、「メクレンブルク・モデル」をメーザー思想に発する「新封建制」であるとして、明確に批判したのは、ヴェーバーではなく註32で言及したルーヨ・ブレンターノであった。(39)

ただ、ヴェーバーは、ロートベルトゥスに学びつつ、古代ローマのオイコス経営の没落に比肩する近代東エルベ大農場経営の家父長制的労働制度の没落を跡づけたのであって、その将来に対する悲観が基礎にあり、それの救済策の提言においても彼に独自のものはむしろ「もう遅すぎるかもしれない」という認識と、それから以下の［B］に述べるナショナリズムであった。ヴェーバーの悲観論の性格は例えば本報告書〔拙訳〕第Ⅲ章の5、シュレージエンと7、メクレンブルク大公国とを比較してみるとわかる。一方における家父長制的なメクレンブルクの伝統的労働制度に対する高い評価と、他方におけるシュレージエンの資本主義的発展に対する批判とが際立っている。そして後者においては、「農業資本主義」への批判が近代資本主義一般（とりわけ労働者の個人主義が生み出すそのプロレタリア化）への批判と二重写しになっていた。発展段階論を実態化する進歩主義史観から、若きヴェーバーはすでに脱却していたと言える。

［B］東部国境の閉鎖について。本調査報告書の結論部分でヴェーバーはなおユンカー批判を控えていた。しかし右翼の「十字新聞」がヴェーバーがユンカーの歴史的貢献に触れた部分のみを一面的に強調して、自己のユンカー擁護の根拠としようとしたことをもきっかけに、(40)ユンカー批判を強めていった。そしてそれと同時に、農業労働者のユンカーに対する闘いを妨げるものとして登場するポーランド人移動労働者に対する批判も強まった。そのさい、問題はその批判が強い人種的偏見を伴っていたことにある。「ドイツ文化圏」（ゲルマン民族）を脅かす「ポーランド文化圏」（スラヴ人種）に対する蔑視を込めた批判は、ついに福音社会会議におけるゲーレとの共同報告において、「人間よりも主観的な幸福感の大きいけだもの」、低い文化水準を甘受する「ポーランドのけだもの」という表現に至ってクライマックスに達する。(41)ここにはまぎれもなく、かの「ポーランド経済＝混乱状態」なる軽蔑語の創始者ヨハン・ゲオルク・フォルスターに始まる、バーリー＝ヴィッパーマンのいわゆる「人種人類学」に連なる、帝国主義の時代精神が臆面もなく表現されている。(42)

問題はそのような精神が問題把握にどのような影を投げかけているかにある。バーデの「駆逐理論」批判はこの問題に応えた労作である。(43)ドイツ人の海外流出は農民のアメリカ合衆国への移民としてすでに十九世紀中葉に始まり、世紀後半に労働者移民がこれに続いた。そのことによって生じた領主農場の労働力不足に対応して始めてポーランド人移動労働者が導入されたのである。本来の因果連関はこのとおりであって、いったん導入されたポーランド人労働者がドイツ人労働者を駆逐することはあったとしても、そこから「駆逐」を本来の因果連関と見なすことは、事柄をゆがめる「マジックミラー」[44]を意味する。多くの同時代人に共有されたこの「駆逐」理論はその後、ログマン[45]を通ってナチスの「人種生物学的な諸教理」に通じている、とバーデは言う。

しかしヴェーバー自身はその後、こうしたポーランド人に対する人種的偏見を曲折のうちに克服してゆく。そして『ロシア革命論』においては、ポーランド人ならぬウクライナ人の法学者ボグダン・キスチャコフスキーと親しく交わって多くを学びつつ、反スラヴ主義から自由な、諸政党の農業綱領や法文化の分析を通ずる、社会科学的な一九〇五年ロシア革命分析がなされていく[46]。いまやロシア西部諸県に対して「ロシアの東エルベ」という規定が与えられ、東エルベ・ドイツとロシア領ポーランドとの「大農場労働制度（インストロイテ制度）」の地帯構造的同質性が確認される。それに代わって今度は、東エルベ・ドイツとロシア中央黒土地帯との農業労働生産性が比較され、「巨大な相違」あるいは東エルベ・ドイツの農村社会の生産力的なダイナミズムが確認される。東エルベ・ドイツとロシア中央部との「農業制度がまったく異なること」から、「人手不足《ロイテノート》」に悩むユンカー的東エルベ・ドイツとは異なり、同じ時期のロシア中央部の農業問題は農民の「土地不足」（農村過剰人口問題）であった[47]。——しかしヴェーバーはこうした新たな認識に立脚して、困難な状況のなかで戦うロシア自由主義者の革命精神に照らして、「満ち足りた国民」としての俗物的ドイツには「未来がない」として、ドイツ人の自己批判をおこなうまでになる[48]。こうしてヴェーバーにあっては、比較農村社会経済史的な認識（あるいは、「ヨーロッパ」的発展の自覚と、おそらくは世界史的に見たその普遍性ならぬ特殊性の意識）の深まり[49]と人種的偏見からの脱却とが並行していた。一九一〇年、一九一二年のドイツ社会学会における人種理論批判は、こうした発展のなかでなされているのである[50]。そして、このヨーロッパ的発展の特殊性の意識は当面、第一次世界大戦期の激しい反ロシア・ナショナリズムの影[51]にかくれてしまうけれども、やがて、周知の宗教社会学の広大な世界史的考察へとヴェーバーを導くこととなる。いわく「いったい、どのような諸事情の連鎖が存在したために、他ならぬ西洋という地盤において、またそこにおいてのみ、普遍的な意義と妥当性をもつような発展傾向をとる――と少なくともわれわれは考えたい――文化的諸現象が姿を現わすことになったのか、と」。[52]

初期の農業労働者論考に表われたヴェーバーの人種的偏見を無視することは不当であるが、それをもってヴェーバーの社会科学のすべてを「帝国主義時代の近代主義者」のものとして判断するのも同様に不当であろう。[53] トライブはヴェーバーが東エルベの未来にワルシャワ条約機構下のポーランド社会主義を見通していたと述べているが、[54] 社会政策学会総会でヴェーバーが投げかけた、「社会主義には文化的にきわめて高い水準の労働者層が必要であろう」という言葉は、[55] むしろそれを超えて、社会主義崩壊後の現在のポーランドにこそ妥当すると言うべきであろう。「東エルベ・ドイツ」と「ポーランド」とは、拡大するEU（＝ヨーロッパ経済圏）のなかで、新たな緊張のうちに再び邂逅するのである。[56] そしてヨーロッパ的発展の特殊性を意識する『ロシア革命論』以後のヴェーバーは、諦念のうちにもなお、リベラルな「再生」を願いつつ、ツァーリ・ロシアを観察し続けた。[57]

註

（1） Hugo Thiel, Einleitung. In: SVS, Bd. 53, 1892, S. VII-XIII. Vgl. auch Martin Riesebrodt, Einleitung und editorischer Bericht. In: MWG, I/3, S. 1-33.

（2） Theodor von der Goltz, Die Verhältnisse der Landarbeiter in Deutschland. In: Jahrbücher für Nationalökonomie und Statistik, 3. Folge, Bd. 5, 1893, S. 752.; Riesebrodt, Einleitung, S. 2, Anm. 7. 最大の成果は「ドイツの農民事情」（SVS, Bd. 22-24, 1883）であったが、その他「ドイツ帝国における相続法と土地所有分布」（Bd. 20, 1882, Bd. 25, 1884）、「仏英の農業事情」（Bd. 27, 1884）、「イタリアの農業事情」（Bd. 29, 1886）「ドイツの内地植民」（Bd. 32, 1886）、「農村の高利」（Bd. 35, 1887）、「プロイセン東部諸州の地方自治体」および「プロイセンにおける農村の自治体制度の現状と改革に関する報告」（Bd. 43, 44, 1890）などが挙げられる。学会ではこれらを素材として、そのつど総会で討論をおこない、それをさらに翌年度のSVSに記録していた。

（3） Wolfgang J. Mommsen, Einleitung. In: Max Weber, Landarbeiterfrage, Nationalstaat und Volkswirtschaftspolitik. Schriften und

Reden 1892-1899 (MWG, I/4, 1993), S. 1-16 bes. S. 14. カプリヴィの「新航路」政策を含むこの時代のドイツ資本主義＝ドイツ帝国主義の総体的分析として古典的地位を保つ大野英二『ドイツ金融資本成立史論』（有斐閣、一九五六年）を参照。内地植民政策については沢村康『中欧諸国の土地制度及び土地政策』（改造社、一九三〇年）第一章、福応健「帝制ドイツにおけるユンカー経営とプロイセン内地植民政策」（『商学論究』二五、一九五九年）、藤瀬浩司『近代ドイツ農業の形成――いわゆる「プロシャ型」進化の歴史的検証――』（御茶の水書房、一九六七年）第三部第二章が、また農業労働者全般については小沢脩『ドイツ農業労働者論』（御茶の水書房、一九六五年）がある。

（4）これらの質問表はSVS, Bd. 53, S. XIV-XXIV; MWG, I/3, S. 36-47に、またその邦訳は山口和男『ドイツ社会思想史研究』（ミネルヴァ書房、一九七四年）、一七一―一七五ページに、収録されている。

（5）Riesebrodt, a. a. O., S. 23; Mommsen, a. a. O., S. 12, 17. ヴォルフガング・J・モムゼン『マックス・ヴェーバーとドイツ政治一八九〇～一九二〇I』（安世舟・五十嵐一郎・田中浩訳、未來社、一九九三年）、六一ページ。なお、この調査に関する最近の研究として村上文司『近代ドイツ社会調査史研究――経験的社会学の生成と脈動――』ミネルヴァ書房、二〇〇五年、第三章、が挙げられる。

（6）領主地区域についてはとりわけ大野英二『現代ドイツ社会史研究序説』（岩波書店、一九八二年）、第三章を参照。

（7）Max Weber, Der Nationalstaat und die Volkswirtschaftspolitik. Akademische Antrittsrede. In: MWG, I/4, S. 535-574. 田中真晴訳『国民国家と経済政策』（未來社、一九五九年、［新版］二〇〇〇年）。それに付せられた「解説」および田中真晴『ウェーバー研究の諸論点』（未來社、二〇〇一年）［その書評を本書Ⅲ、7に収めてある］、第一部第二章を参照。

（8）Max Weber, Die ländliche Arbeitsverfassung. In: MWG, I/4, S. 157-207. 山口和男訳『農業労働制度』（未來社、一九五九年）。それに付せられた「解説」および山口和男、前掲書、第六章を参照。訳書には、一八九三年社会政策学会総会の討論内容が紹介されていて、後述するラートゲンの論文とともに、有益である。

（9）Max Weber, Entwicklungstendenzen in der Lage der ostelbischen Landarbeiter, Erste Fassung und zweite Fassung. In: MWG, I/4, S. 362-462. 大薮輝雄・吉矢友彦訳「東エルベ農業労働者の状態における発展諸傾向」『立命館経済学』一三／四・五号、一九六四年。これは zweite Fassung の訳である。

（10）Mommsen, a. a. O., S. 1. この論文についてはなお、注39を見られたい。

（11）Max Weber, „Privatenquêten“ über die Lage der Landarbeiter (MWG, I/4, S. 71-105); Ders., Die Erhebung des Vereins für Sozialpolitik über die Lage der Landarbeiter (MWG, I/4, S. 120-153); Ders., Die deutschen Landarbeiter (MWG, I/4, S. 308-345).

（12）リーゼブロットは適切にもこれらの作品を本調査報告書の「付随作品」(Begleit-und Folgeartikel) としている。(M. Riesebrodt,

Vom Patriarchalismus zum Kapitalismus. Max Webers Analyse der Transformation der ostelbischen Agrarverhältnisse im Kontext zeitgenössischer Theorien. In: Kölner Zeitschrift für Soziologie und Sozialpsychologie, 37 Jg. 1985, S. 548.）なお加藤浩平「十九世紀末東部ドイツの『農業労働者』（一）——M・ヴェーバー『東エルベ・ドイツにおける農業労働者の諸事情』を中心に——」『経済と経済学』五五号、一九八四年は、本書の内容の詳細な紹介を試みているが、東・西プロイセンのみで中断している。また豊永泰子『ドイツ農村におけるナチズムへの道』（ミネルヴァ書房、一九九四年）［その書評を本書Ⅲ、6に収める］第三章は、ヴェーバーによりつつ、東プロイセンとシュレージエンとを簡潔に対比している。

（13） SVS, Bd. 58, Verhandlungen von 1893, 1893, S. 7. この報告は Georg Friedrich Knapp, Die Landarbeiter in Knechtschaft und Freiheit. Gesammelte Vorträge, Zweite, vermehrte Auflage, 1909 の第五章に „Landarbeiter und innere Kolonisation" と題して収録されている（Vgl. S. 90-91）。なお、調査報告書の内容並びに二日間にわたる社会政策学会総会の討論の模様、さらにはゴルツの著書の内容までを詳細かつ的確に要約、記録しているのが、カール・ラートゲンである。総会報告におけるヴェーバーのユンカー批判が反論を呼び起こさず、「モノローグ」のようであったこと、またポーランド人移動労働者の排除に関する後述する彼の政策提言をアドルフ・ヴァーグナーが支持したことを、ラートゲンは伝えている（Vgl. Karl Rathgen, Die Frage der ländlichen Arbeiter und der inneren Kolonisation auf der Generalversammlung des Vereins für Socialpolitik in Berlin am 20. und 21. März 1893. In: Jahrbuch für Gesetzgebung, Verwaltung und Volkswirtschaft im Deutschen Reich, hrsg. von Gustav Schmoller, 18. Jg., Heft 1, 1894, S. 104, 109.）。ラートゲン論文についてはなお、長妻廣至『農業をめぐる日本近代化——千葉・三井物産・ラートゲン——』日本経済評論社、二〇〇四年、一七九—八〇ページ、野崎敏郎「マックス・ヴェーバーとハイデルベルク大学——人事案件・教育活動・同僚たち——（5）」『仏教大学社会学部論集』第四三号、二〇〇六年、五二ページを見よ。

（14） Theodor von der Goltz, a. a. O., S. 758-761.; Ders., Die ländliche Arbeiterklasse und der preußische Staat, 1893, S. 124-132.

（15） ms. Die Verhältnisse der Landarbetier. In: Die Neue Zeit, II. Jg., 1892-93, 1. Band, Nr. 19, S. 594-600.（Vgl. auch II. Jg., Nr. 2, S. 51-56.）カウツキーもまた本書を利用した（カール・カウツキー『農業問題——近代的農業の諸傾向の概観と社会民主党の農業政策——』向坂逸郎訳、岩波文庫、上巻、二七三—四ページ、下巻、三八、二〇二、二二九、二三五—六、二四一—二ページ）。マックス・クヴァルクの書評もまた注目すべきである（Max Quarck, Die Erhebungen（Bd. II und III） und Verhandlungen des Vereins für Sozialpolitik über die Verhältnisse der ländlichen Arbeiter. In: Sozialpolitisches Centralblatt, 2. Jg. Nr. 28 vom 10. 4. 1893, S. 329-331.）。

（16） SVS, Bd. 53, 1892, S. 216-221.

（17） Alexander v. Lengerke, Die ländliche Arbeiterfrage. Beantwortet durch die bei dem Königl. Landes-Oeconomie-Collegium aus allen Gegenden der preußischen Monarchie eingegangenen Berichte landwirthschaftlicher Vereine über die materiellen Zustände der arbeitenden Classen auf dem platten Lande, Berlin 1849. S. 1-396; Th. Frh. von der Goltz, Die Lage der ländlichen Arbeiter im Deutschen Reich. Bericht an die vom Congress deutscher Landwirthe niedergesetzte Commission zur Ermittelung der Lage der ländlichen Arbeiter im Deutschen Reich, Berlin 1875. S. 1-503.

(18) Theodor von der Goltz, a. a. O., S. 759.; Riesebrodt, Einleitung, S. 27.; Wilfried Nippel, Max Weber: „Nationalökonom und Politiker". In: Geschichte und Gesellschaft, 20. Jg., H. 2, 1994, S. 279.

(19) Cf. Vernon K. Dibble, Social Science and Political Commitments in the young Max Weber. In: Archives Européennes de Sociologie, tome 9, 1968, pp. 92-101.

(20) ケルガーは心理的契機を重視する反面、全ドイツにわたって農業労働者の経済問題は存在しないとした（SVS, Bd. 53, S. 216-7）。

(21) Riesebrodt, Vom Patriarchalismus zum Kapitalismus, S. 551-2, 560-1. ここではロートベルトゥスの作品のみを挙げておこう。Johann Carl Rodbertus, Untersuchungen auf dem Gebiete der Nationalökonomie des klassischen Alterthums. I. Zur Geschichte der agrarischen Entwicklung Roms unter den Kaisern oder die Adscriptitier, Inquilinen und Colonen. In: Jahrbücher für Nationalökonomie und Statistik, Bd. 2, 1864, S. 206-268. II. Zur Geschichte der römischen Tributsteuern seit Augustus. In: Jahrbücher, Bd. 4, 1865, S. 341-427, Bd. 5, 1865, S. 135-171, 241-315, Bd. 8, 1867, S. 81-126, 385-475. ローマ農業史と東エルベ・ドイツの農業史とを並行現象＝「没落史」として捉えるのが、ヴェーバーの特徴であった（Vgl. Wilfried Nippel, Methodenentwicklung und Zeitbezüge im althistorischen Werk Max Webers. In: Geschichte und Gesellschaft, 16. Jg., H. 3, 1990, S. 365-7. W・シュルフター『現世支配の合理主義――マックス・ヴェーバー研究――』（米沢和彦・嘉目克彦訳、未來社、一九八四年）、二六三―五ページ。その「文化ペシミズム」のうちにニーチェとの共通性を読み取ろうとするのがスカッフである（Cf. Lawrence A. Scaff, Weber before Weberian Sociology. In: The British Journal of Sociology, vol. 35, No. 2, 1984, pp. 190-215）。ヴェーバーにおけるニーチェ的契機の重視は近年のヴェーバー研究を強く特徴づけている。大林信治『マックス・ウェーバーと同時代人たち――ドラマとしての思想史――』（岩波書店、一九九三年）、および山之内靖『マックス・ヴェーバー入門』（岩波新書、一九九七年）以下の山之内靖の諸作品を参照。

(22) Max Weber, Entwicklungstendenzen in der Lage der ostelbischen Landarbeiter, MWG, I/4, S. 401, 411-422, Anmerkungen. 「発展諸傾向」一一六ページ。

(23) Keith Tribe, Prussian agriculture-German politics: Max Weber 1892-7. In: Economy and Society, vol. 12, No. 2, 1983, p. 223, Note 44. グラントの計量経済史的な最近作は部分的にケルガーの批判を受け継いだものと言えよう（Cf. Oliver Grant, Max Weber and

“Die Lage der Landarbeiter im ostelbischen Deutschland”: a statistical examination. In: Jahrbuch für Wirtschaftsgeschichte, 2002/2, pp. 61-84)。

（24） Max Quarck, Eine „Aufnahme“ der ländlichen Arbeiterverhältnisse. In: Sozialpolitisches Centralblatt, Jg. I, Nr. 6, 8. Febr. 1892, S. 78-79. クヴァルクやシェーンランクはまた、後述の東部国境閉鎖問題に関連して、ゲジンデ条例の破棄＝農業労働者の団結の自由を要求した。Vgl. Max Quarck, Die Erhebungen (Bd. II und III) und Verhandlungen des Vereins für Sozialpolitik über die Verhältnisse der ländlichen Arbeiter. In: Sozialpolitisches Centralblatt, 2. Jg. Nr. 28 vom 10. 4. 1893, S. 331. シェーンランクは言う。「農業労働者が法的に団結自由権を保証され、組織化されなければ、ポーランド人閉め出しは刃のないナイフ同然である」と（『農業労働制度』七四ページ）。ヴェーバーはこれに対して、「若者の躾という観点」から否定的に応えた（九〇―九一ページ）。ラートゲンは、クヴァルクが既提出の調査批判の論点を繰り返すことによって討論の水準を引き下げたと批判している（Rathgen, a. a. O., S. 107）。

（25） Gustav Schmoller, Eine Aufnahme der ländlichen Arbeiterverhältnisse. In: Sozialpolitisches Centralblatt, 1. Jg. Nr. 8, vom 22. 2. 1892, S. 105. これに対するクヴァルクの反論（Erwiderung）がS. 105-6に併載されている。

（26） SVS, Bd. 53, S. XI-XIII.

（27） Max Weber, „Privatenquêten“ über die Lage der Landarbeiter (MWG, I/4, S. 71-105); Ders., Die Erhebung des Evangelisch-sozialen Kongresses über die Verhältnisse der Landarbeiter Deutschlands (MWG, I/4, S. 208-219); Ders., Die deutschen Landarbeiter (MWG, I/4, S. 308-345); Ders., Die Landarbeiter in den evangelischen Gebieten Norddeutschlands (MWG, I/4, S. 687-711). 質問表はMWG, I/4, S. 694-705に収録されている。しかしヴェーバー自身は調査結果については、一八九四年五月一六日の第五回福音社会会議で、ゲーレと共同でおこなった「ドイツの農業労働者」と題する報告のなかで、社会政策学会の調査と基本的に変わらない結果が得られたとの中間報告をおこなったにとどまり、この調査資料を社会政策学会の場合のように自ら整理する作業をおこなわないままに、学位論文作成の資料として学生に使用させた。その結果として、三点の学位論文が作成された（Wolfgang J. Mommsen, Einleitung, MWG, I/4, S. 20-23, S. 316）。右の共同報告については、小林純『マックス・ヴェーバーの政治と経済』（白桃書房、一九九〇年）、一〇三―一一三ページに詳しい紹介がある。モムゼン『マックス・ヴェーバーとドイツ政治I』七〇ページ以下、リータ・アルデンホフ「マックス・ヴェーバーと福音社会会議」モムゼン他編著『マックス・ヴェーバーとその同時代人群像』（ミネルヴァ書房、一九九四年）、第一一章をも参照。なおヴェーバーは、学会並びに会議の調査と自治体辞典等の資料とを併せて、総合する研究（「社会経済的なアンサンブル」MWG, I/4, S. 317）を企図していたが、果たさないで終わった。

（28） 拙訳第Ⅳ章、一八〇ページ。ヴェーバーの議論の基調をなすペシミズム、諦念については、モムゼン『マックス・ヴェーバーとドイツ政治I』七二—七七ページに詳しい。なおヴェーバーのもうひとつの政策提言に関連する世襲財産問題については、豊永泰子、前掲書、第三章および加藤房雄『ドイツ世襲財産と帝国主義——プロイセン農業・土地問題の史的考察——』（勁草書房、一九九〇年）を参照。

（29） Vgl. von der Goltz, a. a. O., S. 759-760.; Karl Kaerger, Die Arbeiterpacht, S. 11 f.

（30） Max Sering, Die innere Kolonisation im östlichen Deutschland, 1893.; Vgl. auch Ders., Arbeiterfrage und Kolonisation in den östlichen Provinzen Preußens. Rede zur Vorfeier des Geburtstages Sr. Majestät des Kaisers und Königs in der Königlichen Landwirtschaftlichen Hochschule zu Berlin am 26. Januar 1892, 1892.

（31） Gustav Schmoller, Über innere Kolonisation mit Rücksicht auf die Erhaltung und Vermehrung des mittleren und kleineren ländlichen Grundbesitzes. In: SVS, Bd. 33, 1887, S. 90-101. なお田村信一『グスタフ・シュモラー研究』（御茶の水書房、一九九三年）、二一四ページ以下にも、その紹介がなされている。Vgl. auch Gustav Schmoller, Der Kampf des preußischen Königthums um die Erhaltung des Bauernstandes. In: Jahrbuch für Gesetzgebung, Verwaltung und Volkswirthschaft im Deutschen Reich, Jg. 12, 1888, S. 645-655.

（32） A. a. O., S. 92. リストにおけるメーザーの影響については『小林昇経済学史著作集Ⅵ——F・リスト研究（1）——』（未來社、一九七八年）、二五七—二七二ページの透徹した考察を参照。ブレンターノによれば、メーザーこそが内地植民政策の「父」である（L・ブレンターノ『プロシャの農民土地相続制度』我妻栄・四宮和夫共訳、有斐閣、一九五六年、三一—三六ページ）。ブレンターノのメーザー批判は、メーザーの思想を受け継ぎつつ当時のプロイセンの農政を主導していたヨハンネス・ミーケルに対する戦いに発していた。そこには明快さと同時に北ドイツの諸事情に対する南ドイツ人ブレンターノの距離感が感じられる（ルーヨ・ブレンターノ『わが生涯とドイツの社会改革——一八四四〜一九三一——』石坂昭雄・加来祥男・太田和宏訳、ミネルヴァ書房、二〇〇七年、一九五ページ以下、一三五—六ページ）。

（33） A. a. O., S. 94-95. Vgl. auch Gustav Schmoller, Die ländliche Arbeiterfrage mit besonderer Rücksicht auf die norddeutschen Verhältnisse. In: Zeitschrift für die gesammte Staatswissenschaft, Bd. 22, 1866, S. 185 ff., 209-212.

（34） 本調査報告書原文、八一〇ページ以下の他、Max Weber, Die Erhebung des Vereins für Sozialpolitik (MWG, I/4, S. 143-6); Rezension von: Th. Freiherr von der Goltz (MWG, I/4, S. 251); Monographien von Landgeistlichen über die Lage der Landarbeiter (MWG, I/4, S. 279); Die deutschen Landarbeiter (MWG, I/4, S. 321 f., 337); Entwicklungstendenzen (MWG, I/4, S. 418 Anm.)『農業労働制度』五一—五四ページ、「発展諸傾向」一一四、一一七ページ、『国民国家と経済政策』二六—二七ページなどを参照。メクレンブル

クの農村＝農民事情についてはヴェーバーはパーシェの労作から学んでいる（Vgl. H. Paasche, Die rechtliche und wirtschaftliche Lage des Bauernstandes in Mecklenburg-Schwerin. In: Bäuerliche Zustände in Deutschland, Bd. 3., SVS, Bd. 24, 1883, S. 327-381.）。本調査報告書原文、八六九ページを見よ。メクレンブルクではすでに十八世紀にいわゆるコッペル農法が導入されていた（及川順『ドイツ農業革命の研究』第Ⅶ章、二〇〇七年）。

（35） SVS, Bd. 58, S. 8-23. (G. F. Knapp, Die Landarbeiter in Knechtschaft und Freiheit, S. 91-111.) 以下の説明に関連して、ヴェストファーレンおよびニーダーザクセンに共通の農業労働制度（農民とさまざまなカテゴリーの農村下層民――ケッター、ブリンクジッツァー、ホイアーリング――との分化）の展開を解明した、肥前榮一「北西ドイツ農村定住史の特質――農民屋敷地に焦点をあてて――」『経済学論集』五七／四、一九九二年、［本書Ⅰの2に収録］を参照されたい。東エルベ（ブランデンブルク）では、階層分化は農民―コッセーテン―ビュードナー―アインリーガーという形をとる（Knapp, Die Bauernbefreiung und der Ursprung der Landarbeiter in den älteren Theilen Preußens 2. Aufl., 1927. Bd. 1, S. 9-14. 飯田恭「十八世紀ブランデンブルク農村における家族・親族・階層――ルピン郡の事例を中心として――」『土地制度史学』一七六、二〇〇二年を参照）。

（36） ドイツ農民の結婚における財産問題の規定的意義については、飯田恭「農場・財産・家族一七〇〇―一八二〇年――ブランデンブルクの二村落マンカーとヴストラウ（ルピン郡）の対比――」成城大学『経済研究』一四四、一九九九年、が示唆を与える。

（37） SVS, Bd. 58, S. 16. (Die Landarbeiter in Knechtschaft und Freiheit, S. 102.)

（38） SVS, Bd. 58, S. 13-15. (Die Landarbeiter, S. 98-101.) しかしながら近年、グーツヘルシャフトとその「エジプト的賦役」が農民経営に及ぼした歴史的にマイナスで劣悪な影響を強調するクナップのこうした見解（Vgl. Knapp, Die Bauernbefreiung, Bd. 1, S. 41, 67-80）に対して、十八世紀プロイセンの「フーフェ農民」の豊かさや生存能力を強調し、あるいはまた領主の農民政策の規律化作用という側面に着目する有力な批判が、提起されているのは注目すべきである（Vgl. Hartmut Harnisch, Georg Friedrich Knapp. Agrargeschichtsforschung und sozialpolitisches Engagement im Deutschen Kaiserreich. In: Jahrbuch für Wirtschaftsgeschichte, 1993/I, S. 118 f. 飯田恭「『無能な』農民の強制立退――近世ブランデンブルクにおける封建領主制の一側面――」『経済学論集』六四／二、一九九八年）。東エルベ農民社会のダイナミズムについては、十八世紀以前と十九世紀との相違を念頭においたうえでなお、さらに再考すべき問題が残っていると言わねばならない。ザクセンに関する松尾展成の研究や農民運動史に関する柳澤治の研究をもふくめ、北條功、久保清治らの水準の高い研究は、依然として尊重されるべきであるが、しかし藤田幸一郎、山崎彰、飯田恭らの近年の研究は十八世紀以前の東エルベ農民社会におけるフーフェ制度の意義に新たな視角から着目しており、コルポラツィオンに関する田熊文雄の近作と併せて、この問題に手がかりを与えてくれる。なお注47を見られたい。

(39)「メクレンブルク・モデル」は „das mecklenburgische Muster“ である（SVS, Bd. 58, S. 17.; die Landarbeiter, S. 103）。内地植民の目的についてはSVS, Bd. 58, S. 23.; die Landarbeiter, S. 111 を見られたい。これに対するブレンターノの批判は、前掲書、五四ページ以下にある。メクレンブルクについてはさらに沢村康、前掲書、三八八―四三二ページ。大中小の土地所有の結合を支持するヴェーバーの主張は例えば、Max Weber, „Privatenquêten“ (MWG, I/4, S. 84); Die Erhebung (MWG, I/4, S. 152); Zwei neue Schriften zur Landfrage im Osten (MWG, I/4, S. 224) などに見られる。初期ヴェーバーのうちに、歴史学派と対立しつつ「アメリカ型」資本主義を勝ち取ろうとした闘士の歩みを読み取ろうとする住谷一彦「初期ヴェーバーの資本主義成立史論――ドイツ資本主義分析に関する思想体系研究序論――」（『リストとヴェーバー――ドイツ資本主義分析の思想体系研究――』未來社、一九六九年、第四章）の所論には、以上の理由により同じえない。この先駆的労作は、ヴェーバーのテキストへの内在よりもむしろ資本主義成立に関するレーニンや大塚久雄の理論の援用による多彩な「解釈」という点に特徴があり、戦後日本の社会科学の精神の一側面を表現しているものとしてのみ記憶されるべきである。

　他方において、内容的に今日なお学ぶところの多い田中真晴の所説にも重大な疑義がある。田中はケルガーが提案したような北西ドイツのホイアーリング制度の東部ドイツへの導入の可能性を、ヴェーバーが一八九四年の「発展傾向」論文で否定したこと（前掲訳、一一六ページ）を有力な根拠として、一八九四年にその内地植民構想が急進化した（「内地植民政策＝農民入植政策に一本化」。田中「解説」、一〇九ページ、『諸論点』八一―八二ページ、注六）とするが、それは一種の誤解ないしは過剰解釈であって、ここは単に、本稿で紹介したようなクナップの意見をヴェーバーが一年後に、ケルガーに対立しつつ受け入れたということにすぎないのではないか（すでに一八九三年にヴェーバーは、ホイアーリング制度はいかにも望ましいものだが、「雇用主と労働者とを隔てる社会的隔たり」の、北西ドイツと異なる東部ドイツにおける大きさのゆえに「ホイアーリング関係を東部の大農場に導入することは簡単ではない」という認識に立っていた（Weber, Die Erhebung, MWG, I/4, S. 146）。反面、クナップの言う「メクレンブルク・モデル」の農民村落と労働者小借地人との結合という「二本立て」が、ヴェーバーにおいて変化したとは認めがたい。彼はひきつづきホイスラー入植を提唱しているのである。「発展傾向」論文はヴェーバーの急進化の証しとしてではなく、リーゼブロットの言うとおり、調査報告書の「付随作品」として位置づけるのが正しいと思う。九三年総会におけるクナップの重要な冒頭報告を田中が検討しなかったことが、根本的な問題である。しかし田中のこの「九四年転換説」は姿を変えて、大月誠「初期マックス・ヴェーバーのドイツ農業論（一）（二）」龍谷大学『経済学論集』五の三、一九六五年、六の二、一九六六年の他、山本郁郎「初期ウェーバーの社会認識について（一）（二）――農政論を中心として――」名古屋大学『経済科学』二〇の二、二〇の三、一九七三年や牧野雅彦『ウェーバーの政治理論』（日本評論社、一九九三年）、第一章などにも受け継がれている。歴史学派と対立する急進主義者ヴェーバーを求める関心と、後述するポーランド人へのヴェーバーの差別的態度に対する無関心とが、多かれ少なかれこれらすべての研究に底流している。ちなみに海外でも、ミッツマンが一種の「九四年転換説」に立っており（A・ミッツマン『鉄の檻――マックス・ヴェーバー（一つの人間劇）――』安藤英治訳、創文社、一九七五年、一一三ページ以下）、これに対してそれを「過大評価」として批判するのがトライブ（Tribe, op. cit., pp. 213-4）である。

いずれにせよ確かなのは、シュモラーが先に紹介した一八八六年の自己の基調報告を想起しつつ、それの支持者としてミアスコフスキー、ゼーリングと並べてヴェーバーの名を挙げ、これに応えるかのように、ヴェーバーの方でも自説に同ずる人としてシュモラーの名を挙げているのが、いずれも一八九五年であるということである（Vgl. Gustav Schmoller, Einige Worte zum Antrag Kanitz. In: Jahrbuch für Gestzgebung, Verwaltung und Volkswirthschaft im Deutschen Reich, Jg. 19, 1895, S. 622. ウェーバー『国民国家と経済政策』二七ページ）。

（40） Neue Preußische (Kreuz-) Zeitung, Berlin, Nr. 56 vom 2. 2. 1893, Abendausgabe, S. 1, Sp. 1-3. これに対するヴェーバーの憤慨は、一八九三年二月二〇日付けルーヨ・ブレンターノ宛ての手紙に見られる（『青年時代の手紙（下）』阿閉吉男・佐藤自郎訳、勁草書房、一九七三年、四二七―八ページ）。モムゼン『マックス・ヴェーバーとドイツ政治I』六七、八〇―八一ページ。ちなみに、後年のミーケルの中傷に対する反撃（Max Weber, Herr v. Miquel und die Landarbeiter-Enquête des Vereins für Sozialpolitik. In: MWG, I/4, S. 678-686）も同類のものと言えよう。

（41） MWG, I/4, S. 339-40. 原文は„das polnische Tier" である。小林純、前掲書は、数ページにわたって（一〇四―一一三ページ）この共同報告の紹介をおこないながら、この毒を含んだ印象的な言葉を見落としている。

（42） M・バーリー、W・ヴィッパーマン『人種主義国家ドイツ一九三三―四五』（柴田敬二訳、刀水書房）、二〇〇一年、二四―二六ページ。ちなみにLeopold von Ranke, Geschichten der romanischen und germanischen Völker von 1494 bis 1514, 1825（ランケ『ローマ的・ゲルマン的諸民族の歴史（上）』山中謙二訳、千代田書房、一九四八年）は、ポーランド人史家によって、その「反スラヴ的性格」を批判されているが（オスカー・ハレツキ『ヨーロッパ史の時間と空間』鶴見博和他訳、慶應義塾大学出版会、二〇〇二年、九二ページ）、本書は若き日のヴェーバーの愛読書であった（『青年時代の手紙（上）』七二ページ）。この問題についてはなお佐野誠『ヴェーバーとナチズムの間――近代ドイツの法・国家・宗教――』（名古屋大学出版会、一九九三年）、二九三―二九七ページおよび今野元「マックス・ヴェーバーとポーランド問題――ヴィルヘルム期ドイツの『左の』ナショナリズム――」『思想』九四二、二〇〇二年を参照。この点でもクナップがヴェーバーに先行している。クナップは「人種の相異はまがうかたなき影響を発展に対して与えた」として「スラヴ人の従順な性格」がグーツヘルシャフト成立に果たした役割を指摘している（Knapp, Die Bauernbefreiung, Bd.

1, S. 66, S. 78 には「半人間」Halbmenschen という言葉も見える)。

(43) Vgl. Klaus J. Bade, Massenwanderung und Arbeitsmarkt im deutschen Nordosten von 1880 bis zum Ersten Weltkrieg. In: Archiv für Sozialgeschichte, Bd. 20, 1980, S. 265-323 insbesondere S. 317-323. Vgl. auch Ders., Politik und Ökonomie der Ausländerbeschäftigung im preußischen Osten 1885-1914. In: Geschichte und Gesellschaft, Sonderheft 6. Preußen im Rückblick, 1980, S. 273-299.; Riesebrodt, MWG, I/3, S. 8.; Florian Tennstedt, Junker, Bürger, Soziologen. Kritisch-historische Anmerkungen zu einer historisch-kritischen Ausgabe der Werke Max Webers. In: Soziologische Revue, 1986, Heft 1, S. 10-11.; Helmut Steiner (Rezension). In: Jahrbuch für Soziologie und Sozialpolitik, 1988, S. 295, 297. 邦語文献では、柴田英樹「甜菜糖工業における集中化過程と砂糖市場の構造変化——外国人移動労働者への需要の前提——」『中央大学経済研究所年報』三二(一)、二〇〇二年に「駆逐理論」への言及がある。この問題に対して無自覚なのが原田溥『ドイツ社会民主党と農業問題』(九州大学出版会、一九八七年)七八ページ註30である。

(44) Bade, a. a. O., S. 269.

(45) Bade, a. a. O., S. 317, 268. H. Rogmann, Die Bevölkerungsentwicklung im preußische Osten in den letzten hundert Jahren, Berlin 1937 は未見。

(46) M・ウェーバー『ロシア革命論Ⅰ』(雀部幸隆/小島定訳、名古屋大学出版会、一九九七年)、『ロシア革命論Ⅱ』(肥前榮一/鈴木健夫/小島修一/佐藤芳行訳、一九九八年)。モムゼン『マックス・ヴェーバーとドイツ政治Ⅰ』一一六ページ以下は、ヴェーバーがウクライナの連邦主義者ドラホマーノフの著作から受けた影響を強調している。ともかくもヴェーバーは「プロイセンのポーランド人問題の煽動家から、和解を求める政治家へと」変身する(一二〇ページ)。「九〇年代のテノール」は『ロシア革命論』を境に「劇的に」鳴りやんだのである(Vgl. C. Torp, Max Weber und die preußischen Junker, 1998, S. 30-32)。

(47) 『ロシア革命論Ⅱ』一五一—二、二八五、二九一—二、三二四—五ページおよび『政治論集Ⅰ』中村貞二他訳、みすず書房、一九八二年、二〇五—六ページを見られたい。肥前榮一『ドイツとロシア——比較社会経済史の一領域——』(未來社、一九八六年[新装版、一九九七年])並びに佐藤芳行『帝政ロシアの農業問題——土地不足・村落共同体・農村工業——』(未來社、二〇〇〇年)は、ドイツ=ポーランドのフーフェ制とロシアの定期的地割替え制とを比較した、関連文献である。保田孝一『ロシア革命とミール共同体』(御茶の水書房、一九七一年)、同『ロシアの共同体と市民社会』(岡山大学文学部、一九九三年)も重要である。ポーランド農村社会研究の基本文献とも言うべき吉野悦雄編著『ポーランドの農業と農民——グシトエフ村の研究——』(木鐸社、一九九三年)のとりわけ終章(山村理人、松井憲明、牛山敬二稿)は、比較史のなかにポーランド農業を位置づけようとした興味深い試みである。なお、注38に挙げた新しい邦語文献は、むしろこの期のヴェーバーの問題把握につながるものと思われる。

ちなみに、「エルベ河」に代わって、この問題に関連して、ヘイナルやミッテラウアーによって、「聖ペテルブルク－トリエステ」線が、より重要な比較史のための境界線として発見されている（J. Hajnal, European Marriage Patterns in Perspective. In: D. V. Glass and D. C. E. Eversley (ed.), Population in History. Essays in Historical Demography, 1965, pp. 101-143, esp. p. 101. ミヒャエル・ミッテラウアー／アレクサンダー・カガン「ロシアおよび中欧の家族構造の比較」［肥前榮一訳］『歴史人類学の家族研究――ヨーロッパ比較家族史の課題と方法――』若尾祐司他訳、新曜社、一九九四年、第五章、一五五ページ、ヘイナルの先駆的紹介として斉藤修『プロト工業化の時代』日本評論社、一九八五年、一〇五ページ。なおこの線（東方教会と西方教会とを分かつ線と部分的に重なりつつ、やや西側を走る）を印象的に表現したミッテラウアーの地図が、若尾祐司「中欧圏の都市化と家族形成」同編『家族』（ミネルヴァ書房、一九九八年）、二二四ページ、肥前榮一「家族および共同体から見たヨーロッパ農民社会の特質――社会経済史的接近――」『比較家族史研究』一五、二〇〇〇年、五ページ［本書、Ⅰの1］、坂井榮八郎『ドイツ史一〇講』（岩波新書、二〇〇三年）一五ページ、などに掲載され、この線のもつ比較社会経済史的な索出的意義が次第に広く認識されつつある。これを無視しては、社会経済史の観点から「ヨーロッパとは何か」を考えることは、とうていできないであろう。肥前榮一「エルベ河から『聖ペテルブルク－トリエステ線』へ――比較経済史の視点移動――」『学士会会報』八四三、二〇〇三年［本書、序］を見られたい。

(48) 『ロシア革命論Ⅱ』二五〇ページ。

(49) この点については増田四郎『ヨーロッパとは何か』（岩波新書、一九六七年）、二四―二七ページの重要な指摘を参照。この点はヴェーバーを受けついだミッテラウアーの最新のヨーロッパ社会経済史論集の表題に自覚的に表現されている（Vgl. Michael Mitterauer, Warum Europa? Mittelalterliche Grundlagen eines Sonderwegs, 2003)。ヴェーラーやコッカは西欧と比較したプロイセン―ドイツ帝国の発展のヨーロッパ内での「特殊な道」について語ったが、ミッテラウアーによれば、世界史のなかで見れば、ヨーロッパ的発展自体が中世以来、「特殊な道」を示しているのである。

(50) 『ウェーバー社会科学論集』出口勇蔵他訳、河出書房新社、一九八二年、二五〇―二五九、二九〇―二九五ページ。

(51) モムゼンはこれをクルト・リーツラーに近い『ヨーロッパ的な装い』をこらしたドイツ帝国主義」と表現している（モムゼン、前掲書、Ⅱ、三八二ページ以下、三九〇ページ以下）。

(52) マックス・ヴェーバー『宗教社会学論選』大塚久雄・生松敬三訳（みすず書房、一九七二年）五ページ。大塚久雄『社会科学の方法――ヴェーバーとマルクス――』（岩波新書、一九六六年）、同『社会科学における人間』（一九七七年）。

(53) 田中真晴「ウェーバーの政治的立場」出口勇蔵編『歴史学派の批判的展開――マックス・ウェーバー――』（河出書房、一九五六年）、二八六ページ（ちなみにこれは、田中の旧説を示すものであり、前掲の論文集『ウェーバー研究の諸論点』には収録されていない。今野元の新しい研究（本書、序、注24で言及した）は、田中のこの旧説の再版であるように思われる。さらに一言すれば、今野は批判に急な余り農業労働者調査報告書自体をもきわめて粗雑にしか読んでいないという印象を受ける。ほんの一例は信じがたいことだが、タイトルそのもののくり返しての誤記である。今野書、注168以下各所に見られるMax Weber, *Die Verhältnisse* der Landarbeiter im ostelbischen Deutschland, in: MWG I/3. というのは誤記であり、正しくは *Die Lage* der Landarbeiter である（Vgl. Martin Riesebrodt, Editorischer Bericht, in: MWG I/3, S. 28-30.)）。ブロートのヴェーバー批判における人種主義者＝ヨーロッパ中心主義者という規定（Cf. J. M. Blaut, Eight Eurocentric Historians, 2000, chap. 2）も、ポーランド論とその変化に照らして、粗雑すぎる。

（54） Keith Tribe, op. cit., pp. 212-3.

（55） 『農業労働制度』五七ページ。

（56） ハンス＝ウルリヒ・ヴェーラー『ドイツ帝国一八七一―一九一八年』（大野英二・肥前榮一訳、未來社、一九八三年、〔復刊〕二〇〇〇年）に代表される「特殊な道」論は、ドイツがヨーロッパのなかで歴史的に抑圧してきたポーランドその他の「中欧東部」（オスカー・ハレツキ、前掲書、第七章および肥前による書評『社会経済史学』六八の六、二〇〇三年、一〇七ページ〔本書、Ⅲの8〕）と和解するためにも避けて通れない、プロイセン・ドイツ史の自己批判であって、その政治的意義において、九〇年代ではなく一九〇五年以降のヴェーバーの延長線上に位置するものである（Vgl. Hans-Ulrich Wehler, Krisenherde des Kaiserreichs 1871-1918, 1970, VI-IX, 川本和良『ドイツ社会政策・中間層政策史論Ⅱ』〔未來社、一九九九年〕、「あとがき」をも参照）。二〇〇一年九月一一日以降のアメリカのナショナリズムとイスラム圏の社会‐思想状況とを鋭く両面批判したヴェーラーの講演 „Amerikanischer Nationalismus, Europa, der Islam und der 11. September 2001“ (2002. 6. 14)（http://www.uni-bielefeld.de/Universitaet/Einrichtungen/Pressestelle/dokumente/Reden/Jahresempfang Rede Wehler.html）に見えるヨーロッパ観は、ミッテラウアーのそれと根本的に共通している。エマニュエル・トッドの「古い欧州」からの米「帝国」批判の場合も同様である（『朝日新聞』二〇〇三年二月八日）。

（57） Cf. Wolfgang J. Mommsen, Max Weber and the Regeneration of Russia. In: The Journal of Modern History, 69, 1997, pp. 1-17. 晩年のヴェーバーは近代国家批判を深めつつ、初期のナショナリズムとは対極に立つ、トルストイのロシア的な「愛の無差別主義」に関心を寄せていたという（内藤葉子「マックス・ヴェーバーにおける国家観の変化（一）（二）――暴力と無暴力の狭間――」『法学雑誌』四七の一、二、二〇〇〇年、を参照）。

6 マックス・ヴェーバーのロシア革命論——ロシアにおける国家と市民——

はじめに

一九〇五年の第一次ロシア革命についてマックス・ヴェーバーが一九〇六年にドイツの雑誌『社会科学・社会政策アルヒーフ』(Archiv für Sozialwissenschaft und Sozialpolitik) 第二二巻第一号、第二三巻第一号に発表した二つの論文、すなわち『ロシアにおける市民的民主主義の状態』(Zur Lage der bürgerlichen Domokratie in Rußland)(第一論文もしくは『状態』論文)並びに『ロシアの外見的立憲制への移行』(Rußlands Übergang zum Scheinkonstitutionalismus)(第二論文もしくは『移行』論文)が、ヴェーバー全集(Max Weber, Gesamtausgabe［以下 GA と略記する］Abt I, Bd. 10: Zur Russischen Revolution von 1905. Schriften und Reden 1905-1912, Herausgegeben von Wolfgang J. Mommsen in Zusammenarbeit mit Dittmar Dahlmann, J. C. B. Mohr [Paul Siebeck], 1989) に収録されたのをきっかけに、われわれはその学生版 (Studienausgabe, 1996) によりつつ、二つの組に分かれて全訳の作業を行なった。

先発組の雀部幸隆・小島定によって第一論文が『ロシア革命論Ⅰ』(名古屋大学出版会、一九九七年) として訳出されたあとを受けて、後発組である肥前榮一・鈴木健夫・小島修一・佐藤芳行が『ロシア革命論Ⅱ』(同、一九九八年) として訳出した第二論文を中心として、その成立の経緯、内容のあらまし、それに対する評価について紹介し、そのことを通じて「ロシアにおける国家と市民」という与えられたテーマにせまろうというのが、本章の課題である。

一、ヴェーバーのロシア革命論の成立(1)

一八九〇年代の初期ヴェーバーには、ロシアに対する関心は明示的には見当たらない。当時のヴェーバーの主要な研究対象は、東エルベの農業労働者問題であった。しかしながらその後の、父親との確執に発し一九一四年ころまで続いたといわれる長期の複雑な神経疾患のさなかにあって、社会科学方法論と宗教社会学とを中心とする新分野を開拓しつつあったヴェーバーが、折しも勃発した一九〇五年のロシア革命に大きな関心を示し、そうした学問的努力を一時中断し、時局論として長大なロシア革命論を書いたのである。以下ではまず、その成立の経緯について述べよう。

第一に、ヴェーバーは一九〇五年以来、『社会科学・社会政策アルヒーフ』誌に、本来の学術論文以外に、「外国の重要な出来事についての社会政治報告 sozialpolitische Berichte」を定期的に掲載するという企画を提示していた。そしてこの「報告」には当然のこととして時事性と迅速性とが求められた。ヴェーバーの二大論文は、そうした企画を自ら実行した「ロシアの憲法政治的発展に関する報告」であり、彼自身それらを「ジャーナリスティックな作品」であると考えていた。その点でこの作品には、軽妙さこそないものの、マルクスの『ルイ・ボナパルトのブリュメール十八日』に通ずる性格がある。「現在進行中の経過は、その成り行きが見とおしえないがゆえに『歴史』ではありえない。暫定的な印象から見てその経過の本質と特徴とは何であるかを記録しておくことが課題なのである。(2)」ヴェーバーは当時のドイツの新聞のロシア革命に関する報道が断片的で偏ったものであることに不満を抱いており、自らその欠陥を埋めようとしたのである。

だが第二に、そうしたジャーナリスティックな関心の背景には、いわばロシアという荒れ地に健気に咲き出でた遅咲きの花としてのロシアの立憲自由主義運動に対する内的な共感と支持とがあった。第一論文の「序」に「全面的な共感」、「支持」について語られている。しかもそのさい、それに随伴して一方では、ロシア自由主義の勝利に伴うロシアの軍事的・政治的・社会的変化が、長期的に見てドイツに利益をもたらすであろうという、ナショナルな関心があり、他方では「歴史哲学的な関心」から、高度資本主義が世界的に展開した後の自由主義の運命を占う目安として、ロシア自由主義運動が位置づけられた。

以上の二つの契機が相まって、ヴェーバーをロシア革命の観察へと駆り立てた。彼は驚くべきことに、わずか数カ月の集中的な努力によってロシア語を習得し、自分で資料を追うことができたといわれる。

ところで、当時のハイデルベルクは資料収集の点で恵まれていた。一八六二年以来ロシア語図書室（Pirogov-Lesehalle）があり、ロシアの各種の新聞雑誌を閲覧できた。またこの図書室には留学中のロシアの学者や学生や亡命者たちが出入りして、コロニーを形成し、政治論争を繰り広げ、進行中のロシア革命に共感を示していた。そうした学者のなかにボグダン・キスチャコフスキーがいた。彼はウクライナ民族運動の活動家でありまた同時に解放同盟のメンバーでもある俊秀の法学者で、国法学者ゲオルク・イェリネクのもとで研究していたのである。ヴェーバーは彼と親交してその助力を得るとともに、彼によってドラホマーノフの著作に導かれ、またストルーヴェ、カウフマン、ゲルツェンシテイン、ブルガコフ、スヴャトロフスキー、グレーフスといった、立憲民主党（カデット）系の有力な学者たちを紹介され、その著作を入手し、彼らと文通し、さらに彼らを通じてその他の文献や統計資料をも入手できた。

ヴェーバーはある時、おそらくキスチャコフスキーを通じて解放同盟の憲法草案について教示されたと思われる。それは一九〇五年三月にロシア語で、また八月にそのフランス語版が、ともにパリで公刊されていた。おそらくヴェーバーがキスチャコフスキーの友人の一人である留学生セルゲイ・イ・ジヴァゴに依頼してその「書評」を『アルヒーフ』誌に執筆させた。(3) そしてジヴァゴの書評は簡単な内容紹介にすぎなかったが、それに対するヴェーバーの「追加的なコメント」が二大論文へと発展したのである。

二、ヴェーバーのロシア革命論の内容

ヴェーバーのロシア革命論は、以下の点で従来のロシア革命と異なっていると言えよう。

第一に、一九一七年の十月革命ではなく、一九〇五年革命を論じている。

第二に、社会民主労働党のような労働者政党や社会革命党（エスエル）のような農民政党ではなく、立憲民主党（カデット党）という自由主義的知識人の政党を、考察の中心に置いている。

第三に、「法」（レヒト）と「行政規則」（レーグルマン）との対抗という、法社会学的な視点から、市民的自由の諸権利、国会、憲法、選挙法といった「法治国家」への移行に関わる諸問題を主として論じている。

第四に、ロシアの農民について、また諸党派の農業綱領を紹介するなかでとりわけ立憲民主党の農業綱領について、ユニークな社会経済史的分析を加えている。

(一)『状態』論文（第一論文）と『移行』論文（第二論文）との対比(4)

ヴェーバーの『ロシア革命論』は、全体的に見て、「法」の領域に関する考察であり、立憲自由主義者の要求したロシアの法治国家への移行の可能性を検討したものである。両論文とも時事性と迅速性とを重視したために、大急ぎで執筆されており、時として推敲不足の印象もある。

『状態』論文は『アルヒーフ』で一二五ページ（『全集』で一九四ページ、『学生版』で一〇四ページ、日本語訳で一九五ページ）を占める。ヴェーバーは初稿を、すでに十二月モスクワ暴動以前の一九〇五年十一月二十六日に編集部へ送っている。しかし十二月末に書き直しを行ない、さらに校正中に一九〇六年一月の経過を加筆して、一月二十九日にようやく最終校を送り、雑誌（二一の一）が出たのは二月六日のことであった。このように『状態』論文は革命の高揚期に執筆されているが、ペシミスティックで冷静なトーンを保っている。内容的には、それは革命運動側の分析すなわち解放同盟とゼムストヴォとを基盤とする、立憲自由主義運動の叙述と分析であり、解放同盟の憲法草案の批判的考察を中心とし、各種の会議の議事内容・決議等が跡づけられている。また都市住民各層の動向と各党派の農業綱領・農民層の動向とが考察されている。

ヴェーバーはこの運動がブルジョアジーの支持という経済的基礎をもたず、また社会の各層からも孤立した。市民的な知識人層（立憲民主党［カデット党］に拠る「第二の要素」＝上層市民と「第三の要素」＝諸同盟連合に結集した半プロ的な下層市民とからなる）の、きわめて困難な理念的運動であったことを解明した。ブルジョアジーは、右寄りのオクチャブリストや法秩序党を支持した。小ブルジョアジーは反ユダヤ主義や黒百人組に親近感をもち、労働者は「市民的民主主義」よりはマルクス主義の影響をより強く受けつつあった。また農民は共同体的な農業共産主義を体現しており、専制への反対勢力とはなっても、立憲民主主義の支持者とはなり得ない。正教会は民衆の間に権威主義的メンタリティーを育てて、専制の宗教的な基盤となっている。さらに帝国内の民族問題、とりわけポーランドとウクライナの独立運動は、自由派内部に分裂と対立とを引き起こしている。最後に、かつて西欧諸国で自由や民主主義を育んだ有利な諸条件（例えば初期資本主義時代の社会経済構造）は、すでに失われてしまったばかりか、いまや高度資本主義の発展が、自由や民主主義という価値とは正反対の方向に進みつつある。このようにロシアの立憲自由主義運動は「茨の道」を行くことを運命づけられているのであるが、それが人権思想と個人主義、また自由の理念をロシアに広めようとした功績やその理想主義は高く評価されねばならない。

他方『移行』論文は『アルヒーフ』で二三七ページ（『全集』で三八八ページ、『学生版』で二二四ページ、日本語版で三三五ページ）を占める。また『状態』論文にはない「目次」が付せられている。この論文はおそらく三月中旬に執筆を開始し、一部が一九〇六年五月末に、残りの部分が六月十二日に完成して編集部へ送られ、八月二十五日に雑誌（二三の一）が出た。このように『移行』論文は革命がすでにピークを過ぎてのちに書かれているが、専制政府の欺瞞を暴露する筆致にはかえって高揚したトーンが感じられる。内容的には専制政府側の対応過程の分析すなわち政府の立法＝政策過程の分析に重心が置かれており、(5) 後述するとおり、法＝権利と法＝行政規則との対立という法社会学的視点に立脚した、市民的自由の権利の諸領域や憲法、国会選挙法、国会選挙とその社会的・政治的背景、とりわけ社会経済史的に興味深いカデット党の農業綱領の分析、また第一国会の現実過程などについての、豊富な資料を伴う鋭利で重厚な叙述に満ちている。この点に『移行』論文の独自の魅力があり、そのことによって本論文はヴェーバーのロシア革命論全体の中軸をなす。

（二）『移行』論文の内容のあらまし――農業問題を中心に――

①全般的観点

一九〇五年革命のピークは、十月と十二月にあった。この二つのピークのうち本来の高揚期は、ヴェーバーの見るところ、十月闘争期にあった。すなわち十月闘争は、ペテルブルク労働者代表ソヴェトの指導のもと、広範な市民層の参加を得て闘われ、一、市民的諸権利と二、選挙権の拡大（ブルィギン選挙法では権利をもたなかったプロレタリア、知識人、手工業者、中級官僚への）および三、国会の立法権、を約束した十月詔書を勝ち取り、ヴィッテ内閣の成立を導いたが、その後さらに各地で市民的諸権利が自然発生的に獲得され、政府はそれをなす術もなく見守っていたにすぎない。

しかるに十二月にモスクワで挑発的で一揆主義的な武装蜂起が起こり、それが軍隊によって鎮圧されたのをきっかけとして、風向きが一変する。すなわち、政府はいまや断固たる反動の方向へと旋回したのである。

しかしその政府の反動化はあからさまには現われなかった。そしてそれは、ロシアが当時債務国であったという事情に規定されていた。つまりロシア政府は、債権者であるヨーロッパ諸国の国際世論に配慮せざるをえなかったのである。[6] したがってロシア政府は、国内的には反動政策をとる一方、対外的な配慮から一定の譲歩政策をとり、外見的立憲制への移行を図らねばならなかったのである。つまり一方で市民的諸権利を約束しつつ、他方ではそれを官僚の「アジア的術策」によって空洞化してしまう政策である。ヴェーバーはこれを「二重帳簿を付ける政策」[7]と呼んでいる（第1章）[8]。

すなわち、ドイツ＝ヨーロッパで中世以来、もろもろの自律的な団体＝社団（コルポラツィオン）（ロシアではおそらくゼムストヴォがこれに近い性格を帯びつつあった）によって支えられつつ発展し、西ヨーロッパ市民革命の基本理念に高められたような類型の法＝権利（レヒト）を対外的に約束しつつ、対内的にはこれをロシアに伝統的なアジア的な家父長制的家産官僚の恣意、法＝行政規則（レーグルマン）のもとに抑え込もうとするツァーリ専制の基本方向こそが「外見的立憲制」への移行なのである。後年の『法社会学』におけるレヒト対レーグルマンの対比の観点が、ここで有効に働いている。[9] これが本論文全体を貫く基本的視点であるように思われる。

②個別的内容

『移行』論文は総体として十月詔書から一九〇六年七月六日の第一国会解散までの時期を追っている。以下では「内容目次」に即してその主要な内容を示しておこう。

まず十月詔書の約束の第一項目である、出版の自由、宗教の自由、言語の自由、学問の自由、集会＝結社の自由、人身不可侵権といった、市民的自由の諸権利についての、ロシア政府の右の「二重帳簿」政策＝いわゆる「ハッシュ＝ハッシュ遊び」を、きわめて詳細かつ具体的に暴露している（第Ⅱ章[10]）。とりわけ人身不可侵権は根本的に無視された。国会での討議のさなかにもなお、行政的流刑が続行されていたのである。

そうしたプロセスを経て進行するのは、近代的立憲制の完成ではなく、十月十九日の勅令による「大臣会議」の創設に示されるような近代的官僚制の完成である。それによってやがてツァーリの専制が取って代わられるであろうが、しかし同時にそれは官僚と社会との対立の激化を意味するであろう（第Ⅲ章[11]）。

次に十月詔書の約束の第三項目に関連して、一九〇六年二月二十日の国家評議会規則と国会規則、三月八日の予算規則、さらに四月二十三日の国家基本法（憲法）が分析され、「立憲思想の戯画の法典化」として特徴づけられる（第Ⅳ章[12]）。

さらに十月詔書の約束の第二項目に関連して、資産別国会選挙法が分析され、選挙権拡大の形骸化、特に官僚に対して批判的な知識人、市民層と大工場労働者に対する冷遇と大土地所有者並びに権威主義的な農民層に対する優遇とが批判され、併せてこの選挙法のもとでの選挙の現実のあり方が活写されている（第Ⅴ章[13]）。

次いで選挙直前の諸党派の状況が解明される。高揚する労働組合運動の反面で、選挙ボイコットを主張する左派＝社会民主党、農業問題をもてあますカデット党、反カデットの戦線を組む中間諸政党、民族主義的‐反ユダヤ主義的な大衆扇動に訴える右派の状態、また農民暴動におびえた地主層＝ゼムストヴォの右傾化、土地銀行をめぐる利害対立、政府のオプシチーナ政策をめぐる矛盾した動き、などが指摘され、カデット党を待ち受ける困難が浮き彫りにされる。他方で国家評議会選挙におけるオクチャブリストの勝利には、なお流動的な状況が反映していた（第Ⅵ章[14]）。

この章は本論文中の力編であるが、なかでも重要なのは、市民的自由運動の推進主体であるカデット党の農業綱領の分析である。これについては、項目を改めて、やや詳しく紹介しよう。

さらに現実の国会選挙のプロセスと思いがけない結果すなわち政府の敗北とカデット党の勝利が扱われる。カデット党の勝利は、いわば空手形であるその急進的な土地綱領に注目した農民層の支持によるものであるが、とりわけ反動の実力者である内相ドゥルノヴォの体制の常軌を逸した行政的恣意に対する民衆の怒りと社会民主党の愚かな選挙ボイコットとがもたらした偶然的な成果であるにすぎず、不安定なものであったとされる（第Ⅶ章）[17]。

最後に、選挙後の各党の動向、政府の国債発行とヴィッテの退陣、一九〇六年四月二十七日に始まる第一国会に対する政府の不誠実な対応とその解散に至る経緯が跡づけられ、ロシアが政治・社会的に安定しないであろうという見通しと、それにもかかわらず、「ロシアはどのみち真の立憲国家になる」[18]という信念の吐露をもって、本論文は終わっている（第Ⅷ章）[19]。

③農業問題の分析[20]

ヴェーバーは、カデット党の一九〇六年一月五日の第二回党大会での議論に始まり、次いで五月の第三回党大会に提出された分与地の追加＝補充のための「公正な価格による私有地の収用」を中核とする農業綱領を手がかりとして、農業問題を論じている。

カデット党の内部には、多数派の土地国有論と少数派（西南部ロシア）の私有地収用反対論という、対立する二つの潮流が併存していた。

ところで、土地国有論が多数を占めた背景には、農民の土地不足に由来する地価騰貴があった。すなわち、クスターリ工業が工場制工業からの競争によって壊滅するなかで、農村過剰人口現象が深刻化したのである（労働力の四分の三ないし五分の四が過剰）。

これを吸収するためには、単なる農業技術の向上のみならず、生産の多様化が必要である（単なる技術の向上は人口過剰をむしろ激化させるであろう）。

だが、オプシチーナのなかで経営者として鍛えられていない農民には、そのために必要な市場、資金、信用能力がない。農民経営は恒常的な赤字状態にある。飲酒の制限、減税、信用制度の整備、穀物販売の組織化、農民の教育等が効果を表わすまでには、何十年もかかり、農民はそれまで待っていることができない。

そこで、現在の農民の経済的・経営的資質を、容易に変えることのできない所与の前提と考えるならば、農民には、あらゆる犠牲を払ってでも全体として土地を拡大するしか対応策がないのである。

もちろん、一部には土地銀行を通ずる合法的な購入による土地拡大の傾向は見られる。土地移動統計には、貴族が土地を売却し、商人およびとりわけ農民が土地を購入しているという、明瞭な傾向がうかがわれる。しかしながら、そのさいの農民は「農村ブルジョアジー」の富裕層に限られており、かつ地価が高すぎるため、土地購入が経営改善につながらないのである。

こうして結局のところ、どうしても国家の介入による地主地の収用と農民への配分が必要とされるのであった。

しかしながら、そのさいに多くの難問が発生する。

第一に、個々の農民に対してどれほどの面積の土地を配分するべきかという、土地配分の基準の問題がある。これをめぐって、ⓐ労働基準（土地は神のものであり、自らそのうえで労働する者にのみ、しかも十分に労働しうるだけの面積を与えられるべきであるとする）、ⓑ消費基準（各農家はその自家需要を満たしうるだけの広さの土地を与えられるべきであるとする）、ⓒ歴史的基準（一八六一年の農奴解放のさいに定められた分与地面積を基準とする）が鼎立した。

しかしながら、以上三つのいずれの場合にも、地主地の収用だけでは土地が足りなかったし、そもそもさまざまな計算の基礎となるべき土地統計がきわめて不備だったのである。

第二に、土地配分を受ける資格をもつのは誰かという問題がある。すなわち、農民共同体に法的に所属しているからといって、ただちに経済的に農民であるとは限らないのである。例えばツィンデル工場の労働者の十分の九が、郷里のミール共同体の法的なメンバーであった。他方では共同体に所属しない農業経営者も存在するが、彼らは法的には農民ではないのである。したがって、法的な農民としての全有資格者に土地を配分するか、農業を営むすべての者に限定するか、さらに分与地で農業を営む者のみに限定するかで、必要な土地面積はまったく異なるであろう。

第三に、必要な土地をどこから調達するべきかという問題がある。広大な国有地は経済的意義に乏しく、また収用さるべき地主地がしばしば農民地から遠く隔たっている。したがって、大量移民が必要となるが、黒土地帯南部の人口過剰地帯の農民は北部ロシアの寒冷地には適応できないし、逆に北部森林地帯の農民は広大な土地を前提とする粗放経営に慣れているので、外部からの新参者に対して反発するであろう。

第四に、土地配分が農業生産性をいっそう低下させるという問題がある。一方では、収用される地主経営の方が農民経営よりもしばしば生産性が高く、時として模範経営として評価されているものさえある。他方では、カデットの農業綱領では無地少地の農民つまり経営的にもっとも劣悪な層が優遇されている。つまり自由主義的個人主義に立脚するカデットでさえ、このもっとも重要な問題では、経済的淘汰に逆行する共同体農民的な、倫理的・社会革命派的な立場に立っているのである。したがって、土地収用とともにロシア農業の、そしてロシア経済の全般的な後退が起こることは避けがたいであろう。(21)

こうして結局、もっとも穏当なカデットの提案でさえ、実行することのできない「一種の自己生体解剖の提案」でしかない。カデットは国会選挙における農民の支持を失うことを恐れるあまり、彼らの共同体的世界を批判せずに、逆に共同体農民に妥協したのである。こうしてカデットは上半身は自由主義者でありつつ、下半身がナロードニキであるという、いわばケンタウルス的存在であることが明らかとなった。カデットが望まない「独裁政府」のみがその農業政策的提案を実行しうるであろう。

このようにヴェーバーは、ロシアの直面する最重要な問題である農業問題について、きわめて悲観的な結論に達したのであった。そして、それはまた『移行』論文全体を貫く基調でもあったのである。

(三) 二大論文以後

一九〇六年の二大論文以後も、ヴェーバーはロシアに対する関心を持続させた。

一九〇八年十一月三十日のイェリネクの講演に関連した発言、それに由来する一九〇九年三月十七日付けの「ルースキエ・ヴェードモスチ」紙への弁明文、一九一二年十二月二十日の「ピロゴフ図書室」での講演、一九一六年十月の講演「ヨーロッパ列強の間のドイツ」、一九一七年の二月革命をドイツの外交政策の観点から扱った二つの小論文(「ロシアの外見的民主主義への移行」、「ロシア革命と講和」〔ともに『ロシア革命論I』に訳出されている〕)、一九一八年の十月革命に(ボリシェヴィキ政権=短命に終わるであろう軍事独裁として)論及した二つの小論文(「国内情勢と外交政策」、「社会主義」)にその跡を追うことができるが、いずれも質量ともに、一九〇六年の二大論文に及ぶものではなかった。[22]

三、ヴェーバー『ロシア革命論』の評価

『状態』論文と『移行』論文とからなるヴェーバーのロシア革命論は、その地味な発表形式および、ヴェーバー自身が自作を繰り返し『編年記』(Chroniken)と特徴づけたこと[23]も相まって、これまでのところ、それにふさわしい注目と評価を得ていないように思われる。

第一に、ヴェーバー自身がそれに対して低い自己評価を与えていた。ヴェーバーは編集担当者エドガー・ヤッフェおよび出版者パウル・ズィーベックの無理解のゆえに論文の印刷が遅れたことにいら立ち、「遅れて出版されたジャーナリスティックな作品」であると考えていた。またストルィピンの改革前にそれが書かれたことも、その限界をなすものと考えられた(24)。

第二に、同時代のドイツでも反響が少なかった。いくつかの書評はおおむね好意的な評価を与えたが、内容紹介を出るものではなかった。特にヘッチュとシュレズィンガーとは、『移行』論文の中心概念をなす「外見的立憲制」を批判し、それがロシア的な類型の、しかし紛れもない立憲制であるとした(25)。

第三に、同時代のロシアではヴェーバーの議論は高い評価を得た。『状態』論文が露訳されたし、また「外見的立憲制」論も、とりわけカデット系の知識人の受容するところであったという(26)。注目すべきはレーニンのヴェーバー批判である。レーニンは一九一七年に亡命先のチューリッヒで行なった「一九〇五年の革命についての講演」において、一九〇五年秋の高揚期を回想し、そのさい十月闘争を評価するヴェーバーを批判して、十二月のモスクワの武装蜂起の意義を強調した。レーニンによればストライキ参加者数は、十月には三三万人であったのに対し、十二月には三七万人に達し、こうしたストライキの高揚がその極に武装蜂起に転化したのであって、これを一揆主義的な挑発であるというのは「臆病なブルジョアジーの教授的な知恵」にすぎない(27)。これに対しヴェーバー『全集』の編集者モムゼンは十月ストの参加者数を一六〇万人であるとしている(28)。この数字はヴェーバーの主張を間接的に擁護するものであろう。レーニンとヴェーバーとの対立は多岐にわたっており、それ自体がロシア革命の歴史的性格を再検討するさいに重要な索出的意義をもつので、項目を改めて論及することとしよう。

第四に、その後ヴェーバーのテキストはヴィンケルマン編『政治論集』第二版（Max Weber, Gesammelte Politische Schriften. Zweite, erweiterte Auflage, herausgegeben von Johannes Winckelmann (J. C. B. Mohr [Paul Siebeck] Tübingen 1958）に収録

されるが、甚だしい抜粋であって、ヴェーバーの真意を十分に伝えるものではない。基本的にこのテキストに立脚した林道義の、先駆的ではあるが問題の多すぎる訳業（『ロシア革命論』福村出版、一九六九年）も同様である。近年刊行された英訳版（Max Weber, The Russian Revolutions. Translated and edited by Gordon C. Wells and Peter Baehr, Polity Press, Cambridge 1995）も同様に、甚だしい抄訳である。何よりも、これらのテキストではいずれも、豊富な内容をもつ原注がほとんどもしくはまったく省略されてしまっていることが問題である。このたびの全集版は、その行き届いた編集態度によって傑出しており、画期的な意義をもつものである。そしてそれに立脚したわれわれの『ロシア革命論Ⅰ』、『ロシア革命論Ⅱ』は、（特に後者は出来栄えを誇りうるものではないが）、ともかくも、管見の限りでは世界で最初の全訳版という意義をもつものであると言えるのではなかろうか。

第五に、ヴェーバー『ロシア革命論』についての研究としては、まず最初にパイプスの先駆的な批判的論文があげられる。(29) パイプスのヴェーバー批判は多岐にわたっているが、ここではヴェーバーがロシアの官僚的近代化を過大評価しており、実際には王朝権力が維持され続けたという批判が説得的であることだけを指摘するにとどめたい。パイプスの後ではビーサムが概説的ながらバランスのとれた紹介を行なっている。(30) その後、ロシア革命研究のなかで、徐々にヴェーバーの議論はその「外見的立憲制」論を含めて、肯定的に言及されてきているが、(31) 全体としてその評価は地味なものにとどまっているように思われる。

第六に、日本では、田中真晴による、堅実な論考がある。(32) 林道義の先駆的労作では、その訳業と同様、『ロシア革命論』利用は不十分かつ不正確なものにとどまっている。雀部幸隆、住谷一彦の著作においては、ヴェーバーのテキストへの林と同様の内在の不足およびそれと内的に関連する深刻な誤読、すなわちヴェーバーをレーニンに引きつけた強引すぎる読み込み（特に雀部にあっては一九一七年にレーニンの労働独裁論の方向へとヴェーバーが歩み寄ったかのような解釈）が特徴的である。ここには、後述するようなロシア革命論におけるレーニンとヴェーバーとの対立の根源性と系統性とについて、基本的な誤解ないし曲解が認められる。別個の観点に立つ亀嶋庸一の作品も、同様に林訳の部分的な引用によるものである。[33] 注目さるべきは、目下進行中の小島定の、ロシアにおけるヴェーバー研究史のすぐれた整理であろう。同様に、小島修一の近作はヴェーバーのロシア農民認識のネオ・ナロードニキ的性格を解明している。またその後、大林信治の読書ノート風の書評が出た。[34] 最後に、保田孝一の書評は、ヴェーバーが「体制側の改革政策の成果への評価」において足りなかったとする。[35]

最後に筆者自身の評価を暫定的に示しておこう。第一に、とりわけ『移行』論文の具体的で詳細な分析＝叙述は、ヴェーバー自身の評価と異なり、この論文を今なお顧みられるべき一九〇五年革命についての歴史的研究たらしめているように思われる。それは「同時代人による最も重要なロシア研究」[36]であり、少なくとも決して単なる『編年記』にとどまるものではない。第二に、その「歴史哲学的」含意について言えば、その今日的意義は、短い第Ⅲ章以外では展開されることのなかった、しかもパイプスも言うとおり過大に評価されたその「官僚化」論にあるのではなく、経済開発に必要な外国資本への依存に規定されたその内外政策の「二重帳簿」論（アジア的な「行政規則」による「権利」の封じ込め、という『移行』論文の基本的視点！）に示される、いわば「開発独裁成立論」とも言うべき点に求められるように思われる。すなわち本論文を通じてわれわれは、当時のロシアの政治的権力配置に今日の視点から内在し、外見的立憲制への移行を図るツァーリ専制とそれへの二大批判勢力であるカデット（ないしメンシェヴィキ）とボリシェヴィキ（ないし農民諸派）という三者の相互連関に着目し、より具体的には、ボリシェヴィキのエスエルとの同盟（労農同盟）を軸に一九〇五年革命を考察してきたレーニン的な従来の支配的な視点に代わって、同じくツァーリ専制に対する批判勢力として登場しながら「法治国家」を求めたがゆえにロシア社会に根を下ろすことのできなかったカデット（とメンシェヴィキ）の、「左右との戦い」[37]の悲劇的な意義に着目することができるのである。最後にこの点について述べておこう。

四、一九〇五年革命観をめぐるヴェーバーとレーニン

一九〇五年革命観をめぐって、ヴェーバーとレーニンとは根底的かつ多面的に対立している。先に言及したレーニンのヴェーバー批判は、いわば体系的な対立の氷山の一角であった。根本的には、ヴェーバーの「法治国家」要求支持に対するレーニンの労農「独裁」構想の対立があり、また農業問題では農民の土地不足をめぐって、レーニンの「地主的土地所有廃絶論」に対するヴェーバーの「農民内部の調整の必要＝困難論」の対立があった、と要約できよう。以下では、その対立点を列挙しておこう。

第一に、十二月武装蜂起の評価をめぐって。すでに述べたように、ヴェーバーは十月十七日詔書を勝ち取った十月の民衆的運動を評価し、十二月武装蜂起（総じて武装蜂起）を政府の反動化を誘発する危険な挑発であるとする。逆にレーニンにとっては、後者が革命全体のピークをなす最高の局面である。

第二に、国会選挙ボイコット戦術をめぐって。レーニンは「積極的な」選挙ボイコットを主張したが、(38)ヴェーバーにとってそれは専制を助ける有害な利敵行為でしかなかった。(39)

第三に、革命の性格とその推進主体をめぐって。レーニンは周知のとおり、「立憲的幻想」にとらわれたメンシェヴィキのカデットへの接近を批判するなかで、労働者（ボリシェヴィキ）の農民（エスエル）との同盟による、「法」を無視し超越する民主主義的独裁（労農独裁）の樹立を構想したが、ヴェーバーはコルポラティーフな性格を持ち始めた地方自治体としてのゼムストヴォに拠りつつ「法治国家」を求める自由主義的な知識人（カデット）を軸として革命を観察している。例えばカデットの指導者ペトルンケヴィッチは、ヴェーバーによればロシア革命の「カルノ」であったが、(40)レーニンにとっては「白手袋をはめた革命家」(41)として嘲笑の対象であった。ヴェーバーにとって社会主

義勢力は反体制運動の「解体要因」なのだが、逆にレーニンにとって国会選挙に勝利したカデットは、生命のない「ジロンド党」であり、葬られた革命にたかる、寄生的な「革命のうじ虫」である。(42)

第四に、専制君主制に代わって来たるべき憲法＝国家制度をめぐって。レーニンは立憲君主制ではなく民主的共和制を要求したが、(43)ヴェーバーはそれを当時の権力状況のもとでは「信じられないくらいに愚かな」挑発であるとした。(44)反面において、現状をすでに立憲制であって、外見的立憲制ではないとするヘッチュ＝オクチャブリストの見地にヴェーバーが立つものでないことは、言うまでもない。

第五に、農民の土地不足の問題をめぐって。当時のロシアのもっとも重要な社会経済問題であった農民の土地不足の根本原因を、レーニンが端的に地主による土地独占に求めたのに対して、(45)すでに見たようにヴェーバーはそれを（ミール共同体に根差す）農村過剰人口に見出していた。したがってまたその問題を解決するためには、レーニンにとっては「革命的農民委員会」ないし「地方土地委員会」による地主地の没収と農民への配分で足りたのであり、地主的土地所有の廃絶とともに、農民的農業の力強い発展（＝アメリカ型の発展）が期待されたのだが、(46)ヴェーバーにとっては地主地の没収のみでは農民の土地不足は解消できるものではなく、農民内部での調整が、したがってまた土地配分基準その他のきわめてやっかいな問題が避けて通れなかったのである。そして地主地で実現されていた生産力水準が解体するなかでの、農民自身によるこの問題の自主的解決が絶望的に困難であることこそが、近い将来にロシアに「ジャコバン主義的中央集権主義」に立脚する独裁政権を呼び起こすであろうと、ヴェーバーは見通していた。この見通しは一九一七年の二月革命論においても、より具体化しつつ一貫して変わっていない。(47)そして事実、この問題を放置したために、十月革命による地主的土地所有の廃絶ののちに起こったのは、農業生産力の低下と貧農ないし農村プロレタリアの富農に対するルサンチマンの激発であり、それを受けたスターリン政治体制の成立であった。この意味で、スターリンの農業政策は一九〇五年革命期の土地問題におけるレーニンの楽観的不作為の延長線上に位置し

ているのである。(48)

第六に、ロシア社会の経済的発展段階ないしはロシア革命の歴史的性格をめぐって。レーニンにとって二十世紀初頭のロシアは封建制から資本主義への移行過程の初期にあり、当面のロシア革命は農民の反地主闘争を中心とするブルジョア革命（ただし労働者によって指導される）であった。一方、ヴェーバーにとってロシアは封建的発展そのものを経過していない社会なのであった。この点でヴェーバーのロシア社会認識はマルクスのアジア的生産様式論を継承したプレハーノフのそれに通ずるものであった。少なくとも、農民革命に伴う「アジア的復古」の恐れをプレハーノフとヴェーバーは共有していたと言えよう。(49)したがって、ロシアのフランス的ではなくプロイセン的な発展を肯定したイギリス農業史の碩学ヴィノグラードフの主張は、レーニンにその地主的反動性を痛罵されたが、(50)おそらくヴェーバーの是認するところだったのである。(51)ヴェーバーから見れば、むしろレーニンの主張こそ「ロシアの発展段階が与える『可能性』の誤認」にほかならなかった。(52)

さらに、一九〇三年党綱領においてレーニンの提起した「人民専制」が、ヨーロッパ的な「人民主権」に由来するものではなく、逆に「ツァーリ専制」の裏返しでしかなかったこと、特にキスチャコフスキーやカデットが重視した「法＝権利」意識のレーニンにおける特徴的な欠如（それはロシア・インテリゲンツィアに通有のものでもある）と「問題の形式的・法律的な面」一般を「ブルジョア的」、「反動的」であるとして嫌悪する「法ニヒリズム」とが、以上との関連で注目されるべきであろう。(53)それは「ツァーリ専制」以来のロシアの法文化の伝統をなす官僚の「行政規則」（レーグルマン）による支配に対して、少なくとも結果において新たな生命を与えるものである。キスチャコフスキーはすでに一九〇三年四月に、ストルーヴェに宛てた手紙のなかで、「レーニンの絶対主義が人民専制の名のもとで、ロマノフ王朝の絶対主義に取って代わること」の危険を示唆していた。(54)そして、一九一七年十月六日に解散した「反革命派の司令部」である第四国会に代わって召集された憲法制定議会そのものを最終的に解散（一九一八年一月六日）させ、カデットを「人民の敵」と宣告した、現実の一九一七年の社会主義革命は、イズゴーエフによれば端的に「無法への復帰」であった[55]。

こうしてヴェーバー『ロシア革命論』の今日的意義は、結局のところ、法の領域におけるその問題提起においてあまりにも「ヨーロッパ的」であったために、ロシア社会に定着することができないままに、それぞれに「開発独裁」を志向するツァーリズムとボリシェヴィズムとに挟撃されて、悲劇的に葬り去られたカデット（ないしそれとある程度内的に親和的であったメンシェヴィキ）[56]の立場から一九〇五年革命を見直すことを求めている点にあると言えよう。そればかりではない。ソ連崩壊後の現代ロシアに対しては、本論文は、法治国家の枠組みが、社会を安定させ、ひいては勤労のエトスを呼び起こす機能を尽くすがゆえに[57]、市場経済化にとって必須の前提条件であることを、一九〇五年革命の歴史的教訓として示すであろう。そしてそれはまた、さらに広く「アジア的な」法文化が支配する諸社会における「法治国家」への移行の課題の普遍性（例えば「天安門事件」の学生運動、ビルマのアウンサン・スー・チー女史の運動、タイのタクシンのポピュリズムに対する批判の市民運動等を想起せよ）とその困難性をも示唆したものとも言えるのではなかろうか。ヴェーバーの論敵レーニンについていえば、ゴルバチョフ時代まではスターリンの反レーニン性を強調する「レーニン対スターリン」の図式が支配的であったが、ソ連消滅後に明かるみに出た各種の新資料によってレーニン評価が大きく暗転し、「レーニンからスターリンへ」という連続図式が「ロシアの歴史学の通説」となっているといわれる[58]。ヴェーバーの『ロシア革命論』はレーニン批判の延長線上にスターリン独裁を予見したことによって、こうした新たな通説のはるかな源流に位置しているのではなかろうか[59]。

註

（1） Vgl. Einleitung, in: GA, Bd. 10, S. 1-25; Editorischer Bericht, S. 71-78, 281-288.

（2）『ロシア革命論Ⅱ』目次の注。

（3）ジヴァゴの紹介によれば、ロシアを「抜本的に改革」するための解放同盟の憲法草案は、全八〇条からなり、市民的自由と法治国家、普通・直接選挙権等を規定するものであった。

第六〜二二条。「市民の基本的諸権利」、つまりいわゆる自由の諸権利。

第二三〜三五条。皇帝の立憲君主としての地位。

第三六〜五五条。二院制議会の両院。第一院議員は郡・県ゼムストヴォ会議および人口一二万五、〇〇〇人以上の都市の市会から、第二院議員は国民から直接に、選出される。

第五六〜六五条。「大臣」および内閣。

第六六〜七〇条。地方自治。

第七一〜七四条。裁判権の行政からの完全独立。

第七五〜七八条。憲法を擁護する最高裁判所。

さらに四五条からなる選挙法と条文ごとのコメンタールとが付せられている。

これは来たるべき憲法制定議会によって仕上げられるべき憲法のための草案であり、ピョートル・ストルーヴェがその序文で言うとおり、ロシアにおける立憲思想の発展にとって最大限の意義をもち、また政治改革に対してきわめて大きな影響を及ぼすであろうと期待された（GA, Bd. 10, S. 81-85; Studienausgabe, S. 335-338）。

（4）GA, Bd. 10, S. 8-22, 44-46, 77-78, 282-287. なお小島修一による『ロシア革命論Ⅰ』の書評（『ロシア史研究』第六四号、一九九九年）並びに『ロシア革命論Ⅱ』の紹介（甲南大学図書館報『藤棚』一五の一、一九九九年）を参照されたい。

（5）『ロシア革命論Ⅱ』目次の注。

（6）ウィッテ伯回想記『日露戦争と露西亜革命』中巻、大竹博吉訳、南北書院、一九三一年は、この間の政府側の状況を伝えている。特に外債問題については第四十一章を見よ。

（7）「二重帳簿を付ける政策」については同上、一〇、一九ページ、「アジア的術策」については同上、一〇四、二三二、二四五、二四七ページを見よ。

（8）同上、三—一八ページ。

（9）マックス・ウェーバー『法社会学』世良晃志郎訳、創文社、一九七四年、六六—七一、二三四、四四二ページ以下、大江泰一郎『ロシア・社会主義・法文化——反立憲的秩序の比較国制史的研究——』日本評論社、一九九二年、六、一〇一、一〇四、一二六、一六六ページ、水林彪「国家・法の類型論を求めて」『法律時報』一九八一年八月号、九六―九七ページ、村上淳一『近代法の形成』岩波書店、一九七九年、「はしがき」および第三章第一節、同『ドイツ市民法史』東京大学出版会、一九八五年、緒論、小口彦太・木間正道・田中信行・国谷知史『中国法入門』三省堂、一九九一年、第一部、を参照。なお一九〇五年革命に先行する時代の法的規定については、和田春樹「近代ロシア社会の法的構造」東京大学社会科学研究所編『基本的人権』第三巻、東京大学出版会、一九六八年、所収の概観がある。しかしもちろん他面でヴェーバーは、レーグルマン的原理の担い手としての『家父長制的』な類型の家産制国家」（ロシア）と『身分制的』な類型の家産制国家」（プロイセン―ドイツ）（大江泰一郎、前掲書、一一四ページ）との現象的な共通性をも、随所で批判的に考察している。けれども両者の間に本質的相違が横たわっていることは、カデットの提起したロシアの法治国家への移行にかかわる諸要求が、ドイツ人ヴェーバーにとっては、すでに長らく「日々のパンと同じように、ありふれたもの」（『ロシア革命論Ⅱ』二四六ページ）であった点に示されている。ちなみにこの相違は、モンテスキューの言う「専制政体」と「君主政体」との相違に正確に対応している（『法の精神』上巻、岩波文庫、五一ページ以下を見よ）。

(10)『ロシア革命論Ⅱ』、七二ページ。
(11) 同前、一九―七二ページ。
(12) 同前、七三―八二ページ。
(13) 同前、一〇四ページ。
(14) 同前、八三―一〇六ページ。
(15) 同前、一〇七―一三九ページ。
(16) 同前、一四一―二一〇ページ。
(17) 同前、二一一―二二〇ページ。
(18) 同前、二四九ページ。
(19) 同前、二二一―二五〇ページ。
(20) 同前、一四八―一七二ページ。
(21) ヴェーバーのこの認識が、きわめて深刻で今日的な、アクチュアルな意義をもっていることは、一九八七年以降のアフリカのジンバブエにおけるムガベ政権下の同様な実験とその挫折に関する迫力にみちたルポルタージュに示されている（松本仁一稿「国を壊す――ジンバブエの場合①～⑯――」「朝日新聞」二〇〇七年十月十七日～二十日、二十三日、二十五～二十七日、三十一日、十一月一日～三日、七～十日）。

(22) GA, Bd. 10, S. 685-705; GA, Bd. 15: Zur Politik im Weltkrieg, S. 161-194, 236-260, 289-297, 404-420, 597-633. 中村貞二他訳『政治論集I』みすず書房、一九八二年、一七七―二〇三、三一四―三三一ページ。浜嶋朗訳『権力と支配』みすず書房、一九五四年、付録。

(23) 例えば目次の注を見よ。この表現は本文中にも繰り返して現われている。

(24) GA, Bd. 10, S. 10, 22, 46, 50, 288.; Bd. 15, S. 242, Anm. 1. [『ロシア革命論I』二三八ページ]

(25) Vgl. E. Grimm, Briefe aus Rußland, in: Süddeutsche Monatshefte, 3. Jg., Bd. 1, 1906, S. 95-98, 439-452.; A. von Engelhardt, Russisches, in: Preußische Jahrbücher, Bd. 127, 1907, S. 312-321.; C. Jentsch, Das russische Agrarprogramm, in: Grenzboten, Bd. 66, Heft 21, 1907, S. 388-398.; R. Streltzoff, VII. Politik, in: Kritische Blätter für die gesammten Sozialwissenschaften, 3. Jg., Heft 4, 1907, S. 239-240.; M. Schlesinger, Die Verfassungsreform in Rußland. in: Jahrbuch des öffentlichen Rechts der Gegenwart, Bd. 2, 1908, S. 406-431.; O. Hoetzsch, Rußland. Eine Einführung auf Grund seiner Geschichte von 1904 bis 1912, Berlin 1913, S. 176, 241, 534-535 (Anm. 23). これらのなかでは、カール・イェーンチュの書評論文が短篇ながらもっとも優れている。ヴェーバーの指摘する、農村過剰人口に由来するロシアの土地飢饉を、イェーンチュは「ゲーテの言う『根源現象 Urphänomen』『色彩論』における」である」と特徴づけている (S. 389)。農村過剰人口を生み出すミール共同体の機能的特質について、『ロシア革命論I』六六、七三―七四ページ、肥前榮一『ドイツとロシア――比較社会経済史の一領域――［新装版］』未來社、一九九七年、Ⅲの8、を参照されたい。一方、ヘッチュはオクチャブリストに共感しつつ、ヴェーバーの作品を「資料的に豊かだけれども、資料に埋没しており、きわめて一面的で――純粋にカデット的な見解を反映した作品」と特徴づけた (S. 534-535, Anm. 23; GA, Bd. 10, S. 48.)。ロシアの政党事情についてのヘッチュの「無知」を指摘したヴェーバーの反論は GA, Bd. 15, S. 242, Anm. 1『ロシア革命論I』二三七―二三八ページ」に見られる。

(26) Maks Veber, Istoricheskij Ocherk Osvoboditel'nago Dvizhenija v Rossii i Polozhenie Burzhuaznoj Demokratii, Kiev, Tipografija I. Chokolova, 1906, str. 1-149.; GA, Bd. 10, S. 48-49.

(27) 『レーニン全集』第一三巻、大月書店、一九五七年、二七四―二七五ページ、「モスクワ蜂起の教訓」『全集』第一一巻、一五九―一六七ページ、またヤロスラフスキー「マルクス‐レーニンの教義に照らしたる一九〇五年の武装蜂起の経験」『一九〇五年革命の研究』プロレタリア科学研究所資料部、一九三二年、所収、をも参照。

(28) GA, Bd. 10, S. 50, Anm. 171. 『ソ連邦共産党史1』(国民文庫、一九五九年) 一四七ページによっても、十月の「ストライキ参加者の数は二〇〇万人を超えた」。

(29) R. Pipes, Max Weber and Russia, in: World Politics, Vol. 7, No. 3, 1955, pp. 371-401.

(30) D・ビーサム『マックス・ヴェーバーと近代政治理論』住谷一彦・小林純訳、未來社、一九八八年、第七章。

(31) GA. Bd. 10, S. 51, Anm. 176. 最近の欧米とロシアにおける研究動向については、『ロシア革命論Ⅱ』に収められた、小島修一による行き届いた「解題Ⅱ」を参照されたい。

(32) 田中真晴「ヴェーバーのロシア論研究序説」『甲南経済学論集』第一八巻、第二号、一九七七年。ただし、ハイデルベルクの「ロシア語図書室」を作家トゥルゲーネフが作ったとする指摘（注33）は訂正を必要とする。それは医師エヌ・イ・ピロゴフらによって作られた。トゥルゲーネフは『父と子』について講演するために訪れたにとどまる（GA. Bd. 10, S. 5)。

(33) 林道義『ヴェーバー社会学の方法と構想』岩波書店、一九七〇年、第二部、同『スターリニズムの歴史的根源』御茶の水書房、一九七一年。住谷一彦『マックス・ヴェーバー――現代への思想的視座――』NHKブックス、一九七〇年、第四章、雀部幸隆『レーニンのロシア革命像――マルクス、ウェーバーとの思想的交錯において――』未來社、一九八〇年、第一章、亀嶋庸一「マックス・ウェーバーと『民主化』の問題」『成蹊法学』第四五号、一九九七年。なお田中豊治「ヴェーバー理論における『市民的自由』」(『聖学院大学総合研究所紀要』九、一九九六年)、同「ヴェーバー理論における市民社会と国家――イギリスを手がかりとして――」(同、一五、一九九九年) には、『ロシア革命論Ⅰ』への言及があるが、そこでは独露の状況の共通性が示唆されている。さらに袴田茂樹「ロシアにおける『マックス・ウェーバー・ルネサンス』をめぐって」『ロシア・東欧学会年報』第二七号、一九九八年、同「ロシアにおける社会・経済的危機とマックス・ウェーバーの再評価」(皆川修吾編『移行期のロシア政治――政治改革の理念とその制度化過程――』渓水社、一九九九年、所収) もあるが、興味深い論点を含みつつも、その『ロシア革命論』理解は、例えば同論文の注5に見られるように、信頼性の低いものである(全集版のメインタイトルとサブタイトルと第一論文とが、別々の三本の作品として掲示されている!)。

(34) 小島定「マックス・ウェーバーとロシア（一）（二）（三）（四）――ロシアにおけるウェーバー――」福島大学『行政社会論集』第一〇巻第三号、一九九八年三月、第一一巻第一号、十月、第一二巻第二号、一九九九年、第一三巻第一号、二〇〇〇年、小島修一「ロシア農民認識におけるウェーバーとネオ・ナロードニキ」『甲南経済学論集』第四〇巻第二号、一九九九年、大林信治「マックス・ウェーバー『ロシア革命論』を読む（一）～（四）」(『図書新聞』一九九九年九月十八日、二十五日、十月二日、九日)。ちなみに、ミール共同体の国家の行政的把握の所産＝強制団体としての基本性格を指摘する「国家学派」とヴェーバーの所説との共通性については鳥山成人『ロシア・東欧の国家と社会』恒文社、一九八五年、三二九ページ、注13の指摘が、注目される。結局のところ、ヴェーバーのロシア農民論は、①ネオ・ナロードニキと共通する農民世帯（ドヴォール）論、②国家学派と共通する共同体（ミール）論（注9をも参照されたい）、③本章で解明したような、その過剰人口論＝機能的特質論とそれに基づく独裁形成論（注25、48を併せて参照されたい）として総括しうるのではなかろうか。

(35)『社会経済史学』第六五巻第五号、二〇〇〇年、なお「ロシア史研ニューズレター」第三三号、一九九九年における上垣彰の評言をも参照されたい。

(36) GA. Bd. 10. S. 25.

(37)『ロシア革命論Ⅱ』一六九ページ。

(38)「ブルィギン国会のボイコットと蜂起」、「ツァーリの人民との一体化と、人民のツァーリとの一体化」『全集』第九巻、一七九ページ以下、一九九ページ、「国会をボイコットすべきか？」、「国会と社会民主党の戦術」『全集』第一〇巻、八三―八六ページ、八七―九六ページなどを参照。とりわけ「ロシア社会民主労働党統一大会に提出すべき戦術綱領」『全集』第一〇巻、一三四ページ以下に、ボリシェヴィキの戦術全般が総括されている。第一国会の解散の後にようやくボイコット戦術は放棄される。「ボイコットについて」『全集』第一一巻、一二八ページ以下。

(39)『ロシア革命論Ⅱ』一四七―一四八、二二四ページ。

(40) ロシア革命論Ⅱ』注357 n.

(41)「白手袋をはめた『革命家』」『全集』第八巻、五三三―五三八ページ。

(42)『ロシア革命論Ⅰ』五四ページ、「カデットの勝利と労働者党の任務」『全集』第一〇巻、二〇三―二〇五、二六一、二六五ページ。レーニンによれば、「独裁とは法律に依拠するのではなく、暴力に依拠する、無制限の権力を意味する」（同前、二〇〇ページ）。この論文はレーニンのカデット論として重要である。

(43)「三つの憲法または国家組織の三つの制度」『全集』第八巻、五六六ページ。

(44)『ロシア革命論Ⅱ』二〇ページ。

(45)「一九〇五―一九〇七年の第一次ロシア革命における社会民主党の農業綱領」第一章、『全集』第一三巻、二一三ページ以下。言うまでもなくこの作品はかつて、封建制から資本主義への移行過程を究明しようとする、日本の西洋経済史学に対して巨大な理論的影響を及ぼした。その影響は自覚されないままに、今日に及んでいるように思われる。なお日南田静真『ロシア農政史研究――雇役制的農業構造の論理と実証』御茶の水書房、一九六六年、および最近の研究として、同「ストルィピン土地改革直前の政府と農民」『吉備国際大学社会学部研究紀要』第七号、一九九七年、をも参照。

(46)「自由主義者の農業綱領」『全集』第八巻、三二一ページ。

(47)「基準」の問題に対するレーニンの見方については「土地問題と自由のためのたたかい」『全集』第一〇巻、四三六ページ、「第二国会における土地問題についての演説の草案」『全集』第一二巻、二八四ページ以下および前掲「農業綱領」『全集』第一三巻、四〇〇ページ以下、四三八ページ、「農民代表第一回ロシア大会」『全集』第二四巻、五二六ページ以下を見よ。社会民主党の旧綱領は事実において「歴史的基準」を採用していたが（「農業綱領」、二五二―二五四ページおよび『ロシア革命論Ⅱ』、注198、しかしレーニンによれば土地配分の「基準」は、地主による土地独占という農民の土地不足の本質的原因を曖昧にする「役人的」で有害な議論なのである。一方、ヴェーバーの農民内部調整困難論とジャコバン主義的独裁成立論については『ロシア革命論Ⅰ』九五、一三三ページ、『ロシア革命論Ⅱ』一六七ページ、「ロシアの外見的民主主義への移行」（『ロシア革命論Ⅰ』所収）一五九―一六〇ページを見よ。小島修一「農民認識」一三七ページも、雀部と異なり、一九〇六年と一九一七年とのヴェーバーの認識の一貫性を指摘している。

(48) 前掲拙著、Ⅲの8を参照されたい。ちなみに、林道義『スターリニズムの歴史的根源』は、オプシチナのアジア的共同体としての歴史的性格を指摘し、それをスターリニズムの歴史的根源として重視した興味深い小品であるが、しかしそのさい、オプシチナ→農村過剰人口→土地問題における農民内部調整の困難→スターリン独裁の成立の見とおしといった、ヴェーバーに特徴的な、オプシチナの機能的特質に基づく独裁成立過程の道筋を把握し得ていない。

(49) 「労働者党の農業綱領の改訂」、「ロシア社会民主労働党統一大会」、「ロシア社会民主労働党統一大会についての報告」『全集』第一〇巻、一五〇ページ以下、二六九ページ以下、三一二ページ以下、特に三一六ページ、前掲「農業綱領」『全集』第一三巻、三二八ページ以下には、この点にかかわるレーニンのプレハーノフ批判がある。プレハーノフについては田中真晴『ロシア経済思想史の研究』ミネルヴァ書房、一九六七年、を参照。田中豊治『ヴェーバー都市論の射程』岩波書店、一九八六年、第Ⅲ章とりわけ六四ページは、都市論のレヴェルで示唆を与える。

(50) 「わが国の自由主義的ブルジョアはなにをのぞみ、なにをおそれているのか？」『全集』第九巻、二四七―二五三ページ。

(51) ウェーバー『古代農業事情』のロシア語訳者であり、一九二八年以降ポクロフスキー学派のイデオロギー攻撃によって葬り去られた、当時のロシアの代表的なヴェーバー研究者デ・エム・ペトルシェフスキーが述べたという「近代は中世のもっとも本源的な有機的な連続なのであって、決してその否定、アンチテーゼではない」という見解（小島定、前掲論文（二）、『行政社会論集』第一一巻第一号、五の（二）特に注35）は、ヴィノグラードフに連なるものでもあったと思われる（ちなみに、これは孤高のヴェーバー研究者であった故安藤英治並びに注9に引用した村上淳一の年来の主張でもある。安藤英治『マックス・ウェーバー研究――エートス問題としての方法論研究――』未來社、一九六五年、附論四、同『ウェーバー歴史社会学の出立――歴史認識と価値意識――』未來社、一九九二年、第一部第三～五論文を見よ）。彼らがロシアに望んだのは、ヨーロッパの（封建的＝資本主義的）発展が生んだ所産である「法＝権利」を平和のうちにわがものとすることであった。だがそれは周知のとおり、同じくロシアについて資本主義発展の「二つの道」論を提起して、封建制と資本主義との断絶を強調していたレーニンの見地とはとうてい相いれないものであった。

(52)『ロシア革命論Ⅱ』一〇四ページ。なお保田孝一『ロシア革命とミール共同体』御茶の水書房、一九七一年、同『ニコライ二世と改革の挫折——革命前夜ロシアの社会史——』木鐸社、一九八五年、同『ロシアの共同体と市民社会』岡山大学文学部、一九九三年、は以上の論点並びに本論文全体にかかわる重要文献である。それとは別に、ストルィピン改革期の新研究として、崔在東『近代ロシア農村の社会経済史——ストルィピン農業改革期の土地利用・土地所有・協同組合——』日本経済評論社、二〇〇七年、が挙げられる。

(53) 前掲「カデットの勝利と労働者党の任務」の随所に見られる「独裁」論並びに「プロレタリア革命と背教者カウツキー」『全集』第二八巻、二九一ページを見よ。

(54) Cf. Susan Heuman, Kistiakovsky. The Struggle for National and Constitutional Rights in the Last Years of Tsarism. Harverd University Press, 1998, p. 63.

(55)「反革命とどうたたかうか」『全集』第二五巻、九五ページ、「カデット党処置法令についての決議」（一九一七年十二月三日）、「憲法制定議会の解散についての布告草案」（一九一八年一月六日）『全集』第二六巻、三六五、四四四—五ページ。「憲法制定議会の選挙とプロレタリアートの独裁」『全集』第三〇巻、所収、大江泰一郎、前掲書「まえがき」v—vi、七七—九、一四九、一五九、二二六—七ページ、ボグダン・キスチャコフスキー「法の擁護のために」（杉浦秀一訳）『道標——ロシア革命批判論文集 1——』長縄光男・御子柴道夫監訳、現代企画室、一九九一年、一四一—一七一ページ、ア・エス・イズゴーエフ「社会主義・文化・ボリシェヴィズム」（加藤史朗訳）『深き淵より——ロシア革命批判論文集 2——』一九九二年、二一八—二二二ページ。

(56) レーニンのメンシェヴィズム批判の一例として、「メンシェヴィズムの危機」『全集』第一一巻、三五〇—三七五ページを参照。なおレーニンが一九二〇年に独裁論の観点から一九〇五年を回顧した「独裁の問題の歴史によせて」『全集』第三一巻、所収、をも参照。

(57) 例えばハインリッヒ・ミッタイス『ドイツ法制史概説』世良晃志郎訳、創文社、一九五八年、三ページの示唆的な指摘を見よ。ちなみに、ソルジェニーツィンが、ロシア再生のための提言として、ゼムストヴォの復活を主張しているのは、かつてヴェーバーがロシアの法治国家への発展のために期待を寄せた、立憲自由主義的組織の現代における甦りを求めたものとして、きわめて示唆的である（坂庭淳史「ロシア再生に向かって——ソルジェニーツィンの最近の著作から——」『ユーラシア研究』№21、一九九九年十一月、九ページ）。

(58) 稲子恒夫「レーニンのいま」『情報総覧・現代のロシア』ユーラシア研究所、一九九八年、三五六ページ。またドミートリー・ヴォルコゴーノフ『レーニンの秘密（上・下）』白須英子訳、NHK出版、一九九五年を見よ。

(59) 最後に、『ロシア革命論』の比較史的な意義について言えば、前年『倫理』論文で封建制から資本主義への移行過程について宗教社会学的な英独比較を行なったヴェーバーが、引き続き『ロシア革命論』では法意義をはぐくむ封建制そのものの歴史形成的な性格を意識しつつ、法社会学的ないし政治史的な独露比較を行なったのである。ヴェーバーが、ロシアのミール共同体における定期的土地割替え制度と対比して、ドイツ中世村落におけるフーフェ制度を「経済的な理由 ratio ではなくて、ある法的な観点」に規定された「純形式的な」平等原理によって特徴づけ、「形式は恣意の敵であり、自由の双生児である」とした『古ゲルマンの社会組織』(世良晃志郎訳、創文社、一九六九年、七七ページ)が、同じく一九〇五年の作品であったことは、偶然ではない。そしてそのさい第一論文末尾で展開された「高度資本主義＝官僚化論」は、第二論文を中軸とするロシア革命全体においては、そうした比較史的で重層的な主題展開のなかに折り込まれた、むしろヨーロッパ史にとって重要ないわば副主題と位置づけられるべきなのである(大江泰一郎、前掲書、八七ページ以下を参照)。北の荒涼たる大地についに花は根を下ろすことなく枯れ萎んだ。加うるに、季節はすでに冬に向かいつつあった(それぞれに異なった視角から、この冬景色を描いた大林信治『マックス・ヴェーバーと同時代人たち――ドラマとしての思想史――』岩波書店、一九九三年、山之内靖『マックス・ヴェーバー入門』岩波新書、一九九七年、折原浩『ヴェーバー学のすすめ』未來社、二〇〇三年を参照)。

Ⅲ　書評

1　若尾祐司『ドイツ奉公人の社会史——近代家族の成立——』

一

中・近世以降のドイツ農民についてのわが国における通説的イメージは、おおまかにいって、封建領主に支配される均質な小農民層（封建的自営農民）のそれであったといってよい。こうした農民層は十八世紀後半以降の変質と両極分解過程でようやく農村社会内部に少数の富農と多数の貧農ないし下層民を生み出しつつ、三月革命において反領主の革命運動を展開するが、市民階級の指導性喪失により挫折せしめられたとされるのである。

だが、こうした均質的で革命的なドイツ農民像は、近年にいたって根本的に修正されつつあるように思われる。例えば藤田幸一郎は封鎖的で特権身分団体的《コルポラティーフ》なドイツの村落共同体に着目し、非共同体成員たるプロレタリアートを排除する共同体農民の位階的で保守的な性格を鋭く指摘した（『近代ドイツ農村社会経済史』一九八四）。また評者自身も独露比較の見地から、「ドヴォール原理」＝均分相続制に立脚するロシア農民層の均質で革命的な性格とは対照的な、「フーフェ原理」＝一子相続制に立脚するドイツ農民層の位階的で保守的な性格を検出した（『ドイツとロシア』一九八六）。

こうした潮流の背景にあったのは、「下人」を支配する奴隷主的なドイツ農民にかんする椽川一朗の異端的な先駆的業績である（『西欧封建社会の比較史的研究〔増補改訂〕』一九八四）。

ところで若尾の新著は、家族史の観点から、旧来の通説的な農民像の陰にかくされていた封建社会の下層民たる奉公人《ゲジンデ》という独特の社会集団に光をあて、十八世紀後半からワイマール期にいたるその歴史を追求し、奉公人を支配するドイツの家父長的農民の位階的で保守的な性格を剔抉してみせた労作であって、右の潮流に棹さし、これを主導するものである。

しかも本書は英仏の「社会史」の研究の成果を利用しつつも、例えばラスレットやアリエスに見られる復古的な反近代のロマン主義をしりぞけ、「家父長支配からパートナー関係へ」という近代家族成立の歴史的意義を強調して、ヴェーラーらの西ドイツ「社会史」やわが国戦後歴史学における批判的近代主義を継承しようとしているのであって、ここに本書のユニークな特質を見出すことができるのである。

本書については、管見のかぎりでも、すでに上山安敏（「週刊読書人」一九八六年九月一五日）、藤田幸一郎（『社会経済史学』五三の一、一九八七年）、坂井榮八郎（『史学雑誌』九六の一〇、一九八七年）、による書評や波平恒男（『琉大法学』四〇、四一、一九八七年）の書評論文があらわされて、多岐にわたる検討が加えられつつある。

二

本書の篇別構成は以下のとおりである。

序章・「家」の歴史と奉公人、第一章・封建的身分規制下の奉公人、第二章・強制奉公から形式的自由奉公へ、第三章・農業奉公から家事奉公へ、第四章・農村の奉公人、第五章・都市の奉公人、終章・家父長支配の歴史的位相。

まず序章ならびに終章では、本書のよって立つ理論的枠組が提示されている。それは家族形態＝家父長支配の三段階論であって、①ポリガミーを許容する性奴隷制に立脚する粗野な「家共同態」＝「原初的家父長支配」、②モノガミーと奉公人支配を特徴とする「全き家」＝「温和家父長支配」もしくは「身分的家父長支配」、③近代の「市民家族」＝「市民的家父長支配」、がそれである。そのうえで本書では第二段階から第三段階への移行過程が取り扱われ、農業奉公人→家事奉公人→奉公人の消滅という発展傾向が展望され、そうした移行におけるドイツのおくれ（「ドイツの特殊な道」）が批判的に解明されるのである。

第一章では、まずゲジンデの語義が検討されたのち、プロイセン一般ラント法（ＡＬＲ）の規定に見える、家令と奴隷との中間に立つその独自の地位が確定される。そのうえで、中世から十八世紀にいたるドイツ各地における奉公人の歴史が法制史的に跡づけられ、奉公人を奴隷と見る椽川の見解が批判されている。そのさい、東エルベにおける農場領主制の展開と結びついた強制奉公に主たる関心が注がれていることが注目される。

第二章はプロイセン改革期における奉公人の法的地位の変化を取り扱う。十八世紀における人口膨張にともなう村落下層民の堆積は、強制奉公制度を不合理ならしめた。こうしてＡＬＲから一八〇四年の東プロイセン王領地令並びにシュレージエン村落警察令を経て一八一〇年のプロイセン王国奉公人令にいたる法的規定の変遷が呼び起こされ、東エルベにおける強制奉公から形式的自由奉公への移行における「半歩の前進」が達成される。

第三章では十九世紀初頭、中葉の各種の奉公人統計並びに帝国統計を使用して、十九世紀ドイツにおける奉公人の量的比重とその推移が追求され、農業奉公から家事奉公へ、そうして奉公人の女性化という傾向が「基本的動向」として確認されている。

第四章では分割相続地帯たる西南ドイツを除く単独相続地帯を対象として、農民家政における農業奉公の特徴的諸相が、十九世紀の時代的変遷を考慮しつつ、奉公人の日常生活の側面から描き出されている。そうして農民解放過程→「窮乏化《パウペリスムス》」の深化を通じて、「下層農に対立する農村社会の中間層ないし上層」として「身分的閉鎖性」と「保守性」をむしろ鮮明にしたフーフェ農民とその「村落社会層の階層差に構造づけられる世帯構成」の家父長制的特質が、農業奉公人の具体像によって解明されている。豊富な文献的用意のもとになされた社会史的叙述であって、本書の中心をなす章であるといえる。

第五章では、女中が「社会問題」として時代の表舞台に登場する十九世紀末から二十世紀初頭の都市市民家族における家事奉公人が取り扱われており、主として一九〇〇年のベルリンにおける女中の生活実態調査報告によりつつ、家事奉公人の日常生活の諸相が描写されている。前章に対応する社会史的叙述である。そうしてこの女中奉公の現状に対する世論を追求して、一九一八年の奉公人令廃棄にいたる過程が叙述されている。

しかしながら、奉公人令の廃棄にもかかわらず、戦間期にもなお農業奉公人並びに家事奉公人は大量に残存したのであり、この基盤のうえに、かつてリールの賛美した奉公人をふくむ「全き家」の理想が、ナチス家族論において再燃せしめられる。こうして奉公人の消滅は第二次世界大戦後にもちこされたのであった（終章）。

三

このように、本書は豊富な文献と多面的な手法とを駆使して、ドイツ奉公人史というきわめて重要な新分野にはじめて開拓の鍬をふるった先駆的な業績であって、その中心的意義は冒頭にのべたような、十九世紀ドイツの家父長的農民の新しい像をそれが提供している点にある。それは大工業におけるいわゆる「ヘル・イム・ハウゼ」的な労資関係のドイツ的特質の理解にも資するであろうし、さらに大きな射程をもってドイツ社会経済史の新しい像へと導くであろうことが期待されるのである。

こうした貢献を確認したうえで、以下では思いつくままに、問題点を指摘してみよう。第一～二章の法制史的方法と第三～五章の統計的・社会史的方法とが充分に統一されておらず、とりわけ前者における法令と現実とのギャップが問われていないこと、また同じく第一～二章で農業奉公人を取り扱うさいに農民の家父長的支配を問題としながら、農場領主制と結びついた東エルベ的な強制奉公に力点をおくというちぐはぐ、――こうした点についてはすでに藤田や坂井により適切に指摘されているのでくり返さない。

ここではそうした問題点の背景に伏在していると思われる理論的な問題点に言及しておきたい。それは先の家族形態＝家父長支配の三段階論における第一段階の理解に関するものである。

まず第一に、若尾は第一段階を構想するにあたって、アリストテレスの「家」とヴェーバーの「家共同態」とを「基本的に重なる」（一七ページ）ものとして理解している。だがアリストテレスの「家」では「主従関係が第一の位置を占め」（二ページ）ており、古典古代的な「奴隷に対する自由人の支配」が表現されていた。しかるにヴェーバー夫妻の「家共同態」＝「原初的家父長支配」は、マリアンネ・ヴェーバーの『妻と母』の篇別構成が明示しているとおり、古典古代的奴隷制に先行する形態として把握されている。そこでは擬制的血縁集団による土地共有が行なわれており、農民はそれに従属する均質な勤労集団にとどまり、妻子に対する粗野な家父長支配はあっても家父長権の古典古代的発展はみとめられない。そこでは当面の問題である外部労働力は奴隷や農業奉公人としてではなく農業養子としてあらわれ、家共同態ないし村落のメンバーとして同化されてゆく。支配関係よりは連帯関係が前面に出てくるのである。このことを私は先の拙著でロシアについて論証したつもりである。――このように見てくると、若尾の第一段階理解には問題があるといわねばならない。あえていえば、マルクスのいうアジア的形態と古典古代的形態とが同一視されているのではないか。そうしてこの第一段階の不透明が奉公人成立過程論の不充分さをもたらしているのではなかろうか。本書では村落共同体、フーフェ制度、一子相続制度、家族形態、キリスト教と結合したモノガミー、結婚と人口動態といった重要な論点が随所にちりばめられていて、大きな魅力をなしているが、それらの諸要因を有機的に結合して索出力ある奉公人成立理論へと構成するに至っていないことが惜しまれるのである。

第二に、「家共同態」＝「原初的家父長支配」が行なわれている社会にあっても、ひとたび農村過剰人口が発生した場合には、それのはけ口として都市における家事奉公人は成立しうるのではなかろうか。若尾が「現代の問題」（二ページ）として言及している東南アジア諸国の家事奉公人はそうしたものではないであろうか。ムラに対して自立しえず、イエのなかでは domestic animal としての妻子に対して粗野な抑圧を加え、また口べらしのために都会へ子女を家事奉公人として送り出しているような「原初的家父長支配」は東南アジアや西アジアをはじめとして現代の第三世界になお遍在しているように思われる。こうした関係を克服するための理論構築を、沖縄勤務以来、長きにわたってフェミニズム運動に参加されている著者に期待したいというのが、私の望蜀の願いなのである。こうした「アジア」との対質によってヨーロッパ奉公人史はさらに深い相貌をおびてわれわれにせまってくるに相違ない。

以上、的はずれな感想に終始したが、開拓者的業績に深い敬意を表し、さらなるご教示を仰ぐ次第である。

（ミネルヴァ書房刊、一九八六年）

2 M・E・フォーカス『ロシアの工業化一七〇〇―一九一四』

一

ロシア経済史把握の方法が、ソ連史学と欧米史学とにおいて対照的に相違していたことは、周知のところである。おおまかにいえば、その相違は、ソ連史学がレーニンのロシア史把握によりつつロシアにおける封建的発展、したがって西欧中世との発展の共通性を強調するのに対して、欧米史学はニュアンスの差をふくみつつもおおむね、ロシアと西欧との発展の異質性を強調するという点に、見出されるであろう。

こうした相違は、それぞれにおける教科書や入門書における記述にも明瞭に反映している。例えば、コンスタンチン・タルノフスキイ著『図説ソ連の歴史』(倉持俊一・加藤一郎訳、山川出版社、一九八二年)の目次は、第一章「封建制――一八六一年まで――」、第二章「資本主義――一八六一～一九一七年――」、第三章「社会主義――一九一七年以後――」となっており、ソ連史学におけるロシア史の時期区分の特徴が明快に示されている。これに対して、以下に紹介するマルコム・E・フォーカス著『ロシアの工業化――一七〇〇―一九一四年――』は、英国経済史学会によって創刊された、『経済史・社会史入門シリーズ』の一冊として一九七〇年に書かれた「ロシア工業史の入門書」(三ページ)であるが、そこではソ連史学との「研究方法の違い」(四ページ)の自覚のうえに、「相対的後進性」を示す「農業社会」

（九ページ）ロシアの工業化に対して、いわばより経験主義的な接近が試みられているように思われる。まずはじめに目次を示しておこう。

1、序章、2、工業化の始まり、3、ピョートル大帝後の経済発展、4、一八〇〇～一八六一年の工業の発展、5、一八六一～一九一三年の工業化のあらまし、6、農奴解放と経済発展、7、一八九〇年代以前の工業の発展、8、一八九〇年代の好況、9、不況と好況一九〇〇～一九一三年。

二

1、ソ連の歴史家は一般に、農奴解放以前の時代を、資本主義的な工場が封建制のなかから現われた時代と見なし、農奴解放後、「産業資本主義」の時代となり、一九〇〇年から一九一四年の間に「独占資本主義」段階に到達すると考えている。西欧の歴史家の多くは、一八六一年がロシア経済史の転換点であることには同意するであろうが、この年以前における「資本主義的」発展についてはそれほど重きを置かないであろう（一六ページ）。

第一次大戦にいたるロシアは、国民所得の低位、外国貿易や製造工業の特徴的な構造、教育水準の低さ等に示される、後進的な農業国であり、その経済発展は、十八世紀初頭からの人口急増と領土拡張、それにともなう「経済における政府の役割」（二〇ページ）の大きさ、地理的・国際的環境の特異性、という条件のもとで遂行されたのである。

2、ロシアの工業化の端緒は、ピョートル大帝治世下の十八世紀初頭の二五年間に求められる。この時期に国家の主導下に、軍需工業としてのウラルの鉱山＝精錬業、モスクワの繊維工業、ペテルブルクの製造工業が成立した。だが、ガーシェンクロンの指摘するように、西欧諸国に対抗する工業化のための政府の政策（例えば人頭税の導入、農奴制の強化と工場へのそれの拡張つまり「占有農奴」としての労働力の調達など）が逆に、「新しい次元の後進性をもたらした点がロシアの特徴」（二九ページ）であった。

3、ピョートル大帝の没後のロシア工業は、衰退局面をともないつつも、ウラルの鉱山＝精錬業やモスクワ＝ウラジーミルの軽工業を中心に着実に発展をとげ、エカテリーナ二世期に新たな成長を示す。国営工場が大商人に有利な条件で払い下げられた。人口増加と領土拡張とを土台として、地域間分業が促進された。「十八世紀後半は、農奴労働によって支えられた領主工場の黄金時代であった。」（四〇ページ）またイワノヴォ村のばあいのように、農奴によって経営される工場も存在した。

4、十九世紀最初の二五年間の停滞ののち、ロシア工業はとりわけ三〇年代から新たな発展期（いわゆる「産業革命」期）に入る。国内商業の発達、工業的な北部＝バルト地方と農業的な中央黒土＝南部地方とへの分界、都市（モスクワ、ペテルブルク、キエフ、オデッサ）の発達、を背景に、ウラルの鉱山＝精錬業、モスクワ＝ウラジーミルの綿工業、ペテルブルクの金属加工工業と綿工業、またポーランドの製造工業が発展する。その中心をなしたのは綿工業や甜菜生産といった消費財工業であり、特に綿織物工業は農奴占有工場とは対照的に、オブロク農民の「自由」な労働力に依存していた。この期の工業発展は総じて国家の政策に負っていない点で、十八世紀や十九世紀末のウィッテのもとでの工業化とは対照的であった。この期の工業化の基礎となった要因として、①商業的農業の発展、②財政関税がもたらした「副産物」（五四ページ）としての工業保護、③西欧における工業化の影響、があげられる。

5、一八六一年の農奴解放が「決定的な転換点と見なされるのは、重工業の拡張に関してであった。」（六九ページ）すなわち、八〇年代以降、ウクライナで石炭＝鉄鋼業が、コーカサスで石油産業が急激に発展し、ウラルの伝統的地位が低下する。

6、ガーシェンクロンによれば一八六一年の農奴解放そのもののなかに経済発展を妨げる要因があった。すなわち、土地の買戻し払いが他の諸負担と相まって、農民にとって重い税負担となったこと、農民共同体（ミールまたはオプシチナ）が強化されることによって、農業生産性が低下し、また人口急増にともなって「土地飢饉」が顕在化したこと、このような農民の貧困のために工業のための国内市場が発達しなかったこと、また国内旅券制度による共同体への緊縛のために「農村の過剰人口」（七七ページ）の都市への移動が妨げられたこと、などがそれである。こうした労働力供給における弾力性の欠如に加えて、工業における雇用機会の増大そのものも遅々として増大しなかった。

7、ロシアの工業は一八六〇—七〇年代には①農奴解放による打撃と②アメリカの「綿花飢饉」によって、緩やかな伸びを示したにすぎないが、八〇年代の半ばから急激な成長に転ずる。ウクライナ地方を中心とする石炭＝鉄鋼業、外資や外国の技術に依存したバクーの石油生産、機械製造、また政府主導の鉄道建設の進展がその中心をなす。納税のための農民の穀物販売も商業的農業と貨幣経済の普及を刺激した。この期に国家の関税＝工業促進政策が積極的性格をおび始める。

8、一八九〇年代にロシア工業は著しい発展をとげる。この期にロシアの「離陸」が起こったとされるが、その工業発展は有能な大蔵大臣セルゲイ・ウィッテの政策と密接に結びついていた。ウィッテが望んだ工業力の基礎は、鉄道網の急速な発達と重工業の拡大とであった。そうしてこの目標を達成するために用いられた手段は、関税保護、通貨の安定、財政政策、重税、外資導入の促進を統合した、いわゆる「ウィッテ体制」であった。（一〇一ページ）「ウィッテ体制」のもとでアメリカやドイツよりも集中度の高い資本財産業が成長する。反面その財政政策は農民経済を圧迫し、ロシアの農業や国内市場の発展を抑圧するという「マイナスの効果」（一二〇ページ）をもたらした。だがウィッテは「工業化が成功すれば、結局はロシアに繁栄がもたらされ、農業もその分け前にあずかれるものと希望をかけていた。」（一〇四ページ）

9、一九〇〇年代に入ると、ロシア工業は、一九〇〇—一九〇三年の恐慌と一九〇九—一九一三年の好況との間をあわただしく経過し、ロシア経済は「独占資本主義」の段階に到達する。不況は主として重工業に影響を及ぼし、ここに、さまざまな独占組織が成長する。そうした組織は「ドイツのカルテルと異なり、ほとんどもっぱら販売問題だけを扱う、やや緩やかな連合体であった」(二二七ページ)。反面、主として農民市場に依存していた綿織物工業は不況の影響をほとんど受けていない。重工業が国家発注に依存していたために、そうした発注の減少が重工業での恐慌を激化させた原因であった。ガーシェンクロンによれば、一九〇七―一九一三年の好況期に、政府の役割は後退し、農民の生活水準の向上とともに消費財部門が重要となり、工業はより「西欧的」な進路をたどった。その背景にはストルィピンの土地改革に示される富農階級育成政策があった。しかしこうした発展も、やがて第一次大戦の勃発とともに中断されることとなる。フォン・ラウエはガーシェンクロンによる「西欧的」な道の過大評価を批判した。

三

以上の要約に見られるとおり、本書は、一七〇〇年から一九一四年にいたるロシア工業史の概説的叙述であるが、そこでは主要なソ連の研究と欧米の研究とがそのつど対置されながら利用され、そのなかから、全体としてのロシアの工業発展の非西欧的性格が浮き彫りにされるという手法が用いられているといえる。そうして例えば国家主導による工業化の成功が農業部門に代表される伝統的経済の後進的構造をかえって強化するといったジレンマの指摘や人口史的契機のさりげない強調といった点には、ソ連史学型の入門書に見られない魅力が感じられる。

先述のタルノフスキイの教科書と本書とを比較してみると興味深いであろうし、また例えばトム・ケムプ著『非ヨーロッパ世界工業化史論』(佐藤明監修・寺地孝之訳、一九八六年)の第三章「ソ連モデル――一つの批判的評価――」を本書の続篇として読むこともできるであろう。

（大河内暁男監訳／岸智子訳、日本経済評論社、一九八五年）

3 小島修一『ロシア農業思想史の研究』

一

スターリンによる農業集団化以前、ロシアは農村社会研究の最先進国のひとつであった。その中心に位置していたのがネオ・ナロードニキである。本書はネオ・ナロードニキが残した諸著作を丹念に渉猟・分析することによって、集団化以後急速に姿を消した彼らの研究を忘却の大地のなかから掘り起こすとともに、それらの諸著作をつうじて、革命後のソヴエト政権が所与のものとして受容せざるを得なかった伝統的なロシア農村社会の構造的特質に迫ることを企図した労作である。

まず序章では、ネオ・ナロードニキが十九世紀のナロードニキよりもはるかにリアルな農村認識をもちつつ、①当時の農民の社会制度のうちに、ロシア社会の独自の非西欧的発展の可能性を模索していたこと、②このため彼らの研究の中心に農村研究とりわけ農民経済の強靱性の解明がおかれることとなったこと、が指摘されている。

第一部「共同体論」。十九世紀のナロードニキと異なり、彼らはもはや共同体の始源性を主張せず、むしろ農民世帯＝農民経済の始源性を主張し、そのうえで共同体の近世的起源を説いたのである。

まず第一章「ロシアにおける共同体研究」では、共同体研究の最盛期であった一八九〇年代から二十世紀初頭にいたる時期に出た包括的な共同体研究がおおむねナロードニキ系の学者によるものであり、その頂点に立ったのがネオ・ナロードニキのカチョロフスキーであったとされる。

第二章「ネオ・ナロードニキの共同体論」はカチョロフスキーの作品を分析する。カチョロフスキーはシベリア並びにヨーロッパ・ロシアの国有地を素材として、共同体成立についての仮説、すなわち世帯別の自由な土地先占→人口成長（土地不足）による土地紛争→慣習法的な土地権の成立→土地割替えの出現（また「生産的割当」→「消費的割当」）という図式を構想した。そのさい彼は慣習法的な土地権を「労働権」（個別世帯の労働投下に基づく土地への権利）と「労働への権利」（共同体によって集団的に保証された、生存権に基づく土地への権利）との対立として把握し、この両者の対抗をつうじて共同体の独自のダイナミズム、また「世帯—共同体—国家」というロシア社会の基本構造の形成を解明する。とりわけ「労働への権利」は農民の土地革命や土地国有化への視角を提供する、積極的要因である。そうして、近世的起源をもつ共同体の背景にある、このような始源的・太古的な慣習法上の「勤労原理」を維持したことによって、ロシアは、ローマ法を継受した西欧と区別されるのである。

第三章「ロシア農業史へのネオ・ナロードニキ的視角」では、カチョロフスキーの共同研究者であったオガノフスキーの作品が分析されている。オガノフスキーは西欧の「政治経済学」を交易と工業とを前提するものとし、土地生産性原理並びに人口扶養原理に立脚する、非西欧的社会の構造分析のための独自の「農業経済学」を構想した。この「農業経済学」の実質的な内容をなすものは一種の「農業進化論」であって、その「法則性」は人口成長→農業生産の集約化（土地生産性の発展）→土地関係の展開、という基本線に要約される。そうして、海外移住や工業都市といった人口圧回避手段をもたず、また共同体の自律性を保持しえたロシアの農業発展は、右の「法則性」に照らして、西欧のそれに比較してより純粋型であり、また先進的であるとさえ考えられる。

第二部「農民経済論」では、共同体レヴェルから農民経済レヴェルに下降して、いわゆる「組織・生産学派」の農民経済研究が取り扱われている。カチョロフスキーやオガノフスキーが農村共同体の構造やその歴史的進化といった研究領域において農民経済の強靱性に接近したのに対して、この派の研究者たちはそれを農家に独自な経営組織の問題として受けとめたのである。

まず第四章「農民経済研究の諸潮流」では、この学派の形成を準備した諸契機を、ロシア農業経済学の伝統、農家統計(「家計調査」、「動態調査」)の蓄積、「家族原理」＝「人口論的分化論」の検出、ドイツにおける農業論争の影響、農業専門家層の形成、に分けて概観している。

第五章「『組織・生産学派』の農民経済像」では、チャヤーノフ、チェリンツェフ、マカーロフらに代表されるこの学派の研究活動の最盛期が二〇年代前半であったこと、農民家族の消費需要充足という目的に規定された「勤労経営」における「消費・労働均衡」という彼らの共通の視角からみて「組織・生産学派」よりはむしろ「家族・労働学派」がふさわしい名称であること、が指摘されている。

第六、七章は農家に独自な経営の組織原理を追求したこの派の中心人物たるチャヤーノフを扱う。第六章「チャヤーノフと農業改革連盟」では、ロシア革命期に成立した超党派的な「連盟」とそこでの彼の活動に光をあて、その農業改革構想が解明されている。

第七章「小農理論の方法論的基礎」。チャヤーノフは純粋な農民家族経済のモデルを、ロシア農民の経済行為のなかに見出す。というのは、ロシアでは定期的土地割替え、均分相続、経営分割が容易な粗放農耕、という条件のもとで、土地利用規模が容易に農家の家族規模に照応しうると考えられるからである(「家族原理」!)。本章は、こうしたロシアをモデルとしたチャヤーノフの農民経済認識の基礎にあった比較経済学(賃労働に立脚する資本主義経済を対象とする西欧経済学の相対化)の構造について考察し、あわせてソヴェトにおける最初の社会主義経済計算論争への彼の寄与を明らかにしている。まずチャヤーノフが「収益性」概念を手がかりに構成していた諸経済組織の理念型が検討され、彼が家族労働に立脚する農民経済（その組織者こそが「古典的な経済人」である）を、非資本主義的諸社会の底辺に遍在した経済とみなしていたことが指摘される。次にその社会主義経済論ないし実物タームでの経済計算論が検討され、その「戦時共産主義」の現実に強く規定され、実物的家族経済との類比で考えられた社会主義像が明らかにされ、農民経済の「自然発生性《スチヒーヤ》」のゆえに、チャヤーノフが理念的な社会主義経済の実現可能性について懐疑的であったことが指摘されている。

最後に、コンドラーチェフ論と学界展望とが補論として収められ、巻末には略年表と充実した文献一覧とが付されている。

二

さて以上の蕪雑な内容紹介にも示されたように、本書は、ロシア・ソ連社会経済史に対するいわば農業思想史的ないし農業経済論的接近を試みたユニークな労作である。その貢献の第一は、文献の博捜をつうじて、旧来チャヤーノフ、コンドラーチェフ以外はほとんど知られていなかったネオ・ナロードニキの学問的業績の全貌にはじめて光をあて、西欧的な資本主義経済学を相対化しつつ、ロシアの農民世帯＝家族経済ないし農民共同体をモデルとした独自の非資本主義的で人口論的な農業経済論をそれぞれの仕方で展開した、そのユニークで多彩な群像を浮彫りにした点にある。また第二の貢献は、旧ナロードニキの共同体始源性説を念頭におきつつ、第一部「共同体論」から第二部「農民経済論」への、ロシア社会分析におけるいわば下降的展開の大きな流れを析出してみせたことに求められよう。とりわけ「家族原理」の検出の意義は大きい。私はかつて「土地配分における世帯主義はロシア社会経済史の根底を形づくっている」と指摘したことがあるが（拙者『ドイツとロシア』未來社、四八ページ）、本書によってその確かな裏づけを得たとの思いを禁じえない。さらに第三の貢献は、以上の作業をつうじて、ロシア農村社会にとどまらず、現代のいわゆる発展途上国の農民社会研究に対して、新古典派モデルやマルクス＝レーニン主義的モデルに代わる第三のいわばポピュリズム的理論モデルを提供する途を本書がきりひらいている点に求められよう。

以上の貢献を確認したうえで、以下では若干の問題点を指摘しておこう。第一に、著者はネオ・ナロードニキにおける「リアルな農村認識」について語っているが、私は基本的にそのことに同意しつつも、彼らがロシア的発展の典型性を論証することに急なあまり、その理論構成にリアルでない側面が随伴してくる場合のあることを否定できないように思った。例えばオガノフスキーの「農業進化論」の中心をなす人口成長→農業生産の集約化という（現在では例えばボーズラップが主張するような）因果連関が容易に成立せず、農村過剰人口問題が十九世紀末から集団化にいたるロシア・ソヴェト農業史のもっとも重要な問題であったことを思えば、オガノフスキーの図式はロシアの現実と乖離した、楽観的すぎるものといわねばならないのではなかろうか。第二に「組織・生産学派」の中心人物たるチャヤーノフの主要な業績である小農経済論そのものが充分に検討されていないという印象が残った。チャヤーノフの小農経済においては、先述のとおり「家族原理」＝「人口論的分化論」が妥当するのだが、フーフェ制に立脚する中世ドイツの農民経済には別個の法則が妥当するというのが、スカールヴァイトのチャヤーノフ批判の要点である。チャヤーノフは「比較経済学」の構想をもちながら、彼の小農経済の特質を「封建経済」のもとのフーフェ農民との比較において把握してはおらず、そこにあいまいなものが残されているのではないか。私はスカールヴァイトに同意しつつそうした疑問を抱いた。——

著者がその才能と努力とを傾けて描き出したネオ・ナロードニキ山脈は、その山容がきわめて魅力的であるのみならず、その山頂から第三世界が展望できた。学問的に重厚で、現代的意義にみちた力作に対して心からの敬意を表したい。

（ミネルヴァ書房、一九八七年）

4　鳥山成人『ロシア・東欧の国家と社会』

一

本書は、戦後日本のロシア・東欧史研究における先駆的研究者であった鳥山成人の、四〇年におよぶ研究活動のうち、最近二〇年間の研究成果をとりまとめた論文集である。

鳥山はすでに一九六四年に、自己のロシア史研究の歩みをかえりみつつ、手がけてきたテーマの多様性またダニレフスキー『ロシアとヨーロッパ』の研究に由来する「ロシアとヨーロッパ」の比較史という問題に対する大きな関心、といった学風について語っているが（「ロシア史への私の歩み」、『ロシア史研究』第一〇号、四九―五〇ページ）、そうした特徴は、この発言ののちにものされた業績の集成である本書にも良くあらわれているように思われる。以下ではまず編別構成を掲げておこう。

第一部　序

　第一章　モスクワ国家とロシア帝国

　第二章　移行期の東ヨーロッパ

第二部　モスクワ国家論

第三章　ロシアの身分制議会
第四章　モスクワ専制論
第三部　ロシアの農奴制と共同体
第五章　一六世紀末ロシアにおける農民農奴化について
第六章　ロシア農村共同体の土地割替え慣行
第四部　ピョートル一世とエカテリナ二世
第七章　ピョートル伝とピョートル改革
第八章　エカテリナ二世の地方改革
第五部　ロシア史学と「国家学派」
第九章　ペー・エヌ・ミリュコーフと「国家学派」
第六部　〈分割〉前ポーランド
第十章　ポーランドの「連盟」と身分代表制
第十一章　ポーランド＝リトワ連合小史

見られるとおり、著者は十五世紀から十九世紀に至るロシア・東欧の歴史を、国家・社会・史学史といった多様な観点から把握しようとし、同時に、ロシア・東欧の史的発展を中・西欧との比較のなかで、そうして基本的に後者との共通の位相のなかに位置づけようとしているように見うけられる。著者の、ソ連史学・「国家学派」に力点をおいた革命前のロシア史学・欧米史学の成果の博捜には驚くべきものがあり、そうした史学史的な接近方法が本書のすぐれた特質となっているといえよう。

二

まず第一章は本書のために新たに書きおろされた唯一の章であり、十五世紀から十九世紀に至るロシア史の主要問題の概観となっている。同様に第二章はハンガリーの史家ニーデルハウゼル等に依拠した東欧史の概観である。

第三章並びに「比較史の試み」という副題がつけられた第四章では、国制史のレヴェルで「ロシアとヨーロッパ」という主題が正面から扱われている。まず第三章では、十六—十七世紀の全国会議（ゼムスキー・ソボール）についての研究史が跡づけられ、それが基本的に西欧的な身分制議会と同様の性格のものとして理解されている。そうして、このことに示されたロシアの身分制的発展が強調されるのである。短文ながらツァーリズム＝アジア的専制説を批判する著者の熱気の感じられる文章である。第四章もまた、モスクワ専制におけるツァーリ、ボヤーレ、ドゥーマまた全国会議といった国制的諸要因の西欧諸国のそれとの共通性を強調した作品である。ここでは特に地方士族の「社団」（コルポラーツィア）の存在の意義について強調されていることが重要である。この「社団」はクリュチェフスキーによれば「国家に対する軍役義務を負担するため」に生まれた「強制団体」であったが、鳥山は「身分的な自治の組織という側面」（九一ページ）を強調する。

第五章、第六章は農民にかんする問題を扱う。まず第五章は「ソヴェト史学史におけるグレコフ説」という副題がつけられており、スターリンの「宮廷史家」であったグレコフの近世ロシア農奴制（крепостное право）成立にかんする学説の批判的検討にあてられている。プラトーノフに影響された二〇年代の保守的な初期グレコフと三〇年代のマルクス主義的大御所としてのグレコフとが印象的に対比されている。——第六章はミール共同体における土地割替え慣行の普及過程についての考察である。著者は国有地ではなく領主の荘園の共同体の重要性を強調し、そこでの国家・領主的諸負担強化の重圧に対応する農民の、負担均等化のための土地・負担の「積み下し・積み上げ」の慣行のうちに、土地割替え慣行の端緒並びに基本形態を見出そうとしている。ここで著者はロシア農村共同体の「新しさ」を強調しているが、第三、四章とことなり西欧の領主制下の農村共同体との構造比較は行なわれていない。

第七章はピョートル改革の研究史を跡づけ、それを当時のヨーロッパ世界全体の動向の一環としてとらえる視点をうち出している。第八章では一七七五年のエカテリナ二世の地方制度改革についての諸説が検討され、それとの関連でロシア貴族における身分制的発展＝「社団的自治」の問題が改めて考察されている。

第九章は著者のロシア史像の原点に位置する「国家学派」のロシア史観を、その継承者たるミリュコーフの著書『ロシア文化史概説』を中心に考察した力篇で、量的にみて本書の中心をなすものとなっている。この派の創始者たるソロヴィヨフ、カヴェーリン並びにとりわけチチェーリンとミリュコーフとの学説史的な継承関係が詳細に分析されている。ミリュコーフにあっては、非西欧的な人口＝植民史に示されるロシア民衆の「放浪的性格」またロシア経済の「初歩性」は、上から社会を組織化し、近代化する「万能の国家権力」を根拠づけるものとなっている。そうして、人類史に普遍的な「基本的な社会学的傾向」のゆえに「ロシアと西欧の歴史の基本的な共通性」(三二四ページ)が主張されることとなるのである。

最後に第十章、第十一章は近世ポーランド史における国制史的問題の検討にあてられている。

三

さて、本書の史学史的方法の意義についてはすでに先述したので、以下では重要と思われる疑問点を一点だけ提出させていただく。

すでに述べたように、本書の大きな特徴は「ロシアとヨーロッパ」の対比と両者の共通性の主張という点にあった。しかしこの基本的観点は、奇妙なことに、決定的に重要な第六章の農民の土地割替え慣行論では貫かれていないように思われる。ロシアの農村共同体は国家・領主による収奪強化に対応して、なにゆえに「積み下し・積み上げ」といった、同時代の中・西欧史に類例を見ないユニークな割替え慣行を広汎に発達させることができたのであろうか。この慣行そのものはかの収奪強化からは説明できないはずであって、共同体の「通時的な構造」（一七九ページ）の解明の必要性を説く鳥山には、まさしくこの点をこそ解明してほしかったのである。――

この慣行の解明のためには、国家・領主の政策レヴェルにとどまることなく、すすんでロシアの農村共同体ないし農民家族の比較史的にみた構造的特質をそれ自体として問う作業が必要であろう。例えばハックストハウゼンはこの作業を遂行して、ドイツの共同体＝コルポラツィオン、ロシアの共同体＝アソツィアツィオンという対比に到達した。小島修一の重要な近業においても、カチョロフスキーを頂点とするネオ・ナロードニキの共同体成立論は、大規模かつユニークな仕方で右の作業を行ない、ドヴォールの古さゆえのミールの新しさという重層的で説得的な結論を導いている。――土肥恒之は本書に対する書評のなかで「『社会』のより具体的な諸問題、とりわけ民衆の歴史についてはいわば『スラヴ派』の歴史学の豊かな成果が……摂取されねばならない」と述べて、著者のいわば国家学派的一面性を批判しているが（『ロシア史研究』第四三号、一九八六年、四三ページ）、評者もそれに同意するものである。

著者は第三、四章その他でロシア士族の「社団」（コルポラーツィア）の存在を指摘したが、農民の共同体についてもヨーロッパと共通の「社団」を見出すことができるであろうか。その「社団」はかの慣行とどのようにかかわるのか。――戦後ロシア・東欧史学の偉大な先駆者に敬意を表し、的はずれの評言を著者に深くおわびしつつ、農民史レヴェルでの「ロシアとヨーロッパ」問題について改めてご教示をえたいと思う。

（恒文社、一九八五年）

5　鈴木健夫『帝政ロシアの共同体と農民』

一

十八世紀から二十世紀前半に至るロシアの、定期的土地割替え慣行によって特徴づけられる、いわゆるミール共同体は、長年にわたってわが国の歴史研究者の関心を引きつけてきた。

すでに戦前期に、有力な何人かの日本経済史・法制史家たちが、十七世紀以降のわが国の近世村落のなかで特異な地位を占めたいわゆる地割制度の歴史的性格を比較史的に解明するために、ミール共同体に言及したことがあったが（Vgl. E. Hizen; T. Suzuki; S. Kojima, Japanische Forschungen zur russischen Geschichte in Vergangenheit und Gegenwart, in: Jahrbücher für Geschichte Osteuropas, Bd. 33, 1985, H. 3. S. 391-392）、戦後ロシア史研究が本格化するにつれて、ロシア史にそくしたミール共同体研究があらわれはじめた。

そのさい研究者たちは、ロシア農奴制の基盤、ナロードニキの社会主義思想の背景、ロシア革命を推進した農民運動の基盤、スターリン政治体制の歴史的背景、あるいはロシア社会やロシア国家の性格把握のためのキイ概念、としてのミール共同体に取り組んだのであり、こうした問題関心の広さそのものが近代ロシア史におけるミール共同体の重要性を示しているといえよう。比較的若い世代の研究者による代表的な近年の研究を見ても、例えば農奴制期の共同体に関する土肥恒之の研究は社会史、ネオ・ナロードニキの農業思想に関する小島修一の研究は思想史、コルホーズの成立過程に関する奥田央の研究は政策史、として特徴づけられうるものであり、そこに問題関心の多様性が示されているように思われる。

そうしたなかにあって、このたび刊行された鈴木健夫の新著は、前記の三人の研究者とほぼ同世代に属する第一線の研究者たる著者の二〇年にわたる研究の集大成であり、とりわけすぐれて社会経済史的なミール共同体研究の水準作として評価されるべきものである。著者ははじめ西ドイツに、次いでソ連に留学して、研究をつみ重ねてきた。そこからくる方法的な柔軟性と史料・文献的な広さとが本書を特徴づけているが、しかし著書は「つねに何か抽象的なものを伴う」(ユルゲン・コッカ『歴史と啓蒙』肥前榮一・杉原達訳、未來社、一九九四年、四〇ページ)比較史の方法を避けて、ひたすら「均等土地利用・定期的土地割替えを主要な特色」(「はしがき」iページ)としてもつミール共同体の具体像を追い求めている。

以下に内容を紹介しつつ、その特長と思われる点を指摘してみよう。

二

本書はⅢ部八章と付論とで構成されている。

まず「第Ⅰ部・農奴制と農民共同体」は、農奴制期とりわけ十八世紀後半から農奴制廃止に至る時期の農民共同体を扱っている。

「第一章・領主農民の共同体」は農奴制期の典型的構成を示す中央部ロシアの、領主支配の基盤としての農民共同体の実態を描いている。チェルヌイシェフ、セメフスキー、ハックストハウゼン等に依拠した旧稿に大幅な加筆・修正がほどこされた本章は、本書の主柱ともいうべき力作である。そこでは、共同体集会、義務・土地の均等割当と割替え、その他の共同体活動（兵役など国家への義務の遂行、領主権の補佐・代行、相互扶助、土地などの賃借・購入）、農民反抗の拠点としての共同体、といったミール共同体の主要な諸側面がバランス良く叙述されている。

「第二章・北部ロシアの非領主農民と共同体的土地利用」は、農奴制の欠如する北部ロシアの国有地、皇族領（そこでは中央部ロシアと異なり、十八世紀になお土地保有権の流動的状況がみられた）における割替え共同体の成立過程を扱っている。均等な土地配分を求める貧農層の根強い要求が政府の徴税目的と相まって、北部ロシアでも割替え共同体は一七六〇年代以降、次第に成立していくのである。しかもこの過程を促進した政府の政策は、後年のキセリョフの国有地農民の改革にうけつがれ、一八六一年の農奴解放のひとつの手本となったとされる。本章は共同体の成立過程論として重要であると思われる。

「付論・ハクストハウゼンの共同体論」は著者の処女作であり、「ミールの発見者」として知られるプロイセンの農政学者アウグスト・フォン・ハックストハウゼンのミール共同体論の先駆的な分析である。家族―ミール―国家という家族的構成のなかでの共同体の統一秩序と土地割替えとの把握について紹介されている。内容的には第二章と内的につながりのあるものといえよう。

次に「第Ⅱ部・農奴解放と農民の土地利用」は、一八六一年の農奴解放において農民の土地利用問題がどのように処理されたかを、解放審議過程での政府・貴族領主の諸議論を跡づけつつ検討している。

「第三章・領主の『不完全所有権』問題」は農民に対する土地用益権付与の性格をとりあげ、占有・利用・処分の三つの権利から構成されるとする「ロシア帝国法典『民法』」による領主の土地所有権が農民への土地用益権付与によって制限されることの当否をめぐる政府および各県貴族の見解が検討されている。

「第四章・農民の『屋敷菜園地』用益問題」は、農奴解放において屋敷菜園地の用益権を農民に付与し、さらに一定期間内に償却によってその所有権を獲得させようとする政府の方針とそれをめぐる各県貴族委員会の諸見解また法典編纂委員会の結論が跡づけられている。屋敷菜園地の構成と規模、権利の主体（農家・家長か共同体か）、権利の行使（共同体ないし領主からの制限）、をめぐる諸問題が扱われており、ロシア農民経済における屋敷菜園地の重要性がうかがわれる。

「第五章・農民の土地用益問題」では、農民に対する土地用益権付与の期限、用益の強制、用益権の対象（範囲）、用益形態、土地割替え、といった土地（分与地）用益問題をめぐる各県貴族委員会の同様の諸議論並びに法典編纂委員会の結論、さらにそれをうけた農奴解放令における規定が整理されて詳述されている。

そうして全体の結論として、共同体的秩序並びに領主の利益の尊重という外枠条件のもとでの解放が「不徹底な改革」（二三五ページ）でしかなかったと述べられている。

最後に「第Ⅲ部・資本主義と共同体農民」は、農奴解放後の資本主義・工業化の進展する時代の共同体の具体像を、代表的な工業地域であるモスクワ県について描いている。

「第六章・共同体的土地割替えの変容」では、一八七〇年代のモスクワ県のゼムストヴォ統計調査報告第四巻に依拠しつつ、解放後二〇年間のモスクワ県における均等化原則にもとづく共同体的土地利用とくに耕地の混在と細分およびそれに発する全面的割替えについて具体的に考察している。著者は農業経営の状況が劣悪で税負担の程度が高い共同体ほど全面的割替えの頻度も大きいことを指摘し、「かっての農奴は、一八六一年の解放によって人格的には領主権から解放されたが、同時に……共同体を介した政府の徴税機構により直接的に組み込まれ、かれらの共同体的土地利用・土地割替え、そしてそこにみられる均等化原則も、租税の均等な割当に奉仕するという役割を果していた」（二六九ページ）と結論している。本章は第一章とともに本書の主章であって、読者はそこに、ミール共同体を特徴づける定期的土地割替え慣行の具体像並びに解放後の共同体の変容（領主制の基盤→納税基盤）を、鮮明に読みとるであろう。

「第七章・共同体と営業活動」はモスクワ県のセルプホフ郡スパス・チェムニャ村並びにモジャイスク郡コルジェニ村に関する、ゼムストヴォ調査報告書並びに帝国自由経済協会調査報告書による実態把握であり、工業地域にある前者では現地での工場賃仕事や遠隔地への出稼ぎ仕事が、また農業地域にある後者ではモスクワ市への出稼ぎ労働が、それぞれ農業を上まわる収入をもたらし、国家への納税に貢献していたとされる。村民の日常生活が田園詩風に描かれ、第一、第六章に対する豊かな肉づけが与えられている。ロシアの大地のかおりの伝わる佳篇である。

「第八章・織物生産と共同体農民」は、十九世紀最後の二〇年間における「ロシアの工業の一大中心地」（三〇七ページ）モスクワ県の織物生産の実態と動向を、とくに、その生産を支えた農民織工の状態に視点をあてて解明している。はじめにモスクワ県の織物生産が概観されたのち、クスターリ織工および工場織工について詳述されている。そうして共同体農民の冬季の営業であるクスターリ手織生産の広範な存続の事実が明らかにされ、八〇年代をロシアにおける産業革命完了＝資本主義確立期とするソ連史学の通説に疑問が投げかけられている。また工場織工における土地ないし農村との結びつきの強さが明らかにされ、そうした結びつきの消滅を主張してレーニンの資本主義発展論の根拠となったデメンチェフの議論が批判的に再検討されている。本章はいわば共同体分析の側からみたロシア資本主義論でもある。

三

以上の蕪雑な要約にもうかがわれるように、本書はとりわけ社会経済史の立場から十八〜十九世紀のミール共同体の具体像を実証的に解明した労作である。とりわけ第Ⅰ部および第Ⅲ部の諸章から読者は、領主制下の中央部の共同体、北部における共同体の成立、農奴解放後の割替え慣行の実態と性格、共同体の日常生活、共同体と営業活動との結びつき、ロシア資本主義の性格に及ぼした共同体の影響、といった重要な諸問題について、きわめて具体的で鮮明な像を得ることができるであろう。かかるものとして本書は、すでに伝統のあるわが国のミール共同体研究史のなかでも最高水準に立つものと評価することができる。今後、社会経済史的なあらゆるミール共同体研究は、本書の到達点から出発することを要求されるであろう。

以上の評価を前提しつつ、以下では二つの問題点を指摘したい。

第一は、本書の第Ⅱ部についてである。農奴解放審議過程における政府・貴族領主の諸議論を跡づけた第Ⅱ部は、ロシア農奴解放論の基礎を築いたそれ自体はきわめて興味深く密度の高い分析であるにもかかわらず、このままでは本書全体の有機的なまとまりを損なっているという印象を避けることができなかった。

まず第Ⅱ部の主役は、第Ⅰ部・第Ⅲ部のそれが農民であるのとは異なり政府・貴族領主であり、また政策論史的接近方法がとられ、さらに農奴解放事業全体のなかでの位置づけが与えられていないので、ややつながりの悪さを感じるのである。

次に、法と現実との乖離の問題がある。ロシアでも十九世紀前半には西欧からの影響のもと、近代的な法典編纂が進むのだが、農民は周知のとおりその対象外の慣習法（＝農民的自然法）の世界に生きていたのであるから、「帝国法典」から出発した諸見解は、そうした世界から遊離した観念的なものであった可能性がある。著者じしんそのことを意識しているのである（一一六、二二六ページ）から、この点を掘り下げてほしかった。すなわち、例えばドイツの場合、農民解放がつねに邦レヴェルで行なわれ（松尾展成『ザクセン農民解放史研究序論』一九九〇年、序言Ⅴページ）、また下級所有権を当然に前提し、したがって上級所有権の補償による「土地解放」が「核心的問題」であり、かつ農民保有権の良好度の差異が「決定的な役割を果した」（K・クレッシェル他『西ドイツの農家相続』田山輝明監訳、一九八四年、一一、二一、三三、六二ページ）とされたのとは対照的に、全国的レヴェルでしかも農民の土地用益権（＝下級所有権）の付与（！）自体が論じられたロシア農奴解放の特質について、どう考えればよいのであろうか。

上からの農奴解放事業に対する農民側の反応が、第Ⅰ部・第Ⅲ部と同じ手法で解明されていたら、あるいは少なくとも農民の下級所有権を前提せずに存立していたロシアの領主権の特質や領主の法意識そのものが論じられていたら、本書のまとまりあるいはダイナミズムは飛躍的に高まっていたはずと惜しまれる。特に領主権の問題は以下の論点につながる。

すなわち第二は、ロシアの貴族領主の性格についてである。著者は第Ⅰ部で領主制の基盤としての共同体を分析したうえで、ハックストハウゼンが「ロシア農奴制社会の機構のなかで、強大な領主権の支配のもとで、共同体がどのような制度的機能を果たしていたかという問題に正当な理解を与えることができなかった」（一〇三ページ）と批判している。しかしハックストハウゼンはロシアの領主権については独自の明確な見解をもっていたのであり、この批判は超越的であると思われる。すなわちハックストハウゼンはドヴォール―ミール―ツァリーズムという関連に示されるミール共同体と国家との直接的関係をロシア社会における根源的関係としてとらえ、貴族領主をこの関係を媒介する家産官僚＝奉仕貴族として鋭くとらえていた（拙著『ドイツとロシア』一九八六年、九七～八、一〇八～九、二二五～六、二三九ページ）。ロシア貴族の奉仕貴族的性格については、ヨーロッパ的比較の枠内で最近にも論じられている（M. Hildermeier, Der russische Adel von 1700 bis 1917, in: H.-U. Wehler (Hg.), Europäischer Adel 1750-1950, 1990, S. 166-216)。著者じしん、本書第二章や第六〜八章で農民共同体と国家との直接的関係を活写しているのではないか。いいかえれば、本書第一章で描かれた農奴解放前中央部ロシアの領主制下の共同体の構成はなるほど典型的であるといっていいであろうが、その背景には国家と共同体との直接的関係がより根源的なものとしてあるのではなかろうか。これをさらに著者にそくしていいかえるならば、領主における「私権的性質の権限」と「公権的性質の権限」（三ページ）とを単に併記するにとどまらず、両者の構造連関をさらに立体的に構成し直す作業が残されているともいえよう。

　ところで、そうした作業は当然、領主権の性格のみならず、それを支えた農民共同体自体の比較史的・批判的性格づけの問題をよびおこすはずである。共同体研究が没意味的な史的相対主義におちいらないための歯止めとしても、二十世紀への「歴史的展望」（ⅲページ）を試みた比較史的・批判的な「終章」ないし「あとがき」がほしかったように思う。

　ミール共同体の具体像を多面的にかついきいきと描き出すことに成功した本書が、ミール共同体に関心のある多くの読者に読まれることを心から期待したい。

（早稲田大学出版部、一九九〇年）

6　豊永泰子『ドイツ農村におけるナチズムへの道』

一

ナチスのドイツ支配は、農民層の広範な支持を基盤としていた。本書はその歴史的背景をなすドイツ農村社会の構造と変遷とを、十九世紀にさかのぼって多角的に鋭く分析した、開拓的な研究である。

著者豊永泰子氏は、不幸にして一九八九年病に倒れ、一九九三年には勤務先の三重大学の教職を辞し、今日なお郷里において療養生活を送っておられる。そうした状況のなかで、その学才を高く評価する望田幸男、後藤俊明両氏を始めとする同学の諸氏の努力により「豊永泰子氏著書刊行会」が結成され、長年の研究成果である主要業績が編集されてでき上がったのが本書である（以下、敬称略）。

本書については、管見の限り、すでに、野村耕一の書評（三重大学歴史研究会『ふびと』第四七号、一九九五年）、金子邦子の書評（『土地制度史学』第一四九号、一九九五年）、永岑三千輝の書評（『社会経済史学』第六二巻第五号、一九九七年）、垂水節子の新刊紹介（『史学雑誌』第一〇四編第二号、一九九五年）、また『出版ダイジェスト』（第一五九六号、一九九六年三月一日）の紹介が存在しているが、以下ではまず内容を紹介しておこう。

本書はナチス支配の農村的基盤を、十九世紀のユンカー支配にさかのぼって、歴史的に解明した作品である。全体は一一章（および主として書評からなる付論七）から成り立っており、三部に編成されている。

まず「Ⅰ　ドイツ農業とユンカーの歴史的軌跡」では、十九世紀ドイツにおけるユンカー支配の諸相とドイツ農村社会の歴史的特質が解明されている。

第一章ではまずユンカー農場の全体像が示され、次いで第二帝制期からヴァイマル期にかけてのドイツにおけるユンカーの政治・社会的な権力的地位が概括的に跡づけられている。

第二章ではユンカーによるブルジョア支配の手段としての「世襲財産問題」をとりあげ、その実態、プロイセン政府の政策、ヴェーバー、ゼーリング、ベロウに代表される時論の展開を分析している。

第三章では、ユンカー経営の労働制度を解明し、「家父長的な」ユンカー－インストロイテ関係と、それの解体の東プロイセン（後進地帯）とシュレージエン（先進地帯）における相違を対比している。

「Ⅱ　ヴァイマル期の農業と農民」ではヴァイマル期の、とりわけ農民をめぐる政治的・社会的緊張が扱われている。

第四章ではユンカーと対決するドイツ社会民主党の農業政策が扱われている。一九二〇年の「原則」および一九二七年の「キール農業綱領」は、農民対策を軽視して消費者重視の食糧自給政策に偏することによって「農民の魂」をつかむことに失敗した。

第五章は、ヴァイマル共和制末期の農業危機を、現体制の穀物（畜産・酪農製品ではなく）価格引上げ政策によって克服しようとする農業生産者（ユンカーと農民）の運動としての「緑色戦線」（一九二九～三三年）を扱う。

第六章では、右翼的な北ドイツの農民の同じ時期に発生した反体制運動であるラントフォルク運動が分析され、それが時代の要請である近代的で合理的な「農業家」への転換に反発する「農民」の伝統的意識に発するものであったとされる。

最後に「Ⅲ　農村におけるナチズムへの道」ではナチズムが農村にどのように浸透していったかを、ナチス農村・

農業政策の展開と農村社会の状況との関連のなかで考察している。

第七章はナチ農本主義を扱う。民族主義的知識人とユンカーとを担い手とする帝政期の「保守的農本主義」は、第一次大戦後、「人種主義的農本主義」と「身分制的農本主義」へと発展をとげる。ダレーは前者を、ナチ党の農業綱領は後者を、それぞれ表現しているのである。

第八章では、組織面から見たナチ党の農村政策が扱われている。それは既成の農業団体への浸透を方針とし、その活動は農政局からの指令によって中央集権的に進められた。

第九章では、「ヴェストファーレン農民連盟」の機関誌『ヴェストファーレンの農民』誌の論調に見られるカトリック農村のナチ化過程を追っている。大農が主導する「連盟」は、「農民層下層」、「小農と小作農」からなる社会民主党寄りの「ドイツ農民組合」への対抗意識を深め、他方ダレーの政策は北西ドイツの農民に焦点を当てていたのである。

第一〇章では、全国食糧身分団の主催で毎年開かれた全国農民大会を手がかりに、第三帝国の農村政策が俯瞰されている。農産物価格政策、世襲農場法、植民政策はいずれも「血と土」の観念の具体化としてのドイツ農民を維持することを目指していた。それはラントフォルク運動の担い手たちに適合的なイデオロギーを基礎としていた。

第一一章では「世襲農場法」について、ナチスの農民政策の性格を検討している。一子相続的な「世襲農場」(七・五〜一二五ヘクタール)の所有者のみが「栄誉」と「経営能力」のある「農民」(バウアー)と尊称された。こうした「農村貴族」=大農層が、ナチスの「ボナパルト的独裁の社会的基盤」とされたのである。西南ドイツの分割相続地帯の農工混合経営者を始め、ユンカーや小農は「農民」ではなく「農業家」(ラントヴィルト)と呼ばれる。ただしユンカーは「大臣の特別許可によって」「農民」になることができた。「農民」はまた食糧自給化政策の担い手でもあった。

最後に以上を総括して、次のように述べられている。「帝政期において、ユンカー的プロイセン支配の体制のうちに構造的に維持されていた農民層は、一九一八年のブルジョア的変革を起点としてユンカー的土地所有制の崩れゆく過程で、急速に分解してゆく可能性をあたえられた。しかし、資本主義的産業が高度に発展した段階においては、農民層の上昇には限界があり、一九二〇年代末の農業恐慌のなかで農業諸階層は破局に追いこまれた。世襲農場法は——農民層分解の分解基軸より上の層（中農上層と大農）を恐慌から救出し、社会的にはナチスのボナパルト的支配の支柱として、経済的には食糧生産の担い手として確保しようとしたものである」（二八一ページ）。

二

見られるように、本書は、ナチスの支配に至るドイツ農村の歩みを多角的に分析した研究である。全体として大野英二の方法的影響を受けつつ、主要部分において中村幹雄の研究に連なる業績であるように思われる。著者の分析は鋭く、例えば世襲財産問題、ユンカー的労働制度に即したプロイセンとシュレージエンとの対比、ヴァイマル期のラントフォルク運動の大農的・右翼的性格の検出等、多くの示唆を与えてくれるが、圧巻はなんと言っても「世襲農場法」に見える「農民」（バウアー）と「農業者」（ラントヴィルト）との対比であろう。ここに示されたドイツ「農民」の像はきわめて印象的である。それはあるイデオロギー的な構築物ではなく、十八世紀以前の北西ドイツの定住史に支配的に実在した「農民貴族」もしくはいわゆる「古農民《アルトバウエルン》」＝フーフェ農民の像そのものではないのか。ワルター・ダレーがそれの再建を時代錯誤的に提起して農民層の意識の古層に訴えて「成功」したことに、ドイツ農村社会の特殊性が鮮やかに示されているように思われる。

しかしこの像に共鳴した社会層は、「ユンカー的土地所有」の解体、「高度資本主義」の支配という道具立てのなかで「農民層分解」を論ずる、先のやや古風な「総括」に示された、著者の「分解基軸より上の層」と言った短期的・定量的な把握では尽くせないのではないか。それは例えばエマニュエル・トッドの言うヨーロッパ史の長期的過程に通底する「人類学的基底」に関わる存在ではないのであろうか。著者の提起した「農民」像の広い視野に立つ再検討は、今後のドイツ農村社会史研究の基本課題でなければならない。またこれに関連して、アンナ・ブラムウェルや竹中亨の問題提起によりつつ、ダレーを「エコロジスト」として再検討すること、足立芳宏の研究を受けてこの期の農民と農業労働者との関連を問うことも、興味深い課題であろう。

本書はこうした新しい視点に立つドイツ農村社会史研究の方向をも示唆してくれる、先駆的な労作である。

有能で勤勉な著者が健康を回復し、ドイツの「農民」について心ゆくまで対話できる日の来ることを夢見つつ、貧しい文章を終える。

（ミネルヴァ書房、一九九四年）

7　田中真晴『ウェーバー研究の諸論点――経済学史との関連で――』

本書はプレハーノフ研究（『ロシア経済思想史の研究――プレハーノフとロシア資本主義論史』ミネルヴァ書房、一九六七年）で知られる著者が、「長い年月にわたって主として専門誌に発表してきた論文のうち、今なお愛着をもっている諸論文に、学界で報告したが印刷はしなかった論考を加え、まとめた」（「あとがき」）論文集である。本書は著者自身によって準備されたものであるが、その逝去の一年後に田中秀夫の解説を添えて、遺稿集として出版された。初めに目次を掲げておこう（カッコ内は初出年次）。

第一部　ウェーバー研究の諸論点
第一章　因果性問題を中心とするウェーバー方法論の研究（一九四九年）
第二章　マックス・ウェーバーにおける農政論の構造（一九五九年）
第三章　ウェーバーのロシア論研究序説（一九七七年）
第四章　マックス・ウェーバーの貨幣論新資料（一九七七年）
第五章　ウェーバーの貨幣論（一九七八年）
第二部　経済思想史論考

第一章　貨幣生成の論理（一九八三年）
第二章　ヒュームの死とスミス（一九八三年）
第三章　一八九〇年代初頭の経済学会――イギリス（一九八五年）
第四章　社会主義像と思想の問題（一九九二年）
付・書評三編
1　内田義彦編『古典経済学研究』上巻（一九五七年）
2　新しいマルクス伝を読む（一九七六年）
3　杉山忠平編『自由貿易と保護主義――その歴史的展望』（一九八七年）
あとがき（一九九八年）
田中真晴先生の学問、思想と人柄――解説に代えて（田中秀夫）

見られるように、著者は元来ヴェーバー研究者として出発した人であり、ヴェーバーに対する関心と深い理解とが一貫していた。

第一部第一章は著者二十四歳の大学院特研生時代の学界デヴュー作品であり、ヴェーバー社会科学方法論における開拓的研究の一つである。ヴェーバーの方法論の特徴とされるもののうち、「没価値性理論」と「理念型理論」の背後におしやられてきた「因果性理論」が特に「因果帰属」の問題に即して明快に分析されている。そして前期の「古代文化没落の社会的根拠」と後期の『宗教社会学』とが比較され、因果帰属の問題における「原因総体性のアポリア」を克服した後期における方法的精緻化の跡がたどられている。

第二章は前期ヴェーバーの重要な成果であるドイツ農政論（内地植民政策を中心とする）を取り上げ、社会政策学会に結集したドイツ歴史学派の諸潮流（ワグナー、シュモラー、ブレンターノの諸派）のなかにそれを位置づけつつ、その特徴（基本的にシュモラー派に近いが、しかし民族政策的であるとともに、ユンカーに支配された農業構造のブルジョア的改革構想においてよりラディカルである）を解明した重厚な労作である。問題設定の背景に、当時支配的であったレーニンの農業論（「二つの道」論）があり、本書に収められていない「ヴェーバーの政治的立場」（出口勇蔵編『経済学説全集6』河出書房、一九五六年）並びに「ドイツ社会政策学会の農政論とその思想的背景」（『経済論叢』第八三巻第三号、一九五九年）およびとりわけヴェーバー『国民国家と経済政策』（未來社、一九五九年、二〇〇〇年）の訳業に付された訳者解説とあわせ検討されるべきものである。

第三章は、前掲主著によってロシアについての新たな知見を得た著者が、一九〇五年革命についてのヴェーバーの「ロシア革命二論」（『ロシアにおける市民的民主主義の状態について』、『ロシアの外見的立憲制への移行』）について「地味な紹介」を行なったものである。それらはその後『ロシア革命論Ⅰ』（雀部幸隆・小島定訳、名大出版会、一九九七年）、『同Ⅱ』（肥前榮一・鈴木健夫・小島修一・佐藤芳行訳、一九九八年）として訳出された。著者はそこで、十二月のモスクワの武装蜂起に関連した、「おろかな蜂起」とするヴェーバーのレーニン批判を注記しているが（一〇三ページ）、しかしこれに対するレーニンの重要な反論には触れていない。

第四、五章は一転してヴェーバーの貨幣論を論ずる。まず第四章はヴェーバーのクナップに宛てた、一九〇六年七月二十一日付書簡の紹介と批評である。貨幣についてのクナップの「法的概念構成」に対してヴェーバーは『経済と社会』（第一部第二章第六節）では「社会学的概念構成」を目指すという相違が一方であるとともに、しかし両者はスミスやマルクスとは異質の歴史学派の伝統のなかで、支払い手段としての貨幣の機能を重視するという共通性を有した。ヴェーバーはクナップの貨幣論に対して全体として高い評価を与えているのである。

第五章は貨幣学説史のなかでのヴェーバーの位置づけの試みである。まず、クニース、クナップ、ミーゼスの貨幣論について、歴史学派貨幣論の特徴が指摘され、ついで『経済と社会』の貨幣項を中心とするヴェーバーの貨幣論について、その貨幣定義が、歴史学派の貨幣論を素材的に継承していること、貨幣名目説に属し、「管理通貨」をふくむ同時代の現代貨幣を基点とし、比較経済史的に考察されているが、原始貨幣および社会主義貨幣は別に考えられていること、などがジンメル、シュルツらの貨幣論との対比で指摘される。ヴェーバーは貨幣論においても動機理解的な方法と構造分析的方法とを併せ持っていた。

第二部以下については、さらにはしょらねばならない。

第一章はマルクスを手がかりとしつつ、貨幣生成の論理を彫琢しようとした力作、第二章はヒュームの死にさいするスミスの手紙の紹介、ヒュームのスケプティックでストイックな面目を伝えるとともに、スミスのそれへの異同を論ずる。第三章は十九世紀末のイギリスにおける、マーシャルを中心とし経済学雑誌の刊行を伴う大学経済学の成立を、国際的視野のなかで跡づけている。第四章は自己の学問的、思想的歩みを時代的・学界的背景のなかで振り返った学会報告もしくは講演録、書評1では「内田・小林論争」への著者のスタンスが注目される。

見られるとおり、論点はまことに多岐にわたっており、著者の知的関心の広さに驚かされる反面、ヴェーバーについてのなんらかの統一像はそこに求むべくもない。しかしながら個々の論考は文献資料の博捜と強靱な思索とによって裏づけられており、いずれも密度の高い味わい深いものである。それらは問題関心に従った読者の個別的検討を待っている。

ところで問題は、これらの珠玉のフラグメント群に通底するものは何かである。私はそれを右の講演録に示された、著者の自由主義を求めての思想的歩みとしてとらえたい。

カントから入ってヴェーバーに内在的な処女論文を書いた著者は、その後、戦後民主主義の構成要素であったマルクス＝レーニン主義の大波をかぶることになる。本書に収録されなかった前掲「政治的立場」論文では「帝国主義への推転期における、半封建的遺制からの解放」というレーニン的問題設定のうえで、「近代化」論者ヴェーバーが社会主義の立場から超越的に裁かれていた。著者のマルクス受容の非主体性については講演録に率直に告白されている。しかし、その後レーニン研究のために入ったロシアで著者はプレハーノフに出会い、さらにその延長線上にカデット系の自由主義思想家たちとも出会った。おりしも学界ではロシア研究におけるマルクス＝レーニン主義の解体が始まった。持続するヴェーバーへの関心、大学で担当したマルクス経済原論構築の困難、学園紛争の荒廃などを契機とする社会主義と自由主義との苦しい思想的対質の過程で、著者の内なる良心は、ソ連崩壊に先立って、次第に後者に軍配を上げるに至った。闊達なイギリス自由主義の伝統が改めて著者をとらえていった。ハイエクが著者の視野に入り込んだ（ハイエク『市場・知識・自由——自由主義の経済思想』ミネルヴァ書房、一九八六年の共編訳、編著『自由主義経済思想の比較研究』名古屋大学出版会、一九九七年にそれが示されている）。

時流に逆らった著者の自由主義へのこの孤独な歩みは印象的である。先のレーニン対ヴェーバーという問題設定において、日本の多くのヴェーベリアンたちがなんらかの仕方でヴェーバーのレーニンへの親近性を示唆し、いわば両者の融和（Versöhnung）をはかったのに対し、著者は（管見の限りでは故安藤英治とともに）、このことを学問的に受け入れ難いとするのである。先に触れたヴェーバー『ロシア革命論Ⅱ』の解題を書いた評者は、ここに示された著者の知的誠実に共感し、本書をそのような苦しい歩みの学問的記録として、第二部第四章を中心に通読した。Das Wahre ist die Wahrheit！（二六八ページ）

しかしもとより本書は思想的立場を超えた客観性を主張する学術書であり、関心ある読者のとりわけ個々の論点についての学問的＝批判的検討を求めるものである。

なお、本書とほぼ時を同じうして田中真晴『一経済学史家の回想』（未來社）が出た。

（未來社、二〇〇一年）

8　オスカー・ハレツキ『ヨーロッパ史の時間と空間』

二十世紀末のヨーロッパに起こったもっとも重要な歴史的事件として、EUによる経済統合の進展、東西ドイツの統一、ソ連の崩壊の三つを挙げることができる。それらは「ヨーロッパとは何か」という問いを新たに投げかけている。

またかの「封建制から資本主義への移行」やそれを基準とする「近代的西欧」（アメリカ型）とエルベ河以東の「封建的東欧＝ロシア」（プロシャ型）というステレオタイプ化した二分法がアクチュアルな大テーマないしは準拠枠であることを久しくやめ、さらに近年の世界経済のグローバル化の急速な進展が、均質な世界経済をもたらすどころか、逆に歴史的に封建制自体の未発達であったAALAとの間の深刻な地域間格差やそれと結びついたいわゆる「文明の衝突」をさえ引き起こしている現在、単なる国民史の集積としてではなく、またミクロな地域史に解消したものとしてでもなく、大「文明」空間としての「ヨーロッパ」全体を歴史的個体として把握し直す作業の重要性が認識される。かつてワルシャワ大学の東欧史の権威であった著者による本書（初版は一九五〇年）は、こうした作業を半世紀も前に先駆的に試みた、興味深い、予言的とも言える作品である。まず始めに内容目次を掲げておこう。

はじめに

第一章　ヨーロッパ史とはなにか

第二章　時間的境界（a）ヨーロッパ史の始まり
第三章　時間的境界（b）ヨーロッパ史の終焉
第四章　空間的境界（a）大洋、海域、島嶼、海峡
第五章　空間的境界（b）東部大地峡
第六章　空間的構成（a）西ヨーロッパと東ヨーロッパ
第七章　空間的構成（b）中央ヨーロッパの二重性
第八章　時間的構成（a）中世とルネサンス
第九章　時間的構成（b）近代史と現代史
第一〇章　ヨーロッパ史の基本的諸問題

第一章。ヨーロッパの特徴は、（1）地理的な小ささと多様性、（2）民族的＝言語的な多様性、（3）ギリシャ＝ローマ文明の遺産、（4）キリスト教にある。また古代と現代は非ヨーロッパ的な時代であり、中世と近代こそが「ヨーロッパの時代」である。

第二章。ローマ帝国におけるキリスト教の受容、五世紀のゲルマン民族の侵入よりも重要な意味をもった七世紀のアラブ人＝イスラーム教徒の進出による西方キリスト教文化中心の東帝国からの切断と北方へのシフト、地中海南部での損失の東ヨーロッパ北部の獲得による補塡（九〜十世紀）、などを契機としてヨーロッパの時代は始まる。

第三章。ヨーロッパはキリスト教およびギリシャ＝ローマ文化の伝統を紐帯としつつ覇権的地位を築くが、近代ヨーロッパの多様性がかの紐帯を断ち切り、ついには二十世紀の両大戦を引き起こした。そうして共産主義が東部辺境をヨーロッパから切り離し、それへの補償として、ヨーロッパはアメリカ合衆国との間に、いまや「ヨーロッパ共同体」に代わる「大西洋共同体」を構築しつつある。

第四章。北極海、大西洋、地中海がそれぞれヨーロッパの北・西・南の境界をなす。

第五章。地理的にはウラル山脈がヨーロッパの東限である。しかし歴史的にはそうは言えない。問題はロシアの位置づけにある。第一に、ロシアの「西欧派」は、ロシアのヨーロッパ的性格を主張した。この場合、歴史は地理と一致する。第二に、これとは逆にエミグレから生じた「ユーラシア派」は、ロシアを「ヨーロッパにもアジアにも属さない亜大陸」であるとする。この場合、ヨーロッパの東限はロシアの西限である。第三に、「スラヴ派」の民族主義が生み出した汎スラヴ主義は、「ヨーロッパ世界」と「スラヴ世界」全体とを区別する。これはヨーロッパをゲルマン系およびロマン系諸国民のみからなるとしたランケのスラヴ軽視の「思い上がった自惚れ」(九二ページ)と奇妙に一致する。

キエフ時代の古ルーシはヨーロッパ的であった。しかし大ロシア民族による北東への植民地拡大とともに、ロシアは次第にヨーロッパから離脱し、十三世紀のモンゴルの侵攻によって離脱が決定的となる。モスクワは、イヴァン雷帝、ピョートル大帝を通じて、非ヨーロッパ的であった。ヨーロッパ産のマルクス主義が「根本的に修正」されてしまったものとしてのボリシェヴィズムによるロシア革命もまた、ロシアの非ヨーロッパ的性格を変えるものではなかった。「ロシアの西の境界地域は、そこに住む非ロシア系諸民族を抑圧しつつヨーロッパから切り離す、一にして不可分であるロシア主導下の、歴史的ヨーロッパ共同体を犠牲にしたユーラシア帝国の前進を特徴づけているように見える」(一〇三ページ)。この前進はさらに続き、今日ソ連とヨーロッパとの境界線はシュテッティンとトリエステとを結ぶ線にまで及んでいる。ここにはかつて「ヨーロッパ時代の幕開けのときに地中海世界が被った領土的損失との著しい類似がある」(一〇六ページ)。

第六章。東欧は三つの部分からなる。第一に南東欧＝バルカン半島。しかしこれはトルコ帝国に支配される過程で非ヨーロッパ化する。第二にハンガリーを中心とするドナウ地帯(ボヘミアは東欧と西欧との中間をなす)、第三にポーランドを中心とする北部。これらは古代とキリスト教との伝統を共有し、かつ地域内部の多様性において、西欧に劣らずヨーロッパ的である。

第七章ではナウマンに始まる「中欧」が検討されている。中欧は西部（ドイツ、オーストリア）とその非西欧的で親ロシア的なドイツ帝国主義に支配される非ドイツ的で親西欧的な東部（ドナウ諸国、ポーランド、ロシアの沿バルト三国、フィンランド）とに分かたれる。両者の「長年の闘争」（一三二ページ）がその特徴である。いまやヨーロッパは西欧、中欧西部、中欧東部、（およびソ連から解放された場合には東欧（ウクライナ、白ロシア））、に区分される。要は、ドイツ帝国主義とロシア全体主義とに抑圧された、中間に位置する「東欧」の歴史を「ロシア史と同一視しない」（一四二ページ）ことである。

第八章。ヨーロッパ史の時代区分もまた、特に東部境界を念頭に置きつつなされねばならない。中世は「暗黒時代」ではなく、さまざまな「ルネサンス」によって彩られている。その過程で十世紀に成立した（キリスト教的）普遍主義が、教皇と皇帝という二つの権力に導かれつつ、中世の「指導的理念」であった。それは十三世紀に確立したのち、十四世紀後半〜十六世紀後半のルネサンス、宗教改革、反宗教改革の激動のなかで崩壊する。しかしモスクワ・ロシアとオスマン帝国とは終始その動きの外側にいた。

第九章。これとは逆に近・現代史は、ロシアのヨーロッパへの進出によって特徴づけられる。ポーランド分割は、ロシアとドイツ＝オーストリアとによる中欧東部の支配＝その消滅の象徴であった。いまやロマン系＝ゲルマン系諸国民からなる西欧は、ロシアとスラヴ世界とを同一視してこれを東欧と見るようになる。さらに興隆するプロイセン＝ドイツ帝国主義に対抗するため、英仏はロシアと提携さえするに至る。ヨーロッパ時代から大西洋時代への移行が始まる。

第一〇章。破滅的な両大戦ののち、ヨーロッパは二つの超大国であるロシアとアメリカとの影響のもとに置かれた。

自由なヨーロッパとアメリカとがますます緊密に結びつく「大西洋共同体」が未来に予見される。そして今後「歴史的ヨーロッパ地域のどのくらいが自由となり、そしてこの共同体に参加することができるか」（二〇五ページ）という問題の理解に、ヨーロッパの歴史的境界と構成の研究は役立つことができる。

見られるように本書は「アメリカに暮らす一人のポーランド人の歴史家」（五ページ）によるヨーロッパ史の定義であり、ソ連に支配されつつあった二十世紀中葉の「東欧」の、ヨーロッパ共同体の歴史的構成員としてのアイデンティティを印象的に主張したものである。東欧とロシアとを同質のものと見る通説を、本書は飽くことなく批判し、ポーランドを中心とする東欧北部やハンガリーを中心とするドナウ諸国を、ドイツ・オーストリア＝中欧西部に歴史的に抑圧されてきた中欧東部として捉え直す。「東欧」のこの再定義は、中世を抜きにしたヨーロッパ論の虚妄を明示することと相まってきわめて重要である。

その後この問題はむしろ、本書に欠落している人口史ないし社会経済史の側から取り上げられ精緻化されてきている。中欧東部の東限である聖ペテルブルク－トリエステ線の左側にのみヨーロッパを見出したジョン・ヘイナルを始め、ヴェルナー・コンツェ、ミヒャエル・ミッテラウアー、エマニュエル・トッド、ピーター・ラズレットなどを挙げておこう。評者もまたこれをフーフェ制の東限の問題として捉えてきた。中世ヨーロッパの土地制度や都市や封建制は、かつて増田四郎が「古典古代の伝統」、「キリスト教」と並ぶ第三のヨーロッパの構成要素とした「ゲルマン民族の精神」の所産であり、もし著者がその反ドイツ的スタンス――それは圧迫されたポーランド人の立場からはまことにもっともなことなのだが――のゆえにこれを見落としたとすれば、それは本書の大きな欠点とされねばならないであろう。

二十世紀末のソ連の崩壊と「中欧」の復活は著者のヨーロッパ論の確かさを事後的に裏づけつつある。反面ＥＵの自立的発展とその東方拡大はヨーロッパの復活に見え、アメリカ合衆国の変質と相まって、著者の「大西洋共同体」

時代論に早まったものとの印象を与える。
訳文はおおむね読みやすく、行き届いた訳注が付せられている。ユニークにしてオーソドックスな、必読のヨーロッパ論であると言えよう。

（慶応義塾大学出版会、二〇〇二年）

9　坂井榮八郎『ユストゥス・メーザーの世界』

北西ドイツの領邦国家オスナブリュックの文人政治家ユストゥス・メーザー（一七二〇―九四）は、やや遅れて同時代を生きたゲーテが『詩と真実』のなかでその業績と人柄とを絶賛したことで知られている。メーザーは創作し、代表作『オスナブリュック史』（一七六八）において郷国オスナブリュックの歴史を叙述し、さらにはフリードリヒ大王を相手取って文学＝言語を論じた。

しかしメーザーは同時にドイツ経済学史＝思想史上の巨人でもある。すでに歴史派経済学の先駆者リストはその『農地制度論』の冒頭において『オスナブリュック史』に見えるメーザーの「国家株式」としての土地所有を論じた。ロッシャーはメーザーのもう一つの代表作である小論説集『郷土愛の夢想』（一七七四―八六）を「十八世紀最大のドイツ経済学者」の作品として高く評価した。ロッシャーによればメーザーは一、民衆の日常生活に着目し、二、下層民と国民全体という両方の意味における「民衆（フォルク）」を愛し、三、歴史的方法を導入した最初の人である。ロッシャーはメーザーの経済学を「十八世紀の諸理念に対する歴史的‐保守的反作用」をそのもっとも生産的な様相において示しているとみる。

しかし後年、逆にブレンターノはメーザーの農政思想を、十九世紀末プロイセン＝ドイツの内地植民政策の「新封建主義」の思想的源流をなすものとして厳しく批判し、小林昇はメーザーからリストを経て第三帝国の農相ダレーへと流れるドイツ農政思想の深い暗流について示唆した。

事実『郷土愛の夢想』は、一方では古ゲルマンのヴェーレン（フーフェ＝株式所有農民）の自由について論ずるかと思えば、他方ではあたかもヴェーバーの『プロ倫』の世界を思わせる筆致で近代農村工業の精神的基礎を論ずるというふうに、啓蒙主義とロマン主義との間を闊達に往還している。

坂井榮八郎の新著は優れた語学力によって、難解なメーザーを読み解き、また繊細な日本語表現によって、知られざる巨人メーザーの世界を開拓した尊敬すべき業績である。はじめに目次を示しておこう。

付論　ユストゥス・メーザーの研究のために
Ⅰ　ゲーテとメーザー
Ⅱ　日本におけるメーザー研究
引用文献目録

見られるように本書はさしあたり、経済学史上の作品ではなく、冒頭に述べたような創作、歴史叙述、文芸評論の領域からの翻訳を中心とし、それに対して解題をつけ、さらに序説と付論とによって、一般読者をメーザーの世界へ案内しようとする、メーザー入門をも意図した作品であるといえる。本書に対しては、管見の限り、すでに浅井英樹「複眼的思考の思想家メーザー」（『モルフォロギア』第二七号、二〇〇五年）、という書評が現われている。

一七四九年の創作であるⅠは、トイトブルクの森の戦いでローマ軍を打ち破った「ゲルマーニアの解放者」アルミニウス（＝ヘルマン）をめぐる政治劇であり、ローマに対する勝利の勢いに乗って権力的にゲルマン民族の統合を果たそうとするアルミニウスと、「ドイツの自由」を旗印にそれに抵抗するジーゲストらゲルマン人首長らとの対立が描かれている。それは十九世紀ドイツ・ナショナリズムの精神ではなく、啓蒙の精神から、皇帝と諸侯との対立というドイツの政治世界の基本問題を史劇の形式において表現するものである。タキトゥスのドイツ人観（「粗野と単純」）に対して抗議した「前言」は興味深い。

一七六八年に執筆されたⅡは「ドイツの歴史は、もしわれわれが共同体の土地所有者を国民の真の構成要素として、その変遷を通じて追跡し、この土地所有者をもって身体とし、この国民の大小の役人は偶然身体に生じた悪い、ないし良い事態と見なすならば、まったく新しい方向をとることができる」という観点を打ち出した。それは一方では、支配層を主役とした旧来の王朝的歴史叙述からの決別であるとともに、他方ではルソーの抽象的な「人間」一般の共同体における社会契約とは異なり、マルク――マニー――国家と展開する、具体的な土地所有者の共同体における社会契約を基礎とする農民の歴史の提唱である。しかしそれは同時に、古ザクセン人の定住からカール大帝までの「黄金時代」から始まり、四期を経て次第に農民が衰退し、最後に「領邦高権と専制主義」に行き着く、衰退の歴史でもある。しかし坂井はメーザーの歴史把握のうちに啓蒙主義に対する反動としての歴史主義の源流を見出すマイネッケを、シェルドンらの最近の研究によって批判している（一四四―五ページ）。

一七八一年に書かれたⅢは当時の先進国フランスの文化規範に盲従するフリードリヒ大王の文学論に対する批判であり、課題はフランスの文化芸術の無批判な移植ではなく、ドイツの土壌から育ったドイツ固有の言語＝文化芸術の尊重でなければならないとする。この文章は後年、「解放戦争」の雰囲気のなかで、郷土パーダーボルンを中心に民話や民謡の収集に当たったハックストハウゼンを評者に想起させる。

旧来『愛国者の幻想』あるいは『祖国愛の幻想』などと訳されるのが普通であった Patriotische Phantasien が『郷土愛の夢想』と訳しなおされたのは、本書の理解にとって大きな前進である。少なくとも評者にとっては、「メーザーの再来」と呼ばれた右のハックストハウゼンがロシア人の「組合」（Association）の精神＝「血縁愛」（Stammesgefühl）と対比しつつ、ドイツ人の特質とした「株式会社」（Korporation）の精神＝「郷土愛」（Heimatsgefühl）をそれは分析するものであるからだ。フォークツ夫人による「編集者の序言」によれば、メーザーは自己の考察の多くが「わが郷土（＝オスナブリュック）特有の土の香りを放って」おり、ドイツ全土で受容される普遍性をもたないことを危惧していたという。このたびの邦訳題名からわれわれは端的に、ドイツ的な社会形成の原理あるいは基本単位として、「祖国」に先行する「郷土」あるいは「郷国」がもつ重みについて、認識を深めるべきであって、その意味するところは、メーザー研究者シェルドンが誤解を懸念したような、メーザーのいわば「郷土史家」的な視野の狭さといったこととはまったく関係がないのである。すべての第一級の思想家に通ずることだが、メーザーの視野もまた広大であった。しかし、考察対象の空間的広さのゆえにメーザーの「郷土」の多義性を強調することによって、右の基本的事情を曖昧にするべきではないであろう。

同様にまたマイネッケの「歴史主義」に対するシェルドン流の批判には、巨岩に打ち寄せる漣のような趣きがある。リストやヴェーバーについても言えることだが、一流の思想家に内在する「毒」はまたその思想家の魅力ないし教訓の源泉でもありうるのではないのか。毒を抜くことによってその思想を擁護できるかのように考えるのは、私たち凡庸な後進の錯覚にすぎない。ロッシャーが幸福にもまだ言及しないですんだメーザーのこの「毒」に、マイネッケ（株式を所有しえない下層民に対して「残酷」な、メーザーの「苛酷な学説」について明言した）のみならず、ブレンターノや小林が眼を閉ざすことができなかったのは、彼らが十九世紀末─二十世紀前半のドイツ史の重い現実を生き、あるいは直視したからである。

『オスナブリュック史』について、一、二のことを付言しておきたい。

本書の特に第一編は一七八〇年に大改訂されている。私の思い違いでなければ、リストの引用した「国家株式」(Staatsactie) という言葉は、この改訂版に初出する（第一部、第一編、第二四節）。この間の事情あるいは改訂の意味するところについてさらに知りたかった。またこれに関連して、第二部の序文がきわめて重要であり、併せて訳出してほしかった。そこではヴェーバーをおもわせる理念型論が展開され、理念型としてのヴェーレン（＝農民株所有者）の結合体の自然史が本書の基礎をなすことが指摘されている。そのうえでさらに啓蒙主義者の人間一般の道徳的規範に対する嫌悪感が表明され、歴史具体的な株主について、政治制度の不正を見抜くことができるために「農民もまた歴史を利用するべきである」とする、実用主義が提起されている。ここから分かるように、晩年のメーザーはいわば歴史主義的な堅固な外枠を設定したうえで、その内側にコッカも評価したような啓蒙主義的な内容を盛り込もうとしたのであって、その外枠こそが彼の国家株式説であった。だからこそマイネッケはまさしくこの個所によって、きわめて適切にも、メーザーが「啓蒙主義一般の根本前提に意識的に背を向けている事実」を指摘するのである。メーザーの複眼性のユニークな特質は右の構造連関に求められるのであって、マイネッケを批判しつつ、メーザーにおける啓蒙主義の継承のみを強調する坂井には、歴史主義的な外枠としての国家株式説の位置づけが求められよう。

本書は「第三部」までしか出ていないと、述べられているが（一四七ページ）、シュテューヴェの序文の付いた「第四部」が一八四三年に出ており、アベケン版全集の第八巻に収められている。

日本におけるメーザー研究の橋頭堡を築いた坂井のパイオニアワークに対し、心から敬意を表する。

（刀水書房、二〇〇四年）

Ⅳ　チャティップ・ナートスパー

1　チャティップ・ナートスパーのタイ村落共同体論——翻訳と解題——

A　（翻訳）先資本主義期タイの村落経済(*)

タイの村落共同体の特徴は、それがきわめて長期にわたって存続してきたことにある。私はその特徴を先資本主義期つまり一八五五年以前の時期について明らかにし、あわせてその後の発展にも言及してみたいと思う。さらに私は、タイの伝統的な村落共同体の歴史の特徴を解明することによって、タイの先資本主義的なサクディナー〔位階田〕制度——それは現在のタイにおいてもなお強固に存続しているのだが——をより深く理解できると考えている。

だがタイの村落共同体の歴史的変遷を検討するに先立って、私がなぜ村落史研究に興味を抱くにいたったか、またこの問題を追求するにあたって私の採用した方法はどのようなものであるかについて、簡単に説明しておきたいと思う。

私が村落史に興味を抱くにいたったのは、タイの経済史一般を研究するなかで、わが国の国立古文書館には村落内部における生産や生活についての情報が欠如していることに気づいたからである。国立古文書館には国家官僚が農村地域をさまざまな仕方で調査旅行をして作成した報告書が保管されているが、それらの報告書は農村地域の二つの問題のみを取り扱っているにすぎない。すなわち第一に、当該地域に強盗団が出没せず、平和が保たれているかどうか、第二に、当該地域は賦役並びに税を規則正しく国家に納めているかどうか、という問題をである。私は村落内部における民衆の日常生活を、それも村民自身の立場から、知りたいと思った。このようにして私は村落史研究に興味を抱くようになったのである。

次に私の採用した研究方法についてのべよう。私はインタヴューによってテープに録音した聞き取り史料（oral history）を利用した。私はタイの中部、北部、東北部並びに南部の四地域のすべてにおいて農民の古老たちにインタヴューを行なった。私は約二〇〇もの村落を訪問した。だが個々の村落にはせいぜい一日か二日間しか滞在しなかったことを告白しておかねばならない。私は被面接者たちに提示するために、以下の諸項目——生産、定住と人口、階級構造、信仰体系、村落と外部世界との関係、村落内部での重要な出来事——に関するいくぶん体系的な質問表を作成した。インタヴューにおける質問の多くはマルクスのアジア的生産様式論を（傍点は訳者による）考慮しつつ構成されている。被面接者たちが農民社会内部において占める階級的地位の相違、また職業、性、年齢等の相違に応じて、私は質問を変更した。私は主として中位の農民にインタヴューしたが、町の商人や退役地方官吏にもインタヴューをこころみた。私は時として地元の村落商人や職人に詳細なインタヴューを行ない、また土地なし農民と語り合うべく努力した。だが農村プロレタリアートの古老は私の被面接者たちのなかでは不充分な地位をしか占めていないことを認めないわけにはいかない。私は各地の師範学校や中等学校、各地の僧侶でない学者や知識人をつうじて、被面接者たちに接近した。

さて、以下では次の三点について解明しようと思う。第一に、村落共同体の起源並びに先資本主義期タイにおけるその自給自足的性格について記述する。第二に、そうして多分これがもっとも重要なのであるが、サクディナー期もしくは先資本主義期における村落共同体に及ぼした外部からのインパクト、すなわちサクディナー国家、外国貿易並びに仏教のインパクトを特徴づけ評価する。最後に、その後の時期における相対的に自給自足的で自立的な村落共同体について簡潔な説明を加える。私の報告に続く討論においては、出席された同僚諸氏にご発言いただき、タイの特別に村落的な性格にかんがみて、その将来にとってはどのような発展方向が望ましいかについて、ご意見をいただきたいと思う。

第一に、村落共同体の起源並びに先資本主義期タイにおけるその自給自足的性格について。村落共同体はタイ社会のもっとも太古的な諸制度のひとつである。「村落」という言葉もしくはタイ語の「バーン」は、十三世紀にさかのぼるタイ・アーホム文書に見出すことができる。当時すでに村落共同体が自生的に存在していたことが、この文書から明瞭にうかがわれるのであるが、これに対して「町」もしくは「ムアン」は君主もしくは国家官僚によって人為的に建設されねばならなかった。そうして当時この二つを——ただし順序を逆さまにして——結びつけた言葉である「バーン＝ムアン」はわれわれの社会を意味した。私のインタヴューから、村落の形成は類似のタイプのより古い村落の自然的成長の所産であることが分かった。村内に人口が増加するにつれて、村落構成員の一部分が、あらかじめ見つけておいた処女地へと移住した。それに続いて彼等の家族や親族やのちには隣人たちが母村からやって来て彼等に合流した。新しい共同体は旧村落の正確な複製版であった。多くのばあい人びとは新しい村落の名称に旧村落の名称を用いている。たいていのばあいタイ族の村落共同体は民衆自身によって自然発生的に形成されたにちがいないというのが私の結論である。通常は村落共同体は国家がつくり出したものではなかったのである。〔原文の誤植を著者の指示により訂正のうえ訳出。——訳者〕

村落共同体の経済的基盤は自給自足的生産すなわち生存もしくは生活のための生産であった。いいかえれば使用のための生産であって、交換のための生産ではなかった。主要な産物は米であって、家族の消費を目的とするものであった。米のほかの食料例えば魚や野菜などは自然のなかから捕獲もしくは採集された。食料の自給生産につけ加えて、村びとたちは自分たちの栽培した木綿を原料として布を織った。食料と布との両方を、このように生存のために生産することによって、村落を単位とする自給自足体制ができ上がった。この自給自足体制は世帯をではなく村落を単位として形成されたが、それは生産過程において、労働や農具について世帯間での相互扶助が必要だったからである。

村落のこのコミューナルな統合は、土地や土地にふくまれる資源に対する利用のチャンスを村落が統制していることによって強化された。村落において土地を耕作しうるためには、ひとはその村落共同体の構成員であらねばならなかった。さらに、村落の構成員たちの血縁関係の親族的構造が、村落のコミューナルな性格を支えていた。通常、どの村も、共通の祖先の霊を祭る村の祠をもっていた。北部タイや東北部タイでは現在もなおこれらの祠は機能しており、定期的に儀式がこれらの祠でとり行なわれている。

先資本主義期タイの村落共同体は、自己消費のための生産を行ない、自給自足的であり、コミューナルな生産関係や村落共同体と一体化している親族的な上部構造をもっていたので、自立したそして相対的に自治的な単位であった。外部では、タイ国の首都がスコータイからアユタヤ、トンブリ、バンコクへと移り、ビルマとの数多くの戦争があり、王朝の交替がくりかえされた長い期間をつうじて、村落共同体は平穏のうちに存続した。

さて第二の点に移ろう。すなわちサクディナー期もしくはこの先資本主義期に村落共同体に及ぼした外部からのインパクトの評価がそれである。タイのサクディナー制度のもっとも重要な特徴は、外部の諸制度が村落共同体に及ぼしたインパクトがきわめてわずかなものであったという点にある。それは、すでにのべたような村落共同体それ自体の性格並びに侵入してきた外部的諸要因の性格から説明のつくことであろう。

侵入してきた外部的諸要因は国家、外国貿易および仏教の三つであった。村落に対する国家の干渉がわずかなものにすぎなかったことは、この国家の成立の歴史的契機から説明されうるであろう。タイのサクディナー国家が形成されたのは、村落が強固なコミューナルな統一体であり、村落内部に私有制度の発達がなく階級分化もなかった段階においてであった。したがって社会における唯一の重要な関係は、ただ二つの制度の内部において存在したにすぎぬ。すなわち、国家と村落共同体との間においてである。土地所有者階級もしくは封建階級並びに土着のブルジョワ階級が存在しなかったことはたしかである。もしそうした階級が存在したならば、国家は村落内部の生産や生活の管理に対してもっと大きな関心を示していたことであろう。ヨーロッパの封建制度とは異なり、タイのサクディナー制度においては、国家と村落とは、いかなる中間諸形態をも欠いた二つの別々の世界なのであった（傍点は訳者による、以下同様）。このような事情のもとでは、国家は村落から貢納を徴収できさえすれば、それで満足したのである。国家は村落にその内部での生産の管理をゆだねるのを常とした。したがってタイのサクディナー制度では二つのサブシステムが共存していた。社会の上層には国家が存在し、土地、生活、儀式および外国貿易に対する全能にして唯一の所有者であろうとしたが、実際にはその影響力は村落の境界の外にとどまった。そして社会の下層にはさまざまな村落共同体が古来より存在しており、六ヶ月ないし三ヶ月の賦役並びに生産物を国家に貢納すると同時に、生産並びに日常生活上の諸問題において自治を維持した。国家と村落共同体との相互補完的で安定した関係はサクディナー制度のきわめて重要な特徴であった。サクディナー制度は本質的に国家と村落共同体との関係であった。学者たちは時としてこの特徴を見落とし、国家の専制的性格を叙述することだけでサクディナー制度を説明することがある。サクディナー〔位階田〕という言葉は稲田に対する支配を意味する。この言葉は、ある政体の、既存の農民の生産単位に対する貢納関係への要求権を意味するものと私は考える。この言葉は〔言葉そのもののなかに「田（＝村落）」を意味する「ナー」が含まれていることからも分かるように――訳者〕、たんに国家のみをいいあらわす言葉では決してなかったのである。

サクディナー期の村落経済に及ぼした外国貿易のインパクトはきわめてわずかなものでしかなかった。アユタヤ王朝後期並びにバンコク王朝初期に、つまり十八世紀から十九世紀初頭に、外国貿易は大いに繁栄していたけれども、それは村落内部の生産には大した影響を及ぼさなかった。主要な輸出品目は、米や布や手工製品といったふつう村落で生産される基礎的な財貨ではなかった。主要な輸出品目は獣皮、原棉、蘇木、樹脂（sticklac）、錫、犀の角、鹿の枝角といった森林の産物であった。これらの森林の産物は貢納品として国家へ納入することを求められたがゆえに、農民によってたんに補完的生産物として産出されたにすぎないという点が特徴的であった。そうした産物は農民の交易の目的のために生産されたのではなかった。さらにサクディナー期のタイでは外国貿易は国家の独占のもとにあった。国家並びに王宮の財政のための貨幣の獲得を目的としてこれらの森林の産物を輸出したのは、もっぱら国家であった。これらすべての要因のために、村落の基本的な自給自足的生産に及ぼした外国貿易の影響はきわめてわずかなものでしかなかった。われわれが見出したのは、繁栄する外国貿易と自給自足的な農民生産とが共存するという特異な状況である。

村落の信仰体系に及ぼした仏教のインパクトは、支配階級の存在の正当性を農民に受けいれさせることに限定されていた。すなわち支配階級は現世並びに前世において多くの功徳を積んできたがゆえに支配階級たりえているというのである。しかし村民たちが日常生活のなかで何を信じようが、飢饉や病気にさいして彼等が祖先の霊に祈ろうが、そうしたことは仏教寺院があまり気にするところではなかった。その理由は、仏教が国家によってサクディナー社会のなかに植えつけられたという事情にある。仏教は七〇〇年前にはじめて村落のなかに導入されたが、それは政治目的のためにであって宗教的目的のためにではなかった。その政治目的とは、村落共同体に対する国家の支配権を正当化することであった。仏教を統制し支えたのは実際には国家であって僧侶ではなかった。したがって全面的な帰依は必要とされなかった。旧来よりの祖先崇拝のシステムが農民信仰の核心として維持されえた理由は、このことによって説明される。タイの家庭では祖先の遺骨や遺灰を寝室に置き、仏像は外部の居間その他の部屋に飾るのがふつうである。農民の心のなかでは祖先崇拝並びに仏教という二層をなすサブシステムが融合しているが、これがわれわれタイ人一般の信仰なのである。

いまや私は報告の最後の部分に到達した。十九世紀後半に外部資本主義が侵入したのちにも伝統的な村落共同体が存続したことについて、きわめて簡単に説明しておきたいと思う。一九七八年度の世界銀行のタイに関する報告によれば、一九六一年における第一次経済開発六ヶ年計画のスタートの時点においてさえ、農村地域の大部分が自給自足経済であった。

一八五五年におけるタイ国の自由貿易への開国ののちにさえ外部資本主義の浸透が部分的かつ緩慢なものでしかなかったことの理由として、近代タイ社会の発展の三つの特徴をあげることができる。

第一はサクディナー国家の柔軟性である。サクディナー国家の柔軟性は、国王ラーマ四世治下の自由貿易への開国、国王ラーマ五世の国家機構改革、一九三二年の政変における妥協並びに絶対王制から立憲君主制への変化の受容、また一群のクーデター派や革命派、ごく最近にはタイ共産党員に対して国家から与えられた数多くの恩赦、において示されている。こうした国家の柔軟性のおかげでタイ国は西洋列強による植民地化の運命をまぬがれ、政治的・行政的・文化的権威を備えた伝統的貴族階級が存続する結果となった。またこの柔軟性のおかげで、今日のアジアに類を見ないほどの王制とその力とが維持されることとなった。伝統的なサクディナー国家の存続により資本主義的発展過程がおくれた。先端的な資本主義発展にさいしては技術変化および階級諸関係変化が重要であることを国家は認識しなかった。

第二は土地の豊富さである。二十世紀の初頭にタイ国は六三四、〇〇〇平方キロメートルの国土に七〇〇万人、もしくは一平方キロメートルあたり一一人の人口を擁していた。これは近隣諸国とくらべてきわめて恵まれたものであった。タイの村落共同体は充分な物質的並びに自然的資源に支えられていたのである。村落共同体はその構成員を新しい土地へ入植させることによって、自分自身の複製版を再生産することができた。土地なし層の問題や農村プロレタリアートの発生は、タイでは、多くの発展途上国よりもはるかにおくれて起こった。農民は一九三〇年代いらいいくらか土地を失いはじめ、この問題はようやく最近一五年間により深刻なものとなってきた。

第三はタイのブルジョワジーの性格である。タイのブルジョワジーは中国からの移住者ないしはその子孫であった。彼等は交易や金貸しに、いいかえれば資本主義の流通面に、関心を寄せた。彼等は農業資本主義や工業資本主義には緩慢にしか浸透しなかった。そのうえ彼等は貴族にへつらわねばならず、独自のイデオロギーをほとんどもたなかった。また西欧にみられたように農民を指導して完全なブルジョワ民主主義革命に立ちあがらせる能力を、彼等はもちあわせていなかった。彼等はタイに侵入した寄生的で周辺的な資本主義のモデルにうまく適応していた。

これが私の見たままのタイ国の絵図である。諸氏がこの報告から結論を引き出されることと信じ、要約はしないこととする。現在われわれの見るタイ社会の内的論理を説明し、将来の発展の望ましい方向を指し示すためには、タイのサクディナー制度とりわけその農村におけるサブシステムである村落共同体を理解することが重要であることを強調して、私の報告をおえたい。そしてこの最後の点に関連して私は、わが国の知識人や学者や民衆のためになんらかの意見や示唆を与えてくださるよう、諸氏にお願いしたいと思う。

(＊本稿は、一九八六年六月二五日に開かれた東京大学経済学部月例研究会における報告である。)

B　(解題) チャティップ・ナートスパーのタイ村落共同体論について

右に訳出したのは、Chatthip Nartsupha, "The Village Economy in Pre-Capitalist Thailand", in: Seri Phongphit (ed.), Back to the Roots, Village and Self-Reliance in a Thai Context, Bangkok 1986, pp. 155-165 である。

チャティップ・ナートスパー氏はチュラロンコーン大学経済学部教授で、タイ経済史研究における指導的存在である。その主著は『タイ村落経済史』として訳出されている。[1] チャティップ教授は一九八六年四月から一年間、東京大学経済学部においてタイ経済論を講義された。[2]（以下敬称略）

ここに訳出した論文「先資本主義期タイの村落経済」は、原註にも指摘されているとおり、彼の東大滞在中に行なわれた学部月例研究会での報告であって、前記『タイ村落経済史』の簡潔な要約であり、またそれを補足するものであるように思われる。

ところで、チャティップのタイ経済史をすぐれて特徴づけるものは、これらの作品の表題からうかがわれるとおり、村落経済ないし村落共同体に対する強い関心である。すなわち、彼はマルクスのアジア的生産様式論に導かれつつ、タイ全土にわたる村落の聞き取り調査を行ない、それに基づいてタイ村落共同体の自給自足的で親族集団的な基本構造を浮き彫りにし、さらにすすんで国家と村落共同体との直接的関係としてのサクディナー制度の封建制的ならぬ貢納制的特質を解明しているのである。[3] これはきわめて興味深い成果である。[4]

しかもチャティップは、タイ経済史分析にマルクスのアジア的生産様式論を適用するさい、たんにタイ経済の後進性の特殊な段階的特質を解明することのみを意図したのではない。本論文の収められた論文集が“Back to the Roots”と題されていることにも示されているとおり、チャティップや共同執筆者たち（主として東北タイ在住のNGOヴォランティア活動家たち）を支えているのは、外部から侵入してタイ社会を解体させつつある資本主義的市場経済を批判し、そのような特質をおびた村落共同体に拠りつつ非資本主義的発展の方向を模索するという、ナロードニキ的な実践的志向なのである。[5] いわば進歩史観＝発展段階論と結合したマルクスのアジア的生産様式論をナロードニキ的な反進歩史観の脈絡のなかで活用しようとする点に、チャティップ史学のユニークな特質が存在するともいえようか。

チャティップはその村落経済論を基準とする市場経済批判において、決して孤立してはいない。むしろ資本主義的市場経済が現在エネルギー・資源・環境問題に関して入りこんでしまっている袋小路について人類史的視点から鋭く

警告する多くの人類学者や経済学者は、チャティップの側に立っているといえよう。(6)

とはいえ、村落共同体の復活というテーゼそのものには強いロマン主義が感じられる。はたしてタイの伝統的な村落共同体はタイ社会の将来の発展の基盤たりうるであろうか。——ここで私は彼の案内で一九八七年十二月十一日に訪れた東北タイのサコンナコン県クッバーク郡のブア村(バーン・ブア)のことを想起する。(7)この村の古老は、三〇年来この村をおびやかしている人口過剰問題について私たちに訴えていた。チャティップはタイにおける「土地の豊富さ」のゆえに農村過剰人口問題を切迫したものと見ていないふしがある。しかし先にあげたジョージェスク＝レーゲンでさえ、市場経済と対比した農民的自給自足経済の長所を高く評価したにもかかわらず、農村過剰人口を村落共同体が生み出す「農民経済の病気」であり「真に困難な問題」であると見ていた。彼はエミール・ドゥ・ラヴレーがロシアのミール共同体の土地共有制が人口増加を促進するという機能をつくすと指摘していることについて、ここに「問題の核心」があるとしている。(8)はたしてタイにおける村落共同体の復活はタイの農村過剰人口問題を激化させないであろうか。かつてプレハーノフがロシアにおける農民革命にともなうものとして怖れた「アジア的復古」の現代的意味が問われねばならない。——外部から侵入した前期的資本(「寄生的資本主義」)による市場経済と農村過剰人口とは、前門の虎並びに後門の狼として村落共同体をおびやかしているように思われる。したがって村落共同体にとっては、①外部の「寄生的資本主義」に対するたたかいとともに、②いわば自己否定的な内部的改造による自己陶冶＝生産諸力の向上と人口抑制とが、大きな二重と課題として存在するのではなかろうか。そうしてこの第二の課題を達成することなしには第一の課題は有効に達成しえないであろう。

ひるがえって西洋に眼を移すと、そこには村落経済をたえず個人主義的な方向に向けて改造することをつうじて右の課題を解決してきた長期の歴史を見出すことができる。この過程で農村住民は社会的に鍛えられ、もちろん一方では「制度化された不平等」を内包しつつも、他方では勤勉の精神、計算合理性、自主性、社会的規律、法治主義、政治的成熟といった、外部とのたたかいにとって不可欠な資質を次第に獲得していったのである。(9) たとえ非西洋的発展の途を選択するとしても、西洋村落経済史から批判的に摂取するべきモメントが存在するといわねばならない。(10)

比較村落共同体史の領域でのいっそうの対話をつうじて、チャティップ史学からさらに学ぶことを願いつつ、貧しい解説をおえたい。

註

(1) チャティップ・ナートスパー『タイ村落経済史』野中耕一、末廣昭編訳、井村文化事業社、一九八七年。原洋之介による書評がある(『社会経済史学』第五三巻第六号、一九八八年)。

(2) その後チャティップは、西洋経済史研究者との交流をふくむ日本滞在中の経験を日記風に叙述した『東大滞在記(バントゥック・チャーク・トーダイ)』(バンコク、一九八八年、タイ語)をあらわしている。

(3) それは研究史的には、サクディナー制度の中世ヨーロッパと同様の封建的性格を強調したチット・プーミサックを理論的実証的に批判するものといえよう(後者については、ククリット・プラモート/チット・プーミサック著/田中忠治編訳・解説『タイのこころ』めこん、一九七五年、第六章「タイ・サクディ・ナーの素顔」をみよ)。

パースック・ポンパイチット/クリス・ベーカー『タイ国――近現代の経済と政治――』(北原淳・野崎明監訳/日タイセミナー訳、刀水書房、二〇〇七年)は、クリュチェフスキーを思わせるフロンティア発展史=国内植民史の観点からタイの近現代政治経済史を総括した大著であるが、そこでは一方ではサクディナー期のタイにおける森林経済の重要性と農民経済の新しさを強調することによってチャティップのテーゼを相対化するとともに、他方ではサクディナー制の封建制と異なる性格(封建制のような土地に対してではなく労働=人的資源に対する支配体制としての性格)を示唆し、さらにはチット・プーミサックの封建制論についてはむしろその政治的メッセージ性を指摘することによって、チャティップのサクディナー論をいわば批判的に継承しているといえよう(同書、第一章、第九章、とりわけ二三―二四ページ、六八ページ注5、六九ページ注3、四二三―四二四ページ)。

(4) 前記『タイ村落経済史』の末廣による訳者解説はきわめて有益であるが、ただしそこには次のような指摘がある。「チャティップ教授は、タイのサクディナー制の特徴を、ヴィットフォーゲルの『東洋的専制国家論』などに示唆を得つつ、次のように展開する。タイ経済・社会は……三つの時期に分けることができる。すなわち(1)村落共同体から封建社会への移行期、(2)封建社会の完成期（一四五五—一八五五年）、（3）半封建・半資本主義の時期（一八五五年から現在）」と（二六七—二六八ページ）。同様に原洋之介も、チャティップがチャイアナン・サムットワニットとともに、ヴィットフォーゲルに依拠して、サクディナー制度の分析に「『封建制』という概念をあてはめている」と指摘している（原洋之介編著『東南アジアからの知的冒険——シンボル・経済・歴史——』リブロポート、一九八六年、九—一〇ページ）。このことについて、二つの疑問点を記して専門家のご教示を得たい。第一に、「封建制」について。チャティップがサクディナー制度を封建制的ととらえているというこれらの解釈は、彼の真意を正しく伝えるものであろうか。これらの解釈はチャティップの見解を前注にあげた封建制論者チット・プーミサックの主張と混同しているのではなかろうか。第二に、ヴィットフォーゲルについて。チャティップはマルクスのアジア的生産様式論に導かれつつ、村落共同体の側からサクディナー制度に接近しているのであって、もっぱら「国家の専制的性格を叙述することだけでサクディナー制度を説明する」ヴィットフォーゲルやチャイアナンその他の政治学者たちとは（特に前者とはエコロジカルな要因に対する関心を共有しつつも）はっきりと一線を画しているのではなかろうか。

ちなみに、逆にタイやアジア諸国における村落共同体の存在自体を疑問視する意見もある（原洋之介、前掲書評、一〇九ページ）。たしかにドイツや日本に見られるような外見的に明確な封鎖的身分団体《コルポラツィオン》としての村落共同体は存在しないであろうけれども、そこには別個の、いわば相互扶助団体《アソツィアツィオン》としての村落共同体が存在するとみるべきであろう。後者の特徴であるルーズで開放的かつ流動的な性格を、訳者はかつて、ロシアのミール共同体の「アルテリ的性格」として問題にしたことがある（拙著『ドイツとロシア——比較社会経済史の一領域——』未來社、一九八六年、一—二、五一、六四—六八、一一九、一七五、四一四ページ。コルポラツィオンとアソツィアツィオンとの対比については、さらに拙稿「ハクストハウゼンのドイツ農政論——農民身分の定住様式把握を中心として——」、小林昇編『資本主義世界の経済政策思想』昭和堂、一九八八年［本書、IIの2］、拙稿「ハクストハウゼンのみた十九世紀中葉大ロシアの農民家族」『比較家族史研究』創刊号、一九八六年［本書、IIの3］、拙稿「フーフェとドヴォール——比較経済史の現代的可能性——」『未来』No. 242、一九八六年［本書Iの5］並びに滝川勉編『東南アジア農村の低所得階層』アジア経済研究所、一九八二年、第一章第二節、をも参照されたい）。『タイ国』への英文書評が鋭く示唆するように、これはパースック＝ベーカーの提唱するフロンティア史観から解明しうる現象であり（Cf. Political Science Quarterly, 112/3, 1997, pp. 514-5）、さらにはかのジョン・エムブレーの問題提起にもつながるのであろう。

（5）そうした共同執筆者のひとりである東北タイ農村開発文化センター常務委員アピチャート・トンユーが、一九八八年八月二十六、二十七日に東京都八王子市の大学セミナーハウスで開催された「米輸入問題を手がかりとして食糧自立を考える国際シンポジウム'88」で行なった分科会報告「東北タイ村落の社会的変容」の要旨は、そうした実践的志向をよく示しているので、以下にその全文を引用しておきたい。

「タイの人口は、五三〇〇万人でその七〇%以上が農業に従事しています。

私が調査に従事したタイ東北部の農村の歴史をお話ししましょう。

東北部は、国内でもっとも乾燥した地域ですが、皮肉にもそこに全人口の三分の一が集まる密集地域です。そして、その八〇%が貧しい農民です。この地域は、市場向けの農業には向いていません。主に雨を頼りに農業を営んでいます。また、コメの収穫のほとんどが農民たちの口に入ることはありません。しかし、平和なくらしを営んでいました。

ところが、この二〇〇年〔一〇〇余年〕来、こうした平和なくらしが外圧を受け、構造的な変化を強いられることになりました。まず、一八八五年〔一八五五年〕、シャムがイギリスと協約を結び、それから資本主義的システムが導入されたのです。近代化という名の政策は、農村からの資源をすべて吸い上げる都市部のためにつくられました。その結果、今日の農村の物不足、飢えが生まれたのです。自給自足の共同体の崩壊です。

以上のような状態を目のあたりにすると、私たちは次のような確信を深めるのです。

おそすぎないうちに、われわれは農民たちと手と手をたずさえ、あらゆる社会・経済・文化的側面に適した開発方法を見つけなければなりません。何が適しているかを決めるのは、関わりをもつ者すべてです。

今こそ東北の農民たちは、平和な生活と自給自足をめざして奮闘しなければなりません。というのも、農村〔共同体〕は意義深い最後の社会的機関であり、やすらぎを与えてくれるシェルターだからです。」（日本消費者連盟発行『消費者リポート』第六九五号、一九八八年九月十七日発行、三ページ。角カッコおよび傍点は引用者による。なおこの報告はやや加筆されて『現代農業』〔農文協〕の三月増刊号、一九八九年、四三―四七ページに再録されている。）

チャティップは一方ではサクディナー制度の歴史的性格の理解において（いわばレーニン－スターリン－毛沢東的な）チット・プーミサックと区別されるとともに、他方ではこのようなナロードニキ的な実践的志向において、保守的な（仮に言えばスラヴ派的な）ククリット・プラモートとも区別されるように思われる（後者のサクディナー論については、前掲『タイのこころ』第五章をみよ）。

（6）ここでは以下をあげるにとどめる。ニコラス・ジョージェスク＝レーゲン『経済学の神話――エネルギー、資源、環境に関する真実――』小出厚之助・室田武・鹿島信吾編訳、東洋経済新報社、一九八一年、およびNicholas Georgescu-Roegen, "The Institutional Aspects of Peasant Communities: An Analytical View", in: Clifton R. Wharton, Jr. (ed.), Subsistence Agriculture and Economic Development, Chicago 1965, pp. 61-93.

（7）私はチャティップ教授のご案内により、一九八七年十二月に東北タイの二つの村落を訪れることができた。

（8）Georgescu Roegen, op. cit. pp. 86, 88. なお前掲拙著、三七七ページ以下をも参照されたい。

（9）例えばペルーのアルベルト・フジモリに酷似した最近のタクシンのポピュリズムの農村的基盤（ないしは「インフォーマル・マス」という基盤）を、こうした観点から批判的に解明することが求められよう。Pasuk Phonpaichit and Chris Baker, Thaksin's Populism, in: Journal of Contemporary Asia, Vol. 38, No. 1, January 2008. の明晰な多面的分析を見よ。そこで紹介されている政治学者アネーク・ラオタマタットによるこの基盤（親分‐子分関係）の批判的分析と政策提案はブリリアントである。Cf. also Asianews, March 23-29, 2007, pp. 10-11. パースック＝ベーカー自身はアネークとことなり、国際的契機＝グローバリゼーションのネガティヴな作用をより重視しているように見える）。なお関連して、玉田芳史「タイの地方における実業家と官僚（一）（二）――実業家のイッティポン（itthiphon, 影響力）――」京都大学『法学論叢』第一二一巻第一号、第四号、一九八七年、を参照。

（10）例えば、①アジア的共同体の段階的位置に関する批判的考察として『大塚久雄著作集第七巻――共同体の基礎理論――』（岩波書店、一九六九年）、②村落的信仰体系に関する批判的考察として、同前『第八巻――近代化の人間的基礎――』（同前）、③「寄生的資本主義」に関する批判的考察として、同前『第三巻――近代資本主義の系譜――』（同前）、を参照されたい。だがタイの農民はそうした契機を内面化するために必要な時間をもちうるであろうか。ここでもまた、ロシアのナロードニキやヴィッテをも駆り立てていた「時間の圧力」の問題が想われるのである（前掲拙著、三八九ページ）。

2　チャティップさんと私

チュラロンコーン大学経済学部教授チャティップ・ナートスパーさんは、タイを代表する経済史家で、西洋経済史を学んでいる私がアジアにもっている貴重な友人です。私の東大経済学部在勤時代の一九八六年に来任され、四月から一年間タイ経済論を講義されました。たまたま研究室が隣り合っていたために、しばしば相互に押しかけて対話する機会があり、友人になった次第です。そしてハンガリーのテーケイさんやさらには岩本由輝さんや日タイセミナーの皆さんとも、彼を通じて知り合いになったのです。

われわれの共通の主要な学問的関心事は、村落共同体の諸形態であり、マルクスのアジア的生産様式論でした。当時すでにチャティップさんの『タイ村落経済史』（野中耕一・末広昭編訳、勁草書房、一九八七年）の邦訳が準備されており、そこではモーリス・ゴドリエその他によりながらサクディナー制度がアジア的村落に立脚する貢納制＝アジア的生産様式として明確に把握されていましたし、私もまた『ドイツとロシア』（未來社、一九八六年）で、帝政ロシアの村落共同体に同様の理論的アプローチを試みていたからです。もちろん私の「自由主義」とチャティップさんの「ナロードニキ主義」との間には、つねに一種の「思想的」な緊張関係があったのですが、しかし互いにできるだけ相手の問題意識に内在しようとする努力が、われわれの対話を支えていたように思います。総じて言えば、私はチャティップさんからタイの村落経済について学び、私の方からは日本資本主義論争や大塚史学やドイツあるいはロシアの社会経済史、特に村落共同体研究の諸問題についての貧しい知識を提供して、いわば交換授業を行なったように思います。

一九八六年六月二十五日にチャティップさんは東大経済学部の月例研究会で、「先資本主義期タイの村落経済」と題して報告され、それを私は解題を付けて訳出しました(『経済学論集』五四の四、一九八九年〔本書、Ⅳの1〕)。そこでは私は次のようなコメントを書きつけています。「チャティップ教授は、タイ経済史分析にマルクスのアジア的生産様式論を適用するさい、たんにタイ経済の後進性の特殊な段階的特質を解明することのみを意図したのではない。本論文の収められた論文集が"Back to the Roots. Village and Self-Reliance in Thai Context" [Seri Phongphit (ed.)] (Bangkok, 1986) と題されていることにも示されているとおり、チャティップ教授や共同執筆者たち(主として東北タイ在住のNGOヴォランティア活動家たち)を支えているのは、外部から侵入してタイ社会を解体させつつある資本主義的市場経済を批判し、そのような特質を帯びた村落共同体に拠りつつ非資本主義的発展の方向を模索するという、ナロードニキ的な実践的志向なのである。いわば進歩史観=発展段階論と結合したマルクスのアジア的生産様式論を民衆派的な反進歩史観の脈絡のなかで活用しようとする点に、チャティップ史学のユニークな特質が存在するともいえようか」と。

一方チャティップさんの方でも、帰国後著された『東大滞在記』(一九八八年)や『比較産業革命論』(一九九三年)〔ともにタイ語〕その他のなかで、私との対話や私の貧しい仕事に多岐にわたり好意的に言及してくださいました。

一九八七年十二月に招かれて、約一〇日間家内ともどもチャティップさんのお宅に滞在しました。政治学者チャイアナン氏を招かれ夕食しました。「チャティップさんは人柄は温厚だが、文体は過激です」と、同氏は私にこっそりと漏らされました。ご案内によってイーサーン地方の二つの村落(ガピー村、バンブア村)を訪れました。ガピー村の文化・開発センターの書棚に、チャティップさんの小冊子『都市と村落』が一〇部も並んでいるのを見ました。バンブア村では収穫祭(スー・クワン)が行なわれていました。村の長老レックさんから、村の新しい問題として人口過剰現象について聞かされました。すべてが私には新しく、貴重な経験でした。このあと、チューシット・チュチャート氏に案内されてチェンマイを見物したり、たまたま東大の平野総長のお使いをしたために、チャティップさんとともにタマサート大学総長ノンギャウ・チャイセリ女史に招かれて、巨大レストランのタムナク・タイで夕食したのも、それぞれに楽しい思い出です。

一九九二年十一～十二月には、チュラロンコーン大学経済学部で、"An Outline of the World Economic History. A Marxian-Weberian Approach" と題して、集中講義をしました。恥ずかしくなるような題を付けたものですが、シリポーンやプラニーはこの時の聴講生です。チャティップさんご自身、それにパースックさんも出席して質問してくださいました。

パースックさんといえば、チュラロンコーン大学経済学部教授で、タイを代表する政治経済学者であり、歴史家であるご夫君ベーカーさんと組んだ著作活動は輝かしいものです。そしてタイ民衆の立場に立つという一点において、チャティップさんを継承しているのです。しかし、このたびわれわれの訳出した『タイ――経済と政治――』(Pasuk Phongpaichit/Chris Baker, Thailand. Economy and Politics, Oxford University Press, 1995) の第一章 (私が担当した) では、タイ農民社会のサクディナー制的な伝統的性格を強調するチャティップさんと異なり、農民社会の新しさと基本過程としての内国入植史を強調されています。すなわち中核的な運河地帯には家産官僚的な貴族による地主制が形成されますが、その外側に、国王の放任政策と連携した、先占＝無断耕作 (チャップ・チョーン) に立脚する土地保有農民の稲作フロンティアが拡大したというのです。私は本書から、ロシア史を内国入植史として捉えたワシリー・クリュチェフスキーの『ロシア史講話』を想起しました。また著者たちにあっては共同体論は後景に退いており、いわばゲルツェン的なチャティップさんに対するネオ・ナロードニキ的な性格が印象的です。ともあれ第一、二章を基礎として全編を貫くこのフロンティア拡大の視点は、書評においてすでに「タイ研究に対する著者たちの最も注目に値する特別の貢献である」として高く評価されています（Cf. *Political Science Quarterly*, 112/3, 1997, pp. 514-5）[1]。さらにまた都市論を踏まえた、「ルーツへの回帰」とは異なる「市民社会へ」というキー・コンセプトが魅力的です。パースックさんによれば、さらに市民社会論のなかにも、政治学者アネーク・ラオタマタットに代表される農村社会解体論とパースックさんらの下からの農村社会近代化論との二つの亜種が競い合っているとのことです（Cf. Pasuk Phongpaichit, *Civilizing the State: State, Civil Society and Politics in Thailand*, CASA Centre for Asian Studies Amsterdam, 1999, pp. 15-17.）。タイ学界のこの多様性は素敵ですね。そしてパースック＝ベーカーさんの市民社会論とチャティップさんの農村社会発展論とのユニークな結合は、（アネークをも視野におさめれば）新旧のナロードニキよりむしろ、市民社会を求めて第一次ロシア革命を闘ったロシアの知識人集団たるカデット（立憲民主主義者）――イギリス中世農業史研究の権威、あのポール・ヴィノグラードフを含んでいた――をより強く想起させるものであるのかもしれません。ベーカーさんらはその後チャティップさんの著書を英訳されました（Chatthip Nartsupha, *The Thai Village Economy in the Past*, translated by Chris Baker and Pasuk Phongpaichit, Chiang Mai 1999）。その「訳者解題」には、その後のチャティップさんの学問的発展（資本主義観をめぐる動揺、村落文化論、村落ネットワーク論、タイ外部のタイ族への新たな関心等）が跡づけられており、有益でした。そのさい問題の核心はおそらく、訳者の言う都市中間層が支持するべき農民による「農村社会のスムーズな変化」（a smoother rural transition）（p. 124）の内容をどう理解するかにあるのでしょう。現在タイの農民が知識人たちの期待を裏切って、都市中間層に対立しつつ、タクシンのポピュリズムを支えていることを見ても、これは重要な課題であると思われます[2]。

二〇〇〇年末には日タイセミナーのエクスカーションでバンコックから西双版納（中国雲南省のタイ族居住地域）の村落を訪れました。旧国王の興味深い話をうかがい、一九五〇年頃まで、土地の定期的割替え慣行が行なわれていたという農村風景を、感慨をもって眺めました。そして「村落共同体」を求めて、イーサーン、南部、西双版納へと困難な旅をされたチャティップさんの、タイ民族とタイ村落民衆に寄せる思いを反芻しつつ、そして私自身が「満ち足りた」アカデミックな営みのなかで次第に失ったものについてひそかに怖れつつ、宇田正先生らとしばし酒中に時を過ごしました。

二〇〇二年にはチェンマイからラオスの古都ルアンパバーンを訪れました。このたびはメコンを航行し、岸辺の村落を訪れました。豊かなチークの林の間を悠々と流れるこの大河には二ヶ所に大滝があるほか、無数の岩礁があって、大型船の上流への遡行や統一的管理を妨げてきたと聞きました。メコンは、新しくはフランスの植民主義者を失望させ、また旧くは中国風の巨大水利社会の成立を未然に防いだ、怒れる守護竜神（ナーガ）そのものであると思いました。ルアンパバーンは美しい寺町でしたが、同時にラオス農村の北部タイに比較した（東北タイに通ずる）貧しさを印象づけられました。東南アジアはそれ自体が重層的な構造をもっているようです。

コップ・クーン・マーク・クラップ！（二〇〇一年記、二〇〇七年追記）

註

（1）本書は最近、パースック・ポンパイチット／クリス・ベーカー共著『タイ国——近現代の経済と政治——』北原淳・野崎明監訳／日タイセミナー訳、刀水書房、二〇〇六年、として公刊されました。七〇〇ページ近い大著で、私は訳文の改善の点で多少のお手伝いをいたしましたが、とりわけ監訳者兼コーディネーターとしての野崎さんのご努力によるところが大きく、訳文にまだ問題を残しているのが気がかりですが、ともあれ次註で言及する英語の論文集に続く、日タイセミナーの誇るべき二番目の成果です。

本書は概説書と学術書との二つの性格を併せ持っています。概説書としては、農村経済・都市経済・政治を網羅する総合性において優れており、一般読者のタイ社会理解の向上に大きく貢献するでしょう。よりアカデミックなレベルでは、先述のフロンティア史観が魅力的です。それは第一、二章にとどまらず、例えば第九章の共産党のジャングルでの武装闘争の個所、第一三章のベネディクト・アンダーソンとの論争などにその魅力が遺憾なく発揮されています。ところで、チャティップさんとの関連で、特にサクディナー制度について私が本書から学んだのは次の点です。一、チット・プーミサックはサクディナー制を「ヨーロッパの封建制と同じもの」であると論じ、これが毛沢東の影響を受けたタイ共産党の「半封建的‐半植民地的」というタイ社会の規定と相まって、大きな政治的影響力をもったこと（四二三―四二四ページ）、二、これに対して著者たちはヨーロッパの封建制のように土地にではなく労働＝人的資源に対する支配体制としてサクディナー制を特徴づけることによって、チット説とは異なる批判的見地を打ち出し、この点でむしろチャティップさんを継承していること（二三―二四ページ、六八ページ訳註三、六九ページ訳註三、三〇一―三〇二ページ、六〇〇ページ）、三、しかし同時に稲作農業に関心を集中するチャティップさんに対して、サクディナー制における森林経済（＝国際貿易）の重要さを強調すること（六七―六八ページ註二）。四、旧サクディナー地帯にはのちに運河建設が行なわれ、地主貴族制が形成されるが、先占＝無断耕作（チャップ・チョーン）農民による稲作フロンティアはその「外側で」形成されたこと（第一章第四、五節、三〇八ページ）、五、しかし徴税をこととする大蔵省や、土地所有権を所管する農業省ではなく、内務省による農民支配は、サクディナー制の伝統を引き継いでいるように思われること（三五ページ、三一九ページ、三二四ページ、六〇〇ページ）。

ところで本書の監訳者北原さんのご努力によるタイ語版の活用また解題や訳注、索引その他は貴重なものですが、同様にそれ自体は貴重な「タイ語語彙集」で、サクディナー制について「学術用語では『封建制』の意味」と説明されている（六三四ページ）のはどうしたことでしょう。これではチャティップさんはもとより、パースク＝ベーカーさんらの用語も「学術用語」ではなくなってしまうのではありませんか。少なくともそれは第一章担当者として私自身の付けた六九ページ訳注3と正面から矛盾しています。そもそもチットのサクディナー論文は田中忠治氏の邦訳によって見る限り、粗野で硬直的な奴隷制→封建制という発展段階論に立っており、決して水準の高いものではなく、『タイ国』の両原著者の言うようにその意義はむしろ政治的メッセージ性にあり、「学術用語」の基礎たりうるものではないと思います（管見の限りでは、チットの学問的才能はむしろ坂本比奈子訳『タイ族の歴史――民族名の起源から――』勁草書房、一九九二年、にきらめいているようです）。監訳者はなによりも原著の真意を尊重するべきであり、それに逆らって自説をそれもこのように用語解説といった隠微な仕方で押しつけてはなりません。チャティップさんの著書の訳についても感じたことですが、そのような訳者による自説の押しつけは原著を傷つける、翻訳という紹介作業におけるもっとも重大なルール違反です。ちなみに岩本さんは『刀水』第一〇号、二〇〇七年で、『タイ国』を訳す時もサクディナー制を封建的と訳していいんだという立場とそうではないという立場の間で議論が、じつは結構あったんです」と発言されていますが、事実に反しています。そもそも原著者はどこでもサクディナー制を封建的などとは言っておらず、したがってそのような議論は起こりようがなかったからです。事実そのような議論はいっさいありませんでした。かりにもしそれがあったら、少なくともここに述べたような監訳者と担当者との間のあってはならない重大な矛盾は未然に防げたことでしょう。

（2）チャティップさんの還暦を記念して、ベーカーさんは野崎さんと協力して英文の論文集を編集されました（Village Communities,

States, and Traders. Essays in honour of Chatthip Nartsupha, edited by Akira Nozaki and Chris Baker. Thai-Japanese Seminar and Sangsan Publishing House, Bangkok, 2003)。これは日タイセミナーの最初の業績であると申せましょう。二〇〇二年のセミナーでラオスのルアンパバーンへ旅行した帰途、空港で時間待ちをしていたさいに、チャティップさんは私の求めに応じて本書の扉に次のような言葉を書きつけてくださいました。Dear Professor Eiichi Hizen, Thank you very much for the academic and intellectual guidance you have given me for the past 17 years, by your expertee on European economic and cultural history. Thank you also for having given a strong support to the Japanese-Thai seminar over the past decade. Most importantly I always feel that despite being an excellent scholar, you are a very kind person most willing to give help to me. Please allow me to regard you as my beloved teacher. And with this special feeling I sign this very important and meaningful book for you. Chatthip Nartsupha December 10. 2002 Luangprabang, Laos.

これは間違いなく私がこれまでの生涯に受けたもっとも大きな——そしてもちろん過分な——お褒めです。セミナーを超えて、チャティップさんとの友情は私の宝物であり、末永く大切にしたいと願っています。

あとがき

本書は前著『ドイツとロシア――比較社会経済史の一領域』（未来社、一九八六年）ののちに、ドイツとロシアの比較農村社会経済史という同じテーマについて、引き続き発表してきた諸論考を一書にまとめたものである。

いまから半世紀前に西洋経済史に志したさいに、私はいわゆる「大塚史学」から大きな影響を受けた。そして英米仏独の相互比較並びに封建制から資本主義への移行という、比較史的‐移行論的なそのパラダイムを受容した。私の最初の作品では、1、封建制から資本主義への移行という大塚史学の旧来の見地から英独比較を行なうとともに、2、新たにロシアを比較史の対象として導入し、「アジア的生産様式」から社会主義への移行という見地から独露比較を行なった（『ドイツ経済政策史序説――プロイセン的進化の史的構造――』未来社、一九七三年）。当時この後者について「ドイツ資本主義のユニックな研究である本書においては、西部戦線よりもむしろ東部戦線こそ、そこに動員されている兵力はまだ比較的弱体ながら、注目すべきである」という励ましの指摘をしてくださったのが、小林昇先生である（書評。東京大学『経済学論集』第四〇巻、第三号、一九七四年）。「東部戦線」における「兵力増強」が課題となった。そこで右の第二作では、このテーマを主題とし、大塚久雄『共同体の基礎理論』と新たに向きあいつつ、主としてハックストハウゼンの研究に導かれて、テーマを掘り下げた。ロシア革命の背景をなす農民運動における土地要求は、農民家族（ドヴォール）＝ミール共同体が生み出した農村過剰人口現象とかかわっているという構造連関を指摘することができた。本書に対して第二十九回日経経済図書文化賞（一九八六年度）が与えられた。

このたびの私の第三作はその延長線上にある。ただしそのさい、前著がいわばドイツ＝ヨーロッパ的形態を基準としたロシア農村社会の批判的分析という性格を帯びていたのに対して、本書では一方では同じ論点を深めつつも、他方では対象の力点をドイツ農村社会に移し、かつその比較史的意義を相対化する努力を払っている。副題に「再考」と銘打ったゆえんである。以下、その内容について簡単に触れておこう。

まず序について。前著を刊行してのち、ヨーロッパと世界は、ソ連社会主義の崩壊とソ連＝東欧の「ユーラシア」と「中欧」とへの分裂、東西両ドイツの統一、EUによるヨーロッパの経済統合の進展とその東方拡大、二〇〇一年九月十一日のニューヨークにおける同時多発テロとイラク戦争、いわゆるBRICs諸国の経済的興隆、環境問題の急激な深刻化といった、半世紀前には想像できなかったような大事件を経験した。それらは比較経済史に新たな枠組みの構成を課題として要請しているように見える。人類は爛熟した資本主義的生産様式を克服する力をもちえないままに、類的危機のさなかに置かれているのではないか。序はこうした意識（いわば移行論的悲観論）に発するエッセイである。

ⅠとⅡはそれぞれ、批判的観点にたつドイツ農村社会経済史並びに独露比較論である。そこでは私の散漫な物語の縦の糸として、たとえば次のような論点が提出されている。一、北西ドイツのコルポラティーフな農村社会が、長期にわたる発展の末、十八世紀には高度な生産力水準を達成した富農の支配のもと、相対的に安定的な法治社会を実現した反面、そこには農民の農村下層民に対する「制度化された不平等」が内包されていたこと、二、その不平等が生み出した十九世紀前半のプロレタリアートへの恐怖がハックストハウゼンをロシアへと追いやったこと、三、ドイツ的な不平等思想は十九世紀末の初期ヴェーバーの人種論＝ポーランド人蔑視に、いわば国際化されて再出していること、四、にもかかわらずハックストハウゼンのようにドイツ的形態に対するロシア的形態の優位についてはにわかに語りえないことは、例えば一九〇五年革命をめぐるレーニンとヴェーバーとの対立に示されていること、こうした論点である（もちろんそうはいっても本書は論集であるので、論点はさらに多岐にわたっているが）。

Ⅲ、書評はそれぞれの著者と私との学問的対話であり、そこでしか表現できない論点も含まれているので、同様に著者の愛惜するものである。

最後に、Ⅳ　チャティップ・ナートスパーのタイ村落経済史は、私の独露比較を重層化してくれる重要な追加的契機である。

読者のさまざまなご批判を仰ぎたい。

この間の私の歩みを助けられた多くの方々に、お礼を申し上げなければならない。とりわけ私の主題に理解を示されたミヒャエル・ミッテラウアー（ヴィーン）、ハルトムート・ハルニッシュ（ベルリン）、ハンスｰウルリヒ・ヴェーラー（ビーレフェルト）、ユルゲン・コッカ（ベルリン）、チャテイップ・ナートスパー（バンコク）の諸氏、東大停年後、新潟大在勤中にお世話になった藤井隆至氏、アムブロジウス／ハバード『20世紀ヨーロッパ社会経済史』の共訳者である金子邦子、馬場哲の両氏、コッカ『歴史と啓蒙』の共訳者である杉原達氏、さらにヴェーバー『ロシア革命論Ⅱ』をともに訳した鈴木健夫、小島修一、佐藤芳行の三氏、日タイセミナーでお世話になった野崎明氏、メーザー『郷土愛の夢想』を輪読した坂井榮八郎氏以下の人々、とりわけ現在その抄訳をともに試みている山崎彰、原田哲史、柴田英樹の三氏、には厚くお礼申し上げる。

前二著と同様、本書も未來社から刊行していただくことができた。西谷能英社長は出版にかかわる基本方針から煩雑な編集的事務に至るまですべてを取り仕切ってくださった。未來社との深いご縁を思いつつ、衷心よりお礼申し上げる。

最後に本書を老妻晴美に呈したい。彼女の長年にわたる地味な協力なしには、私の蝸牛の歩みはありえなかった。至らない同行者は、この貧しい成果を呈すること以外に感謝のすべを知らない。互いに健康に留意し、残されたわずかな時間をともに歩みたいと願っている。

二〇〇八年一月下旬

肥前榮一

初出一覧

序　エルベ河から「聖ペテルブルク－トリエステ線」へ
『学士会会報』2003年―VI, No. 843;『追手門経済論集』第41巻第1号、2006年）

I
家族および共同体から見たヨーロッパ農民社会の特質　『比較家族史研究』第15号、2001年
北西ドイツ農村定住史の特質
東京大学『経済学論集』第57巻第4号、1992年。長谷川善計・江守五夫・肥前栄一編『家・屋敷地と霊・呪術』早稲田大学出版部、1996年
帝政ロシアの農民世帯の一側面　『広島大学経済論叢』第15巻第3・4号、1992年
家族史から見たロシアとヨーロッパ　『ユーラシア研究』第3号、1994年
フーフェとドヴォール　『未来』No. 242、1986年
封建的伝統の負の遺産　「図書館の窓」（東京大学）Vol. 28, No. 3、1988年
ラーン河の流れと野うさぎ料理　「学内広報」（東京大学）No. 719、1986年

II
農政史家としてのアウグスト・フォン・ハックストハウゼン
アウグスト・フォン・ハックストハウゼン生誕200周年を記念して、ミュンスター大学付属図書館で開催された展覧会［1992年2月24日-3月25日］の開会式（2月24日）にさいして行なった記念講演（Eiichi Hizen, August von Haxthausen als Agrarhistoriker in : Japanese Slavic and East European Studies, vol. 13, 1992.）。『甲南経済学論集』第36巻第4号、1996年（その邦訳）。August von Haxthausen as a Pioneer of Comparative Studies on Agricultural Institutions, in : Village Communities, States, and Traders. Essays in honour of Chatthip Nartsupha, edited by Akira Nozaki and Chris Baker, Bangkok, 2003.
ハックストハウゼンのドイツ農政論　小林昇編『資本主義世界の経済政策思想』昭和堂、1988年
ハックストハウゼンの見た十九世紀中葉大ロシアの農民家族　『比較家族史研究』創刊号、1986年
マルクスのロシア共同体論　項目「共同体」『マルクス・カテゴリー辞典』青木書店、1998年
マックス・ヴェーバーの農業労働者調査報告＝『東エルベ・ドイツにおける農業労働者の状態』（1892年）について
マックス・ウェーバー『東エルベ・ドイツにおける農業労働者の状態』肥前栄一訳、未來社、2003年、「訳者解題」
マックス・ヴェーバーのロシア革命論　『聖学院大学総合研究所紀要』No. 17、1999年

III
若尾祐司『ドイツ奉公人の社会史――近代家族の成立――』
一橋大学『経済研究』第39巻第3号、1988年
M・E・フォーカス著／大河内暁男監訳／岸智子訳『ロシアの工業化一七〇〇―一九一四』
『社会経済史学』第53巻第1号、1987年
小島修一『ロシア農業思想史の研究』　『社会思想史研究』第12号、1988年
鳥山成人『ロシア・東欧の国家と社会』　『社会経済史学』第54巻第5号、1989年
鈴木健夫『帝政ロシアの共同体と農民』　東京大学『経済学論集』第57巻第1号、1991年
豊永泰子『ドイツ農村におけるナチズムへの道』　『歴史学研究』第692号、1996年
田中真晴『ウェーバー研究の諸論点――経済学史との関連で』『社会思想史研究』第26号、2002年
オスカー・ハレツキ著／鶴島博和他訳『ヨーロッパ史の時間と空間』
『社会経済史学』第68巻第6号、2003年
坂井榮八郎『ユストゥス・メーザーの世界』　『西洋史学』第222号、2006年

IV
チャティップ・ナートスパーのタイ村落共同体論　東京大学『経済学論集』第54巻第4号、1989年
チャティップさんと私　『ひたかみ』増刊号、2001年

著者略歴
肥前榮一（ひぜん・えいいち）

1935年、神戸市生まれ。
1962年、京都大学大学院経済学研究科博士課程修了。
東京大学名誉教授。
著書――『ドイツ経済政策史序説――プロイセン的進化の史的構造――』（未來社、1973年）、『ドイツとロシア――比較社会経済史の一領域――』（未來社、1986年［新装版、1997年］）。
訳書――ローザ・ルクセンブルク『ポーランドの産業的発展』（未來社、1970年）、マックス・ヴェーバー『東エルベ・ドイツにおける農業労働者の状態』（未來社、2003年）。
共訳書――ジョージ・バークリ『問いただす人』（東京大学出版会、1971年）。H.-U. ヴェーラー『ドイツ帝国――1871-1918年』（未來社、1983年［復刊、2000年］。G. アムブロジウス/W. ハバード『20世紀ヨーロッパ社会経済史』（名古屋大学出版会、1991年）。ユルゲン・コッカ『歴史と啓蒙』（未來社、1994年）。マックス・ヴェーバー『ロシア革命論II――ロシアの外見的立憲制への移行――』（名古屋大学出版会、1998年）。

比較史のなかのドイツ農村社会
――『ドイツとロシア』再考

発行――――二〇〇八年三月十日　初版第一刷発行

定価――――（本体四五〇〇円＋税）

著　者――――肥前榮一
発行者――――西谷能英
発行所――――株式会社　未來社
東京都文京区小石川三―七―二
振替〇〇一七〇―三―八七三八五
電話・（03）3814-5521（代表）
http://www.miraisha.co.jp/
Email:info@miraisha.co.jp

印刷――――精興社
製本――――榎本製本

ISBN 978-4-624-32173-4　C 0033